MÜNCHNER STUDIEN
ZUR
SOZIAL- UND WIRTSCHAFTSGEOGRAPHIE

in

MÜNCHNER UNIVERSITÄTS-SCHRIFTEN

MÜNCHNER STUDIEN
ZUR
SOZIAL- UND WIRTSCHAFTSGEOGRAPHIE

Herausgeber:
Institut für Wirtschaftsgeographie der Universität München

KARL RUPPERT   HANS-DIETER HAAS

Schriftleitung: Thomas Polensky

BAND 26

Geographische Strukturen und Prozeßabläufe im Alpenraum

Zusammengestellt im Auftrag des Verbandes Deutscher Hochschullehrer der Geographie

von

K. Ruppert

VERLAG MICHAEL LASSLEBEN KALLMÜNZ/REGENSBURG
1984

Gedruckt mit Unterstützung der Deutschen Forschungsgemeinschaft

Alle Rechte vorbehalten
Ohne ausdrückliche Genehmigung des Verlages in Übereinkunft mit dem Herausgeber ist es nicht gestattet, das Werk oder Teile daraus nachzudrucken oder auf photomechanischem Wege zu vervielfältigen.
© 1984 by Verlag Michael Laßleben, Kallmünz/Regensburg
ISBN 3 7847 6526 2

Buchdruckerei Michael Laßleben, 8411 Kallmünz über Regensburg

Inhaltsverzeichnis   Seite

K. Ruppert   Vorwort..   7

K. Ruppert   Der deutsche Alpenraum - Grundmuster der Raumorganisation...   9

R. Metz   Bevölkerungsgeographische Strukturen und Prozesse im deut-
                        schen Alpenraum... 21

P. Lintner   Aspekte der Flächennutzung im deutschen Alpenraum...........   39

R. Paesler   Die Zentralen Orte im randalpinen Bereich Bayerns -
                        Zur Entwicklung versorgungsfunktionaler Raumstrukturen......   53

Th. Polensky   Regionale Einzelhandelsstrukturen im deutschen Alpenraum....   73

P. Gräf   Freizeitverhalten und Freizeitinfrastrukturen im deutschen
                        Alpenraum... 91

D. Uthoff   Deutsche und italienische Gäste in Südtirol
                        Der Einfluß nationalitätenspezifischer Strukturen und raum-
                        zeitlicher Verhaltensmuster auf die Fremdenverkehrsentwick-
                        lung, dargestellt am Beispiel des Ritten.................... 109

H. Gebhardt   Industrieräumliche Verflechtungen und Standortsituation der
                        Industrie im Alpenraum..................................... 123

G. Michler/P. Schramel Schwermetallgehalte in Sedimentbohrkernen aus dem Walchensee
                        und dem Kochelsee (Bayerische Alpen) als Indikatoren für die
                        Veränderungen im Einzugsgebiet............................. 139

G. Abele   Schnelle Felsgleitungen, Schuttströme und Blockschwarmbe-
                        wegungen in den Alpen im Lichte neuerer Untersuchungen...... 165

M. Rolshoven   Reliefentwicklung im jungtertiären Einzugsgebiet Durance
                        (französisch-italienische Alpen)........................... 181

Anschriften der Autoren.. 193

Vorwort

Der Kongreß der Internationalen-Geographen-Union (IGU) findet 1984 in Paris statt. Er hat als zentrales Thema "Die Geographie des Alpenraumes" ausgewählt. Dementsprechend wird auch die internationale Festschrift diesem Raum gewidmet sein. Daneben erscheinen auch in einzelnen Ländern, die am Alpenraum Anteil haben, eigene Veröffentlichungen, die nationale Untersuchungsschwerpunkte sichtbar machen.

Der vorliegende, im Auftrag des Verbandes Deutscher Hochschullehrer der Geographie herausgegebene Band 26 der "Münchner Studien zur Sozial- und Wirtschaftsgeographie" enthält Forschungsergebnisse deutscher Geographen. Die Mehrzahl der Beiträge bezieht sich auf den deutschen Alpenraum, einzelne Studien greifen spezielle, nicht an Ländergrenzen gebundene Fragestellungen auf. Zur Orientierung enthält der Band eine Karte der Arbeitsgemeinschaft Alpenländer (s. Kartentasche).

Allen Autoren gilt der Dank des Herausgebers, insbesondere aber der Deutschen Forschungsgemeinschaft für die finanzielle Unterstützung der Drucklegung.

K. Ruppert

Vorwort

Der Kongreß der Internationalen-Geographen-Union (IGU) findet 1984 in Paris statt. Er hat als zentrales Thema "Die Geographie des Alpenraumes" ausgewählt. Dementsprechend wird auch die internationale Festschrift diesem Raum gewidmet sein. Daneben erscheinen auch in einzelnen Ländern, die am Alpenraum Anteil haben, eigene Veröffentlichungen, die nationale Untersuchungsschwerpunkte sichtbar machen.

Der vorliegende, im Auftrag des Verbandes Deutscher Hochschullehrer der Geographie herausgegebene Band 26 der "Münchner Studien zur Sozial- und Wirtschaftsgeographie" enthält Forschungsergebnisse deutscher Geographen. Die Mehrzahl der Beiträge bezieht sich auf den deutschen Alpenraum, einzelne Studien greifen spezielle, nicht an Ländergrenzen gebundene Fragestellungen auf. Zur Orientierung enthält der Band eine Karte der Arbeitsgemeinschaft Alpenländer (s. Kartentasche).

Allen Autoren gilt der Dank des Herausgebers, insbesondere aber der Deutschen Forschungsgemeinschaft für die finanzielle Unterstützung der Drucklegung.

K. Ruppert

Der deutsche Alpenraum - Grundmuster der Raumorganisation
K. Ruppert

Lage und Grenzen

Die Bundesrepublik Deutschland verfügt im Unterschied zu allen anderen Ländern, die an den Alpen beteiligt sind - mit Ausnahme Jugoslawiens - nur über einen kleinen Anteil an diesem Hochgebirge. Ein Streifen von knapp 250 km Ost-West- und 20-30 km Nord-Süd-Distanz umfaßt im äußersten Süden des Staatsgebietes Teile der nördlichen Alpenrandzone. Nur das Oberallgäu im Westen, der Raum Garmisch-Partenkirchen (Werdenfelser Land) und das Berchtesgadener Land im Osten greifen weiter nach Süden in den Bereich der nördlichen Kalkalpen aus und überschreiten Höhen von 2.500 m; ansonsten kulminiert die Randzone zumeist bei 1.600 - 1.800 m.

Während die Südgrenze des deutschen Alpenraumes mit der Staatsgrenze zum benachbarten Österreich identisch ist, wird die Nordgrenze durch den Steilabfall des alpinen Reliefs, d.h. zumeist nach geomorphologischen Kriterien bestimmt (vgl. Karte 1). Diese Abgrenzung muß jedoch ganz besonders im Hinblick auf funktionale Verflechtungen modifiziert werden, die zwischen dem Alpenraum und dem Alpenvorland bestehen. Dies gilt nicht nur für sozialgeographische, sondern auch für hydrographische, klimatische u.a. Raumbezüge.

Im Hinblick auf Lage und Abgrenzung ist zunächst darauf hinzuweisen, daß der deutsche Alpenraum zur Gänze innerhalb des Freistaates Bayern liegt. Statistische Daten, die über die Entwicklung des Alpenraumes Auskunft geben, werden häufig auf sehr unterschiedliche Flächen bezogen. Will man den eigentlichen Alpenraum zwischen der geomorphologischen Alpengrenze und der Landesgrenze zu Österreich zahlenmäßig kennzeichnen, dann sind spezielle Berechnungen notwendig, die für eine exakte Einschätzung auf Gemeindebasis aufgebaut werden müssen. Dabei ist besonders darauf zu achten, daß gerade nach dem durch die Kreisreform in Bayern 1972 bedingten neuen Gebietszuschnitt Landkreisdaten für Zeitreihenanalysen im eigentlichen Alpenraum nur bedingt verwendbar sind. So reicht z.B. der neue Landkreis Bad Tölz - Wolfratshausen beträchtlich in den Verdichtungsraum München hinein und umfaßt damit Gebiete, die nicht dem Alpenraum zuzurechnen sind und die andere gebietsspezifische Entwicklungstendenzen besitzen.

Auch die in letzter Zeit häufig benutzten Daten der drei Alpenregionen gemäß dem 1976 in Kraft getretenen Landesentwicklungsprogramm Bayern (LEP)[1] decken ein Gebiet ab, das weit über den eigentlichen Alpenraum hinausreicht. Während die westliche Region 16 (Allgäu) noch weitgehend funktional zusammengehörige Bereiche erfaßt, greift in die mittlere Region 17 (Oberland) der unmittelbare Einfluß der Landeshauptstadt München sogar mit seinem S-Bahnnetz (Endstationen Holzkirchen und Wolfratshausen) ein. Die südöstliche Region 18 (Südostoberbayern) schließlich reicht weit über den alpin beeinflußten Raum nach Norden hinaus und bezieht als ganz anders strukturierte Bereiche sowohl den südlichen Teil des Industriedreieckes Inn-Salzach-Alz wie auch agrarwirtschaftlich bestimmte Gebiete ein. Dementsprechend wird man je nach regionalem Bezug den Anteil des Alpenraumes an der Fläche Bayerns angeben mit

6.6 % für die Alpengemeinden
14.9 % für die Alpenlandkreise
17.8 % für die Alpenregionen

An der Bevölkerung Bayerns haben die Alpengemeinden 1980 mit 387.000 Einwohnern einen Anteil von 3,5 %.

Dieser kleine Anteil der Alpen an der Fläche und der Bevölkerung könnte nun leicht zu einer regionalpolitischen Fehleinschätzung führen. Die hohe Bedeutung als Freizeitgebiet, aber auch die spezielle ökologische Situation lassen diesem Raum weit mehr Aufmerksamkeit zuteil werden, als man auf Grund der o.a. Daten erwarten kann.

Einige Orientierungsdaten zum Naturpotential

Das Naturpotential ist bezüglich des Reliefs durch glazial überformte, meist nach Norden geöffnete Gebirgsbereiche gekennzeichnet. Ausgedehnte Verebnungsflächen in größeren Höhen fehlen. Die im wesentlichen von Kalken und Dolomit bestimmten Höhenregionen werden am nördlichen Alpenrand vom erosionsgefährdeten Flysch und teilweise von der gefalteten Molasse abgelöst. Besonders im Westen paßt sich die Molassezone - durch Druck der Gebirgsbildung in schmale längsstreichende Falten gelegt - dem alpinen Relief eng an. Die geologische Zonierung verläuft im wesentlichen in west-östlicher Richtung. Die erosionsgefährdeten Flyschhänge, ein spezielles Arbeitsgebiet der Wildbachverbauung, bleiben flächenmäßig weit hinter dem kalkalpinen Bereich zurück.

Im Vergleich zum Alpensüdrand fällt der Alpennordrand weniger steil ab. Zahlreiche Quertäler ermöglichen den Zugang zum bayerischen und schwäbischen Alpenvorland. Während der Alpenbildung als Senkungstrog ausgebildet und vom Schutt der Gebirgsflüsse aufgefüllt, wurde dieser Bereich vom Bodensee im Westen bis zur Salzach im Osten nach vergleichbaren sich wiederholenden glazialmorphologischen Grundmustern während der Eiszeiten durch die vordringenden Gletscher überformt, ihre Ablagerungen durch die Zerschneidung während der zwischen- und nacheiszeitlichen Schmelzperioden umgestaltet. Beträchtliche Moränen und Schotterablagerungen - als Grundwasserreservoir bedeutsam - überdecken den tertiären Untergrund. Zahlreiche Seen, Moore und Terrassenflächen sind für den häufigen Wandel im kleinräumlichen Mosaik ebenso verantwortlich wie der räumlich und zeitlich unterschiedlich ablaufende Nutzungswandel von Wald und Grünland, unterstützt durch die Vielfalt des Siedlungsbildes. Gerade die Zungenbecken und ihr eiszeitlich bestimmtes hydrographisches Netz im bayerischen Alpenvorland mit ihren Endmoränenzügen vom Bodensee über Ammer- und Starnbergersee bis zum Rosenheimer Becken und Chiemsee sind heute Räume hoher Attraktivität für Wohn- und Freizeitstandorte.

Kennzeichnend für das Naturpotential des Alpennordsaumes sind bei vergleichsweise niedrigen absoluten Höhen auch beträchtliche, von West nach Ost sinkende Niederschläge, deren Maximum im Sommer häufig arbeitswirtschaftliche Engpässe für die Grünfutterwerbung mit sich bringt. Über 1.300 mm Jahresniederschläge am Fuße der Alpen, etwa 2.500 mm beispielsweise an der Station Wendelstein in 1.800 m Höhe, eine Differenz der Jahresdurchschnittstemperatur von 6,3°C am Tegernsee und 2,6°C wiederum gemessen am Wendelstein, charakterisieren grob die Spannweite wichtiger Klimadaten. Etwa zwei Drittel aller Niederschläge fallen in der Vegetationsperiode mit einem deutlichen Julimaximum. Der mittlere Anteil der

Schneemenge am gesamten Niederschlag beträgt, je nach Höhenlage, 20 bis 50 %. Die für den Wintersport erforderliche Schneesicherheit ist jedoch infolge von Warmlufteinbrüchen zeitweise gefährdet.[2]

Relativ selten existieren länger andauernde niederschlagsfreie Perioden während der Zeit der Heugewinnung, so daß die spezialisierte Grünlandwirtschaft sich vor besondere Probleme gestellt sieht, welche die Landwirte z.B. durch Silage, Unterdach- bzw. Heißlufttrocknungsanlagen zu lösen versuchen. An 30 bis 40 Tagen im Jahr tritt der Föhn auf, der zu einer merklichen Temperaturerhöhung besonders in den Quertälern und im Alpenvorland führt. Der Alpennordsaum verfügt gegenüber dem weiter nördlich gelegenen Flachland gerade im Herbst und Winter über eine hohe Sonnenscheindauer, ein Potential besonderer Bedeutung für den Freizeitsektor.[3] Abgesehen von kleinen Anlagen zur Beseitigung des Wassermangels führte die Sorge um die Sicherstellung des Energiebedarfs innerhalb der Alpen nur zu wenigen Eingriffen in die Struktur des hydrographischen Netzes. Zwischen Walchensee und Kochelsee wird eine Fallhöhe von 200 m Höhendifferenz zur Stromgewinnung ausgenutzt. Der Einzugsbereich des Walchensees wurde zu Lasten der oberen Isar und ihrer Nebenflüsse vergrößert. Bei dem Aufstau des Sylvenstein- und Forggensees spielte die Abflußregulierung eine wichtige Rolle.[4]

Die meisten Seen in den Alpen und im Alpenvorland verfügen heute auf Grund ihrer Lage im Siedlungs- bzw. Fremdenverkehrsraum über eine außerordentlich hohe Freizeit- und Wohnstandortattraktivität. Die Folge war oft eine dichtere Besiedlung der Seeufer (Ausnahme z.B. Königssee, Sylvenstein u.a.). Urbane Einzugsbereiche überlagern sich zum Teil mit Naherholungsgebieten und verstärken damit die anthropogene Beeinflussung. Einer stärkeren Belastung der Wasserqualität sucht man durch den Bau von Ringkanälen (z.B. Tegernsee) zu begegnen.

Anthropogene Raumstrukturen

Trotz aller räumlichen Attraktivitätsmomente und des Wachstums während der letzten beiden Jahrzehnte hat sich der Bevölkerungsanteil des Alpengebietes gemessen an der gesamtbayerischen Entwicklung wenig verändert. Mit 3,5 % liegt er heute bei einem langsamen absoluten Wachstum relativ gesehen noch unter dem Wert von 1950 (vgl. Tabelle 1 und Beitrag Metz). Stark abweichend vom bayerischen Durchschnitt sind jedoch die niedrigen Geburten und höheren Sterbeziffern sowie ein beachtliches Wanderungsvolumen. Diese Prozeßabläufe führten in manchen Gemeinden zu einem hohen Anteil nichtortsgebürtiger Bevölkerung[5]. Die Integration dieses Bevölkerungselements ist jedoch seit Jahrzehnten im Gange. Sie steht mit der Entwicklung der Freizeitwohnsitze im engen Zusammenhang, die durch unterschiedlich zu bewertende Auswirkungen die Siedlungsstrukturen beeinflußt haben. In ihrer Bedeutung weit hinter den Einrichtungen des Beherbergungsgewerbes zurückbleibend haben sie die ursprünglich weitgehend landwirtschaftlichen Strukturen der Siedlungen weit weniger bestimmt als allgemein angenommen wird.

Tab. 1: Die Anteile der Bevölkerung in den Bayerischen Alpengemeinden an der Gesamtbevölkerung Bayerns seit 1840

Jahr	Anteil in %
1840	2,77
1871	2,62
1900	2,64
1925	2,97
1939	3,47
1950	3,84
1961	3,54
1970	3,42
1980	3,54

Die Siedlungs- und Bevölkerungsentwicklung des letzten Jahrzehnts bedarf einer sehr differenzierten Betrachtung, wobei auch der Mangel an exakten statistischen Daten (nur Fortschreibung, oft unter Einbeziehung der Freizeitwohnsitze) zu beachten ist. Ostallgäu, Berchtesgadener Land und der Raum Traunstein bleiben stärker hinter der allgemeinen Bevölkerungsentwicklung zurück, während im Werdenfelser Land und in den Landkreisen Bad Tölz - Wolfratshausen, Rosenheim und Miesbach eine stärkere Zunahme zu beobachten ist. Hier macht sich die gute Erreichbarkeit übergeordneter zentraler Orte bemerkbar, die die hohe Attraktivität des Wohnwertes in bedeutenden Fremdenverkehrsgemeinden noch überlagert und die durch die vielfältige vom Fremdenverkehr bewirkte Ausstattung im Einzelhandelsbereich noch verstärkt wird. In der Physiognomie der Siedlungen werden heute im Unterschied zu anderen Alpenländern in allen Gemeinden des deutschen Alpenraumes deutliche Einflüsse des Fremdenverkehr erkennbar. Zusammen mit den barocken Kirchen, Klöstern und den meist sorgsam gepflegten Bauerhöfen bieten viele Siedlungen ein recht ansprechendes Ortsbild, wobei sich im Dorfzentrum der Verlust der landwirtschaftlichen Funktion nicht sofort in einer veränderten Physiognomie der Gebäude bemerkbar macht. Die Hauptzentren des Fremdenverkehrs werden aber immer öfter durch urbane, der Dominanz des Fremdenverkehrs angepaßte Züge, bestimmt.

Trotz guter Infrastrukturausstattung nehmen zumeist die randalpinen oder außenliegende Zentren die übergemeindlichen Verwaltungsaufgaben wahr. Nur Garmisch-Partenkirchen hat **innerhalb** der Alpen das zentralörtliche Niveau eines eigentlichen Mittelzentrums erlangt (vgl. Beitrag Paesler), während alle übrigen, voll funktionsfähigen zentralen Orte mittlerer und höherer Stufe außerhalb des Alpenraumes liegen.[6]

Die für den deutschen Alpenraum typischen Erwerbsstrukturen werden ganz wesentlich vom tertiären Sektor, d.h. der Entwicklung im Freizeitbereich bestimmt. Diesbezügliche Daten auf kleinräumlicher Basis (Gemeinde) sind nur bis zum Jahr 1970 greifbar. Neuere Schätzwerte, die aus anderen Statistiken abgeleitet wurden, liegen auf Kreisbasis vor[7]. Auf Grund dieser Daten berechnete Typen (vgl. Karte 2) zeigen, daß die Landwirtschaft mit 10 - 20 %, der tertiäre Sektor aber mit nahezug 50 % an den typischen Durchschnittswerten für die Landkreise beteiligt sind. Abweichungen zeigen insbesondere die Landkreise Berchtesgadener Land und Garmisch-Partenkirchen mit über 60 % tertiär und der Landkreis Ostallgäu mit über 20 % primär Erwerbstätiger. Diese Durchschnittswerte verdecken aber die sehr unterschiedlichen Situationen in den einzelnen Gemeinden. Für den eigentlichen Alpenraum ist der Anteil des primären Sektors mit Sicherheit kleiner, der des tertiären Sektors größer, da insbesondere in den nördlichen Teilbereichen der Landkreise oft stärker agrar-

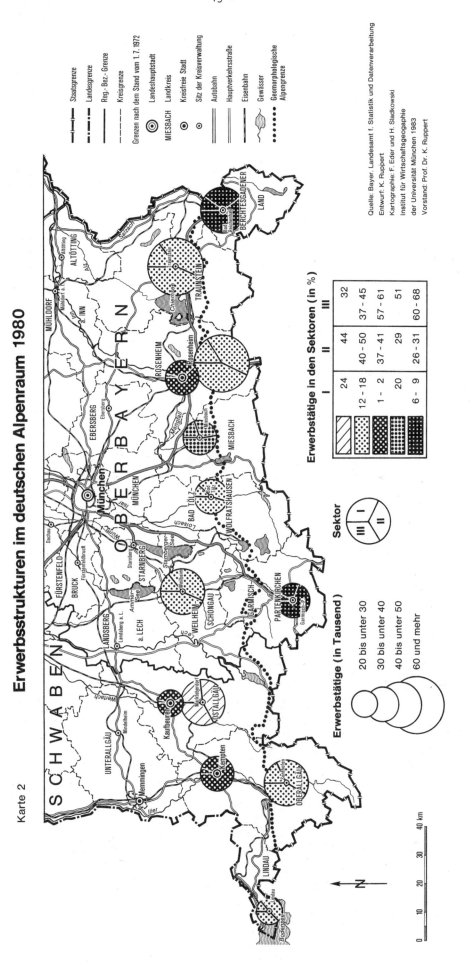

wirtschaftlich orientierte Gebiete erfaßt werden, die meist auch funktional nur wenig mit dem Alpenraum gemein haben.

Im land- und forstwirtschaftlichen Sektor wurden 1970 noch 14,6 % der Erwerbstätigen erfaßt, ein Wert, der inzwischen weiter rückläufig war. Schon damals gab es Gemeinden im Alpenraum, deren Agrarquote kaum den Wert 5 % überstieg. Die landeskulturelle Bedeutung der Landwirtschaft darf jedoch gerade im Hinblick auf die Erhaltung der Kulturlandschaft nicht allein an diesen Daten gemessen werden. Bei den etwa 10.000 land- und forstwirtschaftlichen Betrieben über 0.5 ha (1978) ist eine Rückläufigkeit im wesentlichen nur bei den kleineren Betriebseinheiten zu beobachten. Insgesamt ist innerhalb des Alpenraumes z.B. von 1972-78 die Zahl der landwirtschaftlichen Betriebe um 5,3 % und damit weniger zurückgegangen als im Vergleich zum übrigen Bayern (10 %). Eine hohe Spezialisierung im Bereich der Viehwirtschaft führte weitgehend zur Aufgabe des Ackerbaus. Daran haben auch die in letzter Zeit am Alpenrand neu anftretenden Maisparzellen nichts Wesentliches geändert.

Milch- und Fleischproduktion stehen im Vordergrund, oft verbunden mit Waldwirtschaft und Zimmervermietung im Fremdenverkehr. Die Betriebsgrößenstrukturen zeigen häufig noch die historisch bedingte Viergliederung des bayerischen Alpenraumes in das kleinbetrieblich orientierte Berchtesgadener und Werdenfelser Land, den Bereich mittlerer Betriebsgrößen von Tölz bis Rosenheim und das stärker genossenschaftlich orientierte ebenfalls kleinbetrieblich orientierte Allgäu. Ganz allgemein läßt sich feststellen, daß die Betriebe innerhalb der Alpen in der Regel kleiner sind als im Alpenvorland. Die für weite Gebiete des gesamten Alpenraums typische Anhäufung von "Doppelexistenzen" gilt also auch für den größten Teil der deutschen Alpen. (vgl. Tabelle 2).

Tab. 2: Landwirtschaftliche Betriebsstrukturen 1979 - ausgewählte Landkreise und Gemeinden

Landkreis/Gemeinde	1	2	3	4	5	6	7	8
Lkr. Berchtesgadener Land	2053	1273	749	31	1687	33711	746	59%
Gde. Marktschellenberg	127	119	8		93	705	5	91%
Lkr. Miesbach	1710	498	987	225	1394	42454	1031	29%
Gde. Rottach-Egern	43	14	22	7	30	744	22	42%
Lkr. Bad Tölz/Wolfratshausen	1909	743	834	332	1539	47820	982	39%
Gde. Lenggries	185	103	34	48	154	3137	62	58%
Lkr. Garmisch-Partenkirchen	1359	760	473	126	875	18785	371	64%
Gde. Mittenwald	183	162	19	2	66	490	6	97%
Lkr. Oberallgäu	4210	1324	2585	301	3647	111988	2846	24%
Gde. Hindelang	152	101	46	5	127	1582	15	67%

1 Zahl der landwirtschaftlichen Betriebe
2 Betriebe unter 10 ha LF
3 Betriebe von 10 bis unter 30 ha LF
4 Betriebe mit 30 und mehr ha LF
5 Rinderhaltende landwirtschaftliche Betriebe
6 Zahl der Rinder
7 Betriebe mit 10 und mehr Milchkühen
8 Anteil der Betriebe mit überwiegendem außerlandwirtschaftlichen Einkommen

Ein Spezifikum der alpinen Landwirtschaft bedeutet die Bewirtschaftung von Almflächen, Weideflächen, die in der Regel über 1.100 m hoch liegen und saisonal bewirtschaftet werden. Die Almwirtschaft bietet neben den Vorteilen bei Aufzucht und Entlastung des Arbeitskalenders oft erst die Möglichkeit für eine ausreichende Ackernahrung. Das Herkunftsgebiet der gesömmerten Tiere reicht insbesondere im Allgäu weit in das Vorland[8]. Rund 1200 Almen werden in Oberbayern und im Allgäu bewirtschaftet. Unter dem Einfluß staatlicher Förderungsmaßnahmen und der Vergrößerung des Viehstapels in den Talbetrieben läßt sich seit Mitte der 60er Jahre, wie die angestiegenen Auftriebszahlen z.B. in Schwaben belegen, eine höhere Wertschätzung der Almwirtschaft beobachten.

Tab. 3: Entwicklung der Almwirtschaft im Allgäu 1952 - 1982

	1952	1976	1982
Kühe	8.839	3.517	3.261
Rinder 6 Monate	23.672	30.564	31.765
Rinder insgesamt	32.511	34.081	35.026

Diese Daten dürfen jedoch nicht darüber hinwegtäuschen, daß der Schwerpunkt der milchwirtschaftlichen Produktion heute im Alpenvorland liegt[9].

Ein Drittel der Beschäftigten des Alpengebietes wurde 1970 noch dem produzierenden Gewerbe zugerechnet. Die größeren Standorte des sekundären Sektors liegen aber, von wenigen Ausnahmen abgesehen, außerhalb des Alpenraumes und werden im Tagespendelverkehr erreicht. Dort, wo innerhalb des Alpenraumes industriegewerbliche Möglichkeiten bestehen, handelt es sich meist um kleine oder mittlere Betriebe, die vielfach aus dem Handwerk hervorgegangen sind. Eine Industrialisierung des deutschen Alpenraumes hat nie stattgefunden. Der Pechkohleabbau der miozänen Molasse am Alpennordrand wurde inzwischen eingestellt.

Von größter Bedeutung ist dagegen der tertiäre Sektor, der schon 1970 über die Hälfte (50,2%) in manchen Gemeinden 60-70% der Erwerbstätigen beschäftigte. Die verschiedensten Formen des Fremdenverkehrs haben hier so stark raumprägend gewirkt, daß der gesamte deutsche Alpenbereich als Freizeitraum angesprochen werden kann. Durch überregional bedeutsame Verkehrslinien, durch die Autobahnen München-Salzburg, München-Garmisch, die Inntalautobahn und die Strecke Ulm-Kempten sowie durch ein gut ausgebautes Bundes- und Fernstraßensystem besitzt insbesondere der oberbayerische Alpenraum eine gute Anbindung an die Quellgebiete des Fremdenverkehrs, die im Allgäu noch einer Verbesserung bedarf. Eine leistungsfähige Ost- Westverbindung am Alpenrand fehlt bisher. Im mittleren Bereich der Alpen ist der Einfluß von München deutlich spürbar, so daß in der Region Oberland besonders enge Bindungen an die Landeshauptstadt existieren. Die verkehrsinfrastrukturellen Voraussetzungen für die Entwicklung des Freizeitverhaltens sind hier so früh geschaffen worden, daß die Diffusion urbaner Verhaltensweisen schon vor Jahrzehnten zur Veränderung der traditionellen Raumstrukturen beitragen konnte und im Alpenrand heute vielfach typische Züge eines urbanisierten Fremdenverkehrs erkennen läßt (vgl. Beitrag Gräf).

Von besonderer raumprägender Bedeutung sind sowohl Fremdenverkehr als auch Naherholungsverkehr. Gegen Ende des letzten Jahrzehnts befanden sich über 40% aller privat vermieteten Betten Bayerns in den Alpengemeinden. Fast 1/3 aller Übernachtungen wurde hier registriert, in den drei Alpenregionen etwa die Hälfte. Privatquartiere spielen eine wichtige Rolle. Innerhalb der 32 von der amtlichen Statistik ausgewiesenen Fremdenverkehrsgebiete Bayerns stehen Oberallgäu, Berchtesgadener- und Werdenfelser Land an der Spitze der Übernachtungszahlen. Das Tegernseer Tal und die Chiemgauer Alpen sind weitere Schwerpunkte.

Sehr stark tritt in den letzten Jahrzehnten der Naherholungsverkehr in Erscheinung, der im ganzen Jahr, besonders aber im Winter, auch die Landesgrenzen zum benachbarten Österreich überschreitet. Seine Quellgebiete sind keineswegs nur auf Verdichtungsräume beschränkt. Schon vor Jahren konnte festgestellt werden, daß die Naherholungsintensität der Bevölkerung von Garmisch-Partenkirchen nicht geringer ist als die anderer Oberzentren. Dennoch kommt die Masse der Naherholer aus den Verdichtungsräumen München, Augsburg usw. Grobe Schätzungen zu Beginn der 70er Jahre ergaben eine Größenordnung von 5-6 Mill. Naherholer, mit denen innerhalb eines Jahres in den 10 Alpenlandkreisen zu rechnen ist. Inzwischen konnte auch die zumeist unterschätzte ökonomische Bedeutung dieses speziellen Freizeitverhaltens nachgewiesen werden [10]. Der dem Freizeitverhalten eigene saisonale Charakter beeinflußt den Lebensrhythmus in allen bayerischen Alpengemeinden.

Landesplanerische Zielvorstellungen

Der deutsche Alpenraum ist in den letzten Jahren mehr als andere Gebiete Gegenstand raumplanerischer Überlegungen und Entscheidungen gewesen. Die Notwendigkeit dazu ergab sich aus der steigenden Wertschätzung dieses Raumes und der damit verbundenen Raumbeanspruchung. Die raumwirksamen Prozesse verliefen dabei angesichts dreier Rahmenbedingungen:

1. In den Alpen leben Menschen, die hier ihre Daseinsfunktionen entfalten, für sie ist der Alpenraum Lebensraum.
2. Der Alpenraum ist aber gleichzeitig auch Freizeitraum für Einheimische und Ortsfremde, die hier ihren Urlaub, ihre Wochenendfreizeit oder ihren Tagesausflug verbringen wollen und damit spezielle Anforderungen an diesen Raum stellen.
3. Zahlreiche raumwirksame Aktivitäten ereignen sich angesichts einer naturökologischen Grenzsituation, die die Planung zur Beachtung spezieller Randwerte auffordert.

Diese Fakten verweisen auf sehr unterschiedliche Bewertungen bzw. sich räumlich häufig überlagernde Ansprüche (Multifunktionalität), denen dieser Raum gerecht werden soll. Unterschiedliche Zielvorstellungen können aber auch zu Interessenkonflikten führen, die der Planer lösen soll. Ein Blick in die historische Entwicklung zeigt, daß die Bewertung dieses Raumes im Laufe der Zeit nicht immer bei allen Gesellschaftsgruppen gleich war. Generell kann man sagen, daß dieser Bereich in den letzten Jahrzehnten eine sehr starke Aufwertung erfahren hat. Jahrhundertelang nie als Gunstraum betrachtet, verfügt er heute über eine außerordentlich hohe Attraktivität, die sich in ihrer räumlichen Ausprägung gut der Karte 3 entnehmen läßt. Die hier auf Gemeindebasis erfaßten Kaufpreise für Bauland zeigen die für zentrenferne Gebiete außerordentlich hohe Einstufung der Bodenpreise. Wie frühere Daten beweisen, hat sich hier innerhalb eines Jahrzehnts ein Wertrelief gebildet, das zu einem starken "Süd-Nord-Gefälle" in Bayern führte. Nur in den Verdichtungsräumen wurden flächenhaft gleich hohe Werte erreicht.

Diese Entwicklung spiegelt nicht nur das hohe gegenseitige Interesse am Alpenraum, sondern gibt auch einen Hinweis auf räumliche Problemsituationen, die durch ständig steigende Flächeninanspruchnahme besonders Ende der 60er Jahre hervorgerufen wurden. Als Vorgriff auf das 1976 in Kraft getretene Landesentwicklungsprogramm Bayern (LEP) wurde daher 1972

Karte 3

DEUTSCHER ALPENRAUM

Baulandpreise 1980

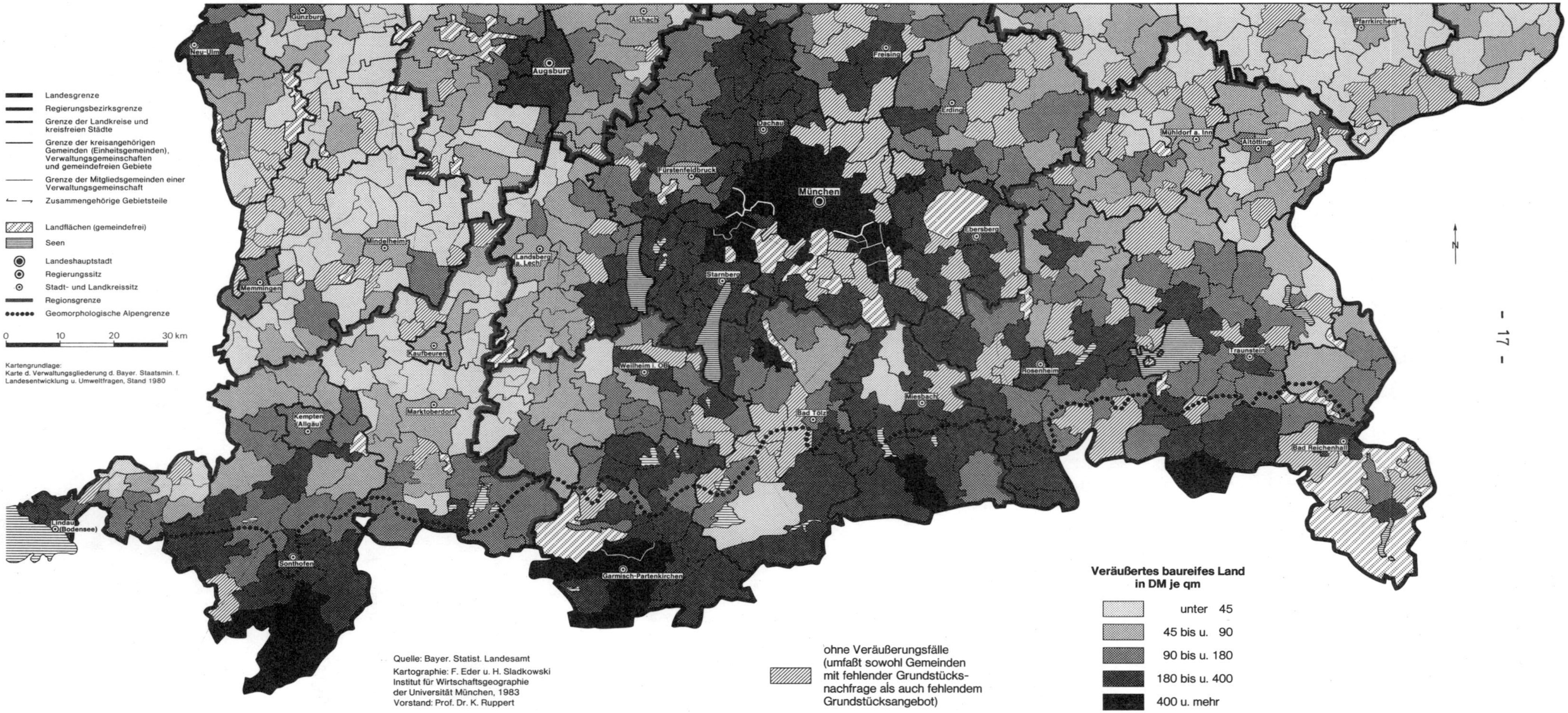
Landesgrenze
Regierungsbezirksgrenze
Grenze der Landkreise und kreisfreien Städte
Grenze der kreisangehörigen Gemeinden (Einheitsgemeinden), Verwaltungsgemeinschaften und gemeindefreien Gebiete
Grenze der Mitgliedsgemeinden einer Verwaltungsgemeinschaft
Zusammengehörige Gebietsteile
Landflächen (gemeindefrei)
Seen
Landeshauptstadt
Regierungssitz
Stadt- und Landkreissitz
Regionsgrenze
Geomorphologische Alpengrenze
0
10
20
30 km
Kartengrundlage:
Karte d. Verwaltungsgliederung d. Bayer. Staatsmin. f. Landesentwicklung u. Umweltfragen, Stand 1980
N
Günzburg
Neu-Ulm
Aichach
Augsburg
Freising
Pfarrkirchen
Erding
Dachau
Mühldorf a. Inn
Altötting
Fürstenfeldbruck
München
Ebersberg
Mindelheim
Landsberg a. Lech
Starnberg
Memmingen
Kaufbeuren
Weilheim i. OB
Rosenheim
Traunstein
Miesbach
Marktoberdorf
Kempten (Allgäu)
Bad Tölz
Bad Reichenhall
Lindau (Bodensee)
Sonthofen
Garmisch-Partenkirchen
Veräußertes baureifes Land in DM je qm
unter 45
45 bis u. 90
90 bis u. 180
180 bis u. 400
400 u. mehr
ohne Veräußerungsfälle (umfaßt sowohl Gemeinden mit fehlender Grundstücksnachfrage als auch fehlendem Grundstücksangebot)
Quelle: Bayer. Statist. Landesamt
Kartographie: F. Eder u. H. Sladkowski
Institut für Wirtschaftsgeographie
der Universität München, 1983
Vorstand: Prof. Dr. K. Ruppert

als eine Art "Notbremse" eine parzellenscharfe Gliederung des gesamten bayerischen Alpenraumes in drei Zonen vorgenommen, für die präzise Aussagen bezüglich der Weiterentwicklung der Verkehrsinfrastruktur festgelegt wurden. Für 42% der Flächen des Alpenraumes wurde jeder weitere Ausbau der Infrastruktur untersagt und damit dem Prinzip der dekonzentrierten Verdichtung, d.h. Trennung von erschlossenen und von "Ruhe"-zonen Rechnung getragen 11).

Im regionalen Teil C des LEP liegen räumlich genauer fixierte Aussagen zur Raum- und Siedlungsstruktur sowie über weitere raumbedeutsame Aktivitäten vor. Generell läßt sich für alle 3 Regionen als wichtigstes Ziel die **Sicherung der Fremdenverkehrswirtschaft** erkennen, wobei besonders die Berücksichtigung der Erfordernisse des Naturhaushaltes und des Umweltschutzes betont wird. Industriegewerbliche Strukturen sollen vor allem nördlich der geomorphologischen Alpengrenze, aber noch in Pendlerreichweite, gestärkt werden.

Neben den durch die örtlichen Bebauungspläne in den Gemeinden gegebenen Steuerungsmöglichkeiten kann auch auf die durch die Ausweisung von Natur- und Landschaftsschutzgebieten verwirklichten Maßnahmen verwiesen werden, zu denen auch der "Alpen- und Nationalpark Berchtesgaden" gehört, ferner auf Rechtsverordnungen, die die Wohnbebauung in den Gemeinden, den Campingverkehr usw. regeln. Damit greift der Staat aktiv steuernd in die Raumgestaltung, insbesondere in die Flächennutzung ein, um auch für nachfolgende Generationen eine lebenswerte Umwelt zu erhalten. Die Gefahr einer Fremdbestimmung - d.h. das Übertragen von außerhalb des Geltungsbereichs entwickelten Zielvorstellungen - darf dabei nicht übersehen werden.

Zusammenfassung

Die Deutschen Alpen nehmen nur einen kleinen Teil der Bundesrepublik Deutschland ein. Sie grenzen im Süden an den Nachbarstaat Österreich und liegen zur Gänze in Bayern. Dort umfassen Sie etwa 6 % der Fläche und 3,5 % der Bevölkerung. Im Berchtesgadener- und Werdenfelser Land sowie im Allgäu überschreiten sie 2.500 m Höhe.

Die Nähe zu hochrangigen Zentralen Orten und die Einflüsse des Fremdenverkehrs führten zu einer starken Urbanisierung. Dennoch spielt die Landwirtschaft, insbesondere die Erhaltung der Kulturlandschaft eine wichtige Rolle. Die weit überwiegende Zahl der Arbeitsplätze bietet der Tertiärsektor, besonders der Fremdenverkehr. Auch der Naherholungsverkehr trägt in starkem Maße dazu bei, daß der gesamtdeutsche Alpenraum als Freizeitraum anzusehen ist. Die stark gestiegene Attraktivität, gepaart mit einer beträchtlichen Flächeninanspruchnahme, hat die besondere Aufmerksamkeit der Landesplanung hervorgerufen. Weite Bereiche sind heute als Schutzgebiete ausgewiesen.

Summary: The German Alpine Region - basic pattern of spatial organization

The German Alps are only a small part of the Federal Republic of Germany. In the south they border with Austria and are entirely located in Bavaria where they represent approximately 6% of the area and include 3,5% of the population of that Land. The Berchtesgaden and Werdenfels Alps as well as the Allgäu Alps are over 2,500 m.

The proximity to high-ranking central places and the influence of tourism have led to a high degree of urbanization. Nevertheless agriculture plays an important role, especially in maintaining the cultural landscape. The majority of jobs are offered by the tertiary sector, especially tourism. Weekend tourism also contributes considerably to the fact that the whole region of the German Alps should be seen as a recreational area. The much improved attractiveness along with a considerable spatial demand has attracted the special attention of the regional planners. Nowadays many regions are designated as protected areas.

Résumé: Les Alpes allemandes - Modèle de base d'une organisation de l'espace

Les Alpes allemandes n'occupent qu'une petite partie de la République fédérale d'Allemagne. Elles ont pour frontière au Sud l'Autriche et se situent entièrement en Bavière. Elles en englobent environ 6% de la superficie et 3,5% de la population. Dans la région de Berchtesgaden et de Werdenfels de même qu'en Allgäu, leur altitude dépasse 2.500 m.

La proximité de centres locaux de premier plan et les influences du tourisme ont eu pour conséquence une forte urbanisation. Cependant l'agriculture joue un rôle important, en particulier pour la conservation du paysage culturel. C'est le secteur tertiaire qui offre de loin le plus grand nombre d'emplois, en particulier le tourisme. De même le tourisme des cures de repos pratiquées à l'interieur de la région même contribue pour une forte part à ce que toute la région alpine allemande soit considérée comme une région de loisirs. Cette forte hausse d'intérêt, liée à une importante occupation de la superficie, a particulièrement attiré l'attention des responsables de la planification territoriale. De larges zones ont aujourd'hui un statut protégé.

Literatur

1) Landesentwicklungsprogramm Bayern, München 1976

2) Klimaatlas von Bayern, Bad Kissingen, 1952

3) K.ROCZNIK, Wetter und Klima in Bayern, Nürnberg 1960

4) E.FELS, Walchensee, Achensee und Isar, Erde Bd.2/1950/51, S.1ff.

5) K.RUPPERT, Das Dorf im Bayerischen Alpenraum - Siedlungen unter dem Einfluß der Urbanisierung, Informationen der Hanns-Seidl-Stiftung 1/1982, S. 22 ff.

6) K.RUPPERT und MITARBEITER, Planungsgrundlagen für den Bayerischen Alpenraum - wirtschaftsgeographische Ideenskizze, München 1973.

7) W.SCHMID, Erwerbstätigkeit in den Landkreisen und kreisfreien Städten Bayerns 1980, Bayern in Zahlen 5/1983, S. 141 ff.

8) K.RUPPERT, Die Deutschen Alpen - Prozeßabläufe spezieller Agrarstrukturen, Erdkunde Bd. 36/1982, S. 176 ff.

9) K.RUPPERT, L.DEURINGER, J. MAIER, Das Bergbauerngebiet der Deutschen Alpen, WGI-Berichte zur Regionalforschung 7/1971.

10) K.RUPPERT, P.GRÄF, P.LINTNER, Persistenz und Wandel im Naherholungsverhalten, Raumforschung und Raumordnung 4/1983, S. 147-153.

11) vgl. Amtsblatt des Bayerischen Staatsministeriums für Landesentwicklung und Umweltfragen, 2. Jg. 1/1972, S. 1 ff.

Bevölkerungsgeographische Strukturen und Prozesse im Deutschen Alpenraum
R. Metz

1. Einführung

Vor dem Hintergrund zum Teil stagnierender bzw. rückläufiger Bevölkerungszahlen, sozial- und arbeitsmarktpolitisch bedeutsamer Veränderungen in der Haushalts-, Alters- und Erwerbsstruktur und umfangreichen räumlichen Bevölkerungsverschiebungen läßt sich in jüngster Zeit ein gesteigertes Interesse für Bevölkerungsfragen, für Fragen nach Ursachen und Konsequenzen von demographischen Strukturen und Entwicklungen feststellen. Diese Aufmerksamkeit kommt der Tatsache sehr entgegen, daß die Bevölkerung wohl zweifellos das wichtigste Element der Raumplanung darstellt. Ohne die Kenntnisse von natürlicher und räumlicher Bevölkerungsbewegung, ohne die Analyse von regional differenzierten Bevölkerungsveränderungen, die unter Umständen Hinweise auf räumliche Disparitäten geben können, somit mögliche Handlungsalternativen aufzeigen, kann eine grundlegende Raumbeurteilung nicht durchgeführt werden. Gerade diese beiden Aspekte - Bevölkerung und ihre Entwicklung als "Subjekt" und "Objekt" der Planung[1] - sollen in den folgenden Ausführungen an einigen Beispielen für das Gebiet des deutschen Alpenraumes schwerpunktmäßig in Form einer Bestandsaufnahme erörtert werden.

Das mit einem hohen Attraktivitätsniveau ausgestattete deutsche Alpengebiet dokumentiert in den letzten Jahrzehnten einen Entwicklungsprozeß, der insbesondere durch eine starke Bevölkerungszunahme mit all ihren Folgeerscheinungen gekennzeichnet ist. Berücksichtigt man ferner

- den geringen Flächenanteil des deutschen Alpenraumes am Gesamtgebiet[2]
- den direkten Einfluß städtischer Intensitätsfelder benachbarter Zentren[3]
- das Anwachsen multifunktionaler Raumansprüche[4],

dann wird der Trend verständlicher und es kristallisiert sich die Sonderstellung und die ganze Problematik dieses Raumes heraus.

2. Methodische und inhaltliche Vorbemerkungen

Die in der öffentlichen Diskussion zu Tage tretenden sehr unterschiedlichen Meinungen, sind zu einem nicht erheblichen Teil auf die verschiedenartigen Abgrenzungen dieses einerseits geomorphologisch andererseits politisch bestimmten Raumes zurückzuführen (vgl. Karte 1 Beitrag Ruppert). Stellt man einmal die Verwaltungsgrenzen bei der Abgrenzung in den Vordergrund, so ergeben sich aufgrund der verschiedenen Abgrenzungsverfahren, der jeweilige Bevölkerungsanteil an der Gesamtbevölkerung Bayerns für das Jahr 1980[5] soll hier als Beispiel dienen, sehr breit zu interpretierende Prozentwerte: Alpenregionen (Planungsregionen 16, 17 und 18) 13,0% - Alpenlandkreise 11,3% und Gemeinden mit Anteil am geomorphologischen Alpenraum 3,5%. Daraus läßt sich die Notwendigkeit einer ebenfalls vernachlässigten, sorgfältigen, räumlich differenzierten Darstellung ableiten. Dieser Intention in den folgenden Ausführungen gerecht zu werden, bedarf jedoch schon hier aus verschiedenen Gründen der Einschränkung:

1. Bedingt durch die Gebietsreform konnte bei einigen Daten (z.B. Wanderungsdaten) ein längerer Zeitreihenvergleich nicht durchgeführt werden und bei einigen Kapiteln nur der Zeitabschnitt von 1975 - 1981 gewählt werden[6].

2. Die statistische Datenlage erlaubt nicht immer den aktuellsten Stand der Problematik in seiner notwendigen räumlichen Vielfalt darzustellen. Folglich blieben kleinräumliche hypothetische Ausführungen über Erwerbs-, Haushalts-, Pendler- und Sozialstruktur und gemeindeweise Darstellungen über alle Sachverhalte weitgehend unberücksichtigt, obwohl für das Jahr 1980 einzelne Situationsbeschreibungen auf Stichprobenbasis für Bayern vorliegen[7].

Die nachfolgenden Kapitel können also nur ausgewählte Grundmuster betreffen. Diese charakteristischen Einzelbeispiele sind zur Kennzeichnung der Prozeßabläufe heranzuziehen, wobei der funktionsräumliche Verflechtungs- und Abgrenzungsaspekt[8] den Akzent der Betrachtung setzt.

3. Allgemeine Tendenzen der Bevölkerungsentwicklung

Während die Bevölkerung Bayerns im Zeitraum 1970 - 1980 im Durchschnitt um 4,3% zugenommen hat, wiesen die 88 Alpengemeinden ein durchschnittliches Wachstum von 8,2% auf. Parallel dazu verlief die Entwicklung in den 10 Alpenlandkreisen mit einem Wachstum von 8,0%[9] (Tab.1).

Tab. 1: Bevölkerungsentwicklung in den Alpengemeinden, den Alpenlandkreisen und in Bayern 1840 - 1980

Jahr	Alpengemeinden abs.	Alpenlandkreise abs.	Bayern abs.	Alpengemeinden rel.	Alpenlandkreise rel.	Bayern rel.
1840	105.466	356.276	3.802.515	29,9	33,8	41,4
1871	112.292	396.311	4.292.484	31,8	37,6	46,7
1900	142.989	506.873	5.414.831	40,5	48,2	59,0
1925	191.542	629.522	6.451.380	54,3	59,8	70,2
1939	245.474	719.125	7.084.086	69,5	68,3	77,1
1950	353.055	1.052.327	9.184.466	100,0	100,0	100,0
1961	336.806	1.044.702	9.515.479	95,4	99,2	103,6
1970	358.654	1.148.024	10.479.386	101,6	109,1	114,1
1980	387.577	1.230.835	10.870.968	109,8	117,0	118,4

(1950 = 100)

Quelle: Bayer. Stat. Landesamt (Hrsg.), Die Gemeinden Bayerns, Änderungen im Bestand und Gebiet von 1840 bis 1975, in: Beiträge zur Statistik Bayerns, H. 350, München 1975; ders., Gemeindedaten 1980, München 1980

Diese Entwicklung wird in einem überaus hohen Ausmaß von der Dominanz positiver Wanderungsbilanzen gegenüber leicht negativen natürlichen Bevölkerungsbilanzen gesteuert. Legt man jedoch den Bevölkerungsstand von 1950 als Ausgangspunkt zugrunde, dann ergibt sich eine entgegengesetzt zu interpretierende Dynamik mit einem Bevölkerungswachstum von 18,4% in Bayern und 9,8% in den Alpengemeinden. Dies kann man als erstes Anzeichen dafür werten, daß die Bevölkerungsentwicklung im Alpenraum uneinheitlich, insbesondere in der Nachkriegszeit unterdurchschnittlich verlaufen ist. Obwohl sich das Bevölkerungswachstum zu Beginn der 70er Jahre stark beschleunigte, muß man der Vorstellung von einer nicht mehr tragbaren Bevölkerungsdichte im deutschen Alpenraum mit einer gewissen Vorsicht begegnen. So ist eine Schwankungsbreite des Anteils der in den Alpengemeinden lebenden Bevölkerung an der Bevölkerung Bayerns in den letzten Jahren kaum festzustellen (1950: 3,8%; 1961: 3,5%; 1970: 3,4%; 1980: 3,5%) und bei einer regionalen Betrachtung treten zudem noch starke räumliche Unterschiede auf. Besonders die im engeren Einflußbereich des Verdichtungsraumes München gelegenen südlichen Landkreise Bad Tölz-Wolfratshausen und Miesbach weisen zwischen 1970 und 1981 eine überdurchschnittliche Zunahme von 15,5% und 10,5% auf, aber auch der Landkreis Rosenheim von 15,0%. Als wesentliche Faktoren für das Bevölkerungswachstum der Landkreise Bad Tölz-Wolfratshausen und Miesbach kann man die S-Bahn Verbindungen von Wolfratshausen und Holzkirchen in die Stadt München ergänzen. Die übrigen Landkreise lassen sich um den Durchschnittswert der Alpenlandkreise gruppieren. Verlagert man die räumliche Interpretation von der Kreisebene auf die Gemeindeebene, dann läßt sich keine Differenzierung des Wachstums für die Summe der Gemeinden innerhalb und außerhalb der geomorphologischen Alpengrenze erkennen. Bei dieser kleinräumlichen Betrachtungsweise ergeben sich jedoch weiter Charakteristika (Karte 1, S. 24):

1. Die Wachstumsgemeinden im Alpenraum liegen auch im betrachteten Zeitraum überwiegend im randalpinen Bereich und konzentrieren sich vor allem auf die Umlandgemeinden der höherrangigen zentralen Orte und landschaftlich attraktiven Gebiete, wie etwa um den Staffel- und Riegsee.

2. Etwa die Hälfte der Gemeinden wird durch ein durchschnittliches (6-14%) und unterdurchschnittliches Wachstum (0-6%) (Bezugsbasis bildet die Summe der Gemeinden in den Alpenlandkreisen) charakterisiert, besonders die Fremdenverkehrsgemeinden Tegernsee, Schliersee, z.T. Oberstdorf und Garmisch, wenngleich sich hier die Wachstumstendenz gegenüber dem Zeitraum 1960/70 nur leicht verstärkt hat.

3. Auch zwischen 1970 - 1981 sind die meist agrarisch bestimmten Räume des Alpenvorlandes, z.B. im Allgäu und einzelne Fremdenverkehrsgebiete, z.B. Berchtesgaden, zu den Bereichen negativer Bevölkerungsentwicklung zu zählen. Die Abwanderung jüngerer Bevölkerungsgruppen, höhere Sterbefallüberschüsse sowie eine weitgehende Ausschöpfung der Siedlungsflächen im Gebiet um den Königssee beeinflußten diesen Prozeß.

4. Die natürliche Bevölkerungsentwicklung

Die für die gesamtbayerische Situation geltende Entwicklung der Geburten- und Sterbeziffern gilt sinngemäß auch für Alpengemeinden und Alpenlandkreise: Während die Sterbeziffer mit 11 - 13 Sterbefällen pro 1000 Einwohner relativ konstant bleibt, sinkt die Geburtenziffer von 18 im Jahre 1963 auf 9 - 11 Lebendgeborene pro 1000 Einwohner 1975 ab[10]. Dies führte etwa ab 1972 zu einem negativen Geburtensaldo. Bis 1976 verringerte sich die negative Bilanz in ihrem Umfang, erreichte 1978 sowohl in den Alpenlandkreisen als auch in Bayern fast wieder die Werte von 1975, bevor die Entwicklung bis 1981 doch deutlich schwächer negativ verlief (Tab. 2, S.25).

Sanken die Sterbefallüberschüsse in Bayern ab 1975 etwa um zwei Drittel, so kann man bei den Alpenlandkreisen lediglich eine Halbierung erkennen.

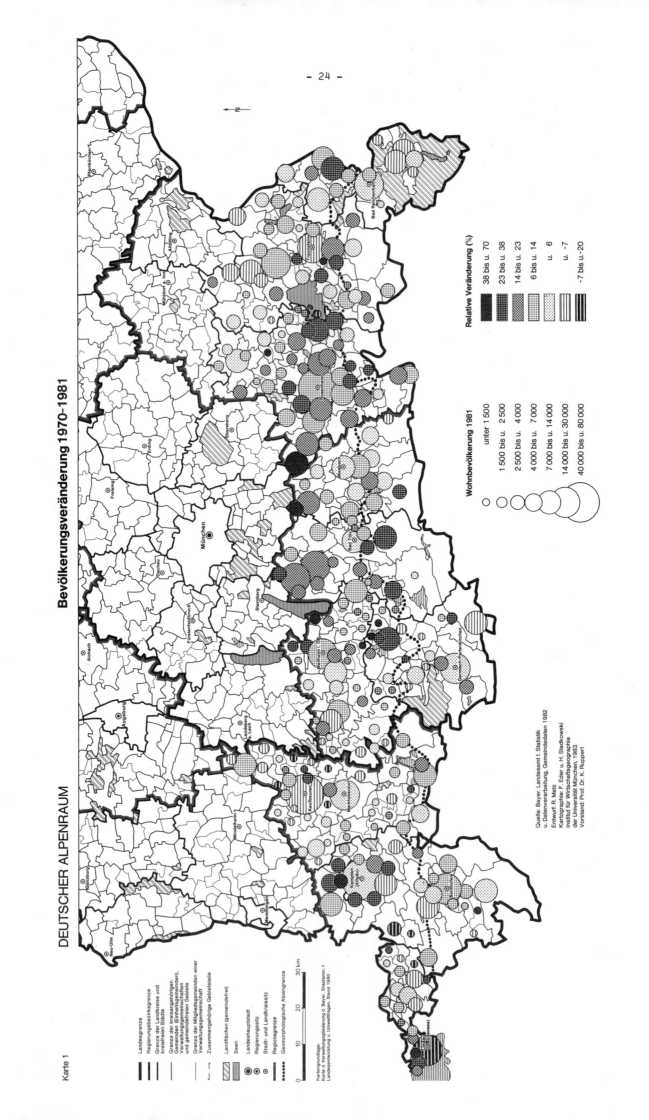

Die Betrachtung auf Landkreisebene verdeutlicht diesen Vergleich. So verlief, mit Ausnahme der Landkreise Oberallgäu und Bad Tölz-Wolfratshausen in allen anderen Räumen die Entwicklung des natürlichen Bevölkerungssaldos relativ kontinuierlich negativ[11]. Nur der Landkreis Oberallgäu verzeichnete in dem betrachteten Zeitraum eine positive Geburtenbilanz, bedingt durch eine gleichbleibend relativ hohe Geburtenziffer, die 1981 11,2º/oo betrug und damit um 0,7º/oo über dem Gebietsdurchschnitt der Alpenlandkreise lag. In vielen Landkreisen liegen die Geburtenziffern jedoch niedriger als der Wert für Bayern. Generell läßt sich in den letzten Jahren aufgrund veränderter generativer Verhaltensweisen (vgl. Kap. 6) eine leicht steigende Tendenz der Geburtenziffern in den Alpenlandkreisen feststellen - parallel dazu vollzieht sich die Entwicklung in Bayern - in den Alpengemeinden fällt dieser Anstieg jedoch wesentlich geringer aus.

Tab. 2: Entwicklung des natürlichen Bevölkerungssaldos (Geburten - Sterbefälle) 1975-1981

Landkreise und kreisfreie Städte	1975	1976	1977	1978	1979	1980	1981	1975-1981
Lindau	-213	-172	-261	-186	-228	-165	-203	-1428
Oberallgäu	29	161	-6	20	36	109	188	537
Ostallgäu	-117	-95	-61	-199	-143	-129	35	-709
Kempten (Stadt)	-149	-106	-167	-189	-308	-210	-152	-1281
Kaufbeuren (Stadt)	-371	-221	-182	-244	-217	-226	-220	-1681
Weilheim-Schongau	-253	-196	-232	-238	-237	-88	-60	-1304
Bad Tölz-Wolfratshausen	-167	-185	-149	-44	-222	53	-37	-751
Miesbach	-281	-238	-301	-265	-157	-104	-129	-1475
Garmisch-Partenkirchen	-295	-312	-257	-357	-361	-261	-263	-2106
Rosenheim	-493	-319	-262	-364	-338	-179	-52	-2007
Traunstein	-229	-113	-129	-238	-192	-99	-65	-1065
Berchtesgadener Land	-309	-287	-250	-366	-319	-283	-338	-2152
Rosenheim (Stadt)	-142	-162	-190	-203	-169	-147	-131	-1144
Alpenlandkreise und kreisfreie Städte	-2990	-2245	-2447	-2873	-2855	-1729	-1427	-16566
Bayern	-19387	-15585	-13854	-18630	-14604	-8408	-6673	-97141

Quelle: Bayer. Stat. Landesamt (Hrsg.), Zeitschrift des Bayer. Stat. Landesamtes München, Jg. 1976, 1977, 1978, 1979, 1980; Bayer. Landesamt für Statistik und Datenverarbeitung (Hrsg.), Gemeindedaten 1982, München 1982.

Versucht man diese Situation zusammenfassend zu interpretieren, so muß eine Ursachenerklärung in der Erkenntnis münden, daß gerade die Bevölkerung der urbanisierten Fremdenverkehrsgemeinden im alpinen Raum, hinsichtlich ihrer Struktur und generativen Verhaltensweisen, den geringeren Rückgang der natürlichen Bevölkerungsentwicklung im Vergleich zu Bayern beeinflußt und die Eigendynamik der Bevölkerung in diesem Raum verlangsamt.

5. Die räumliche Bevölkerungsentwicklung

Kann man einerseits für die Alpenlandkreise zwischen 1975 - 1981 einen Sterbefallüberschuß von 16.566 Personen zahlenmäßig feststellen, so muß man andererseits den Wanderungsgewinn von 58.633 Personen betont herausstellen (s. Abb. S.26), um die Signifikanz dieser Komponente für die Bevölkerungsentwicklung im deutschen Alpenraum ermessen zu können. Besonders die Alpengemeinden weisen ähnlich hohe Mobilitätswerte auf wie 1971[12]. Größenordnungen von über 140 Zu- und Fortzügen/1000 Ew., die charakteristisch sind für die Umlandgemeinden der Großstädte, stellen keine Seltenheit dar. Dennoch gibt es auch bei dieser Kennziffer beträchtliche lokale Unterschiede[13].

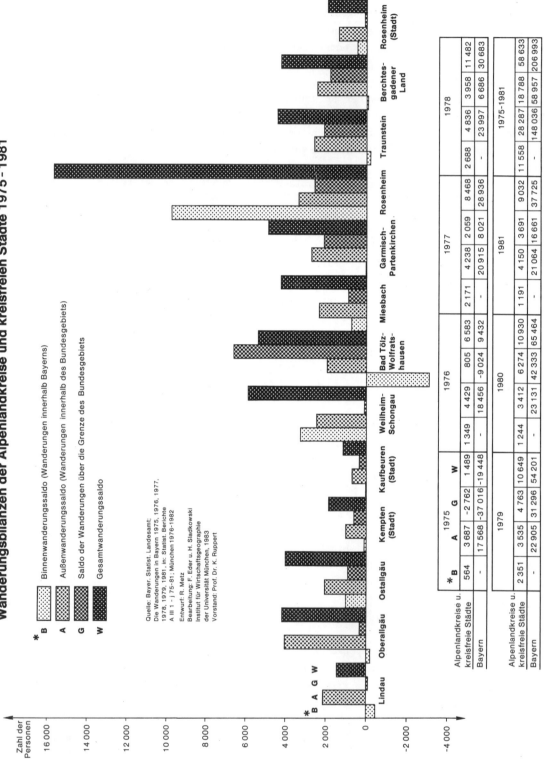

Die Abschwächung des Wanderungsphänomens in den Alpenlandkreisen, die 1975 ihr vorläufiges Ende mit einem niedrigen Gesamtwanderungssaldo von -1489 Personen fand (s. Abb. S.26), kehrte sich nach 1975 in starke Wanderungsgewinne um, die in den letzten Jahren im Mittel zwischen 8.000 und 12.000 Personen lagen. Hervorgerufen wird dieser hohe positive Wanderungsüberschuß im wesentlichen durch die Nord-Süd-Wanderung innerhalb der Bundesrepublik, die 1975 - 1981 einen Anteil von 48,3% am Wanderungsgewinn der Alpenlandkreise hatte. Die entsprechenden Anteilswerte für die Binnenwanderung und die Wanderungen über die Grenze des Bundesgebietes lauten 19,7% und 32,0%.

Zu den Zielgebieten der räumlichen Präferenzen zählen vor allem die verkehrsmäßig gut an den Münchner Raum angebundenen Landkreise Garmisch-Partenkirchen, Bad Tölz-Wolfratshausen und Rosenheim, weniger die Landkreise Oberallgäu und Berchtesgadener Land (s. Abb. S.26). Bezieht man die Wanderungsgewinne bzw. -verluste auf die Wohnbevölkerung, so ergibt sich das gleiche räumliche Bild[14]. Eine Differenzierung dieser Wanderungsbilanzen nach Richtungen weist dem Landkreis Bad Tölz-Wolfratshausen unter Beachtung seiner weiten Erstreckung in das Alpenvorland (vgl. auch Kap. 3) eine quanitative Sonderstellung zu, die in dem höchsten negativen Binnenwanderungssaldo und dem höchsten Wanderungssaldo mit dem Ausland zum Ausdruck kommt. Den höchsten positiven Binnenwanderungssaldo besitzt der Landkreis Rosenheim, den höchsten Auswanderungssaldo der Landkreis Oberallgäu. Schließt man daran eine erste qualitative Interpretation an, dann erklärt sich die Attraktivität dieser Räume im ersten Fall vorwiegend für aus dem Erwerbsleben ausgeschiedene Personen und im zweiten Fall für erwerbstätige Personen - Altersruhesitze versus guter Arbeitsmarkt-, wie dies die Zahlen der Tabelle 3 für das Jahr 1981 auch exemplarisch belegen können.

Tab. 3: Gruppenspezifische Wanderungsbilanzen 1981

Landkreise und kreisfreie Städte	Wanderungsbilanz 1981				Erwerbspersonen				Personen über 65 Jahre			
	B*	A*	G*	W*	B	A	G	W	B	A	G	W
Lindau	31	425	123	579	-49	244	-1	194	26	89	9	124
Oberallgäu	-29	691	144	806	-73	452	34	413	-25	90	6	71
Ostallgäu	-56	201	114	259	-147	77	10	-60	55	26	15	96
Kempten (Stadt)	7	105	203	315	4	55	123	182	-1	31	52	82
Kaufbeuren (Stadt)	76	82	43	201	-19	15	-13	-17	22	16	3	41
Weilheim-Schongau	536	282	83	901	200	226	-2	424	1	-6	1	-4
Bad Tölz-Wolfratshausen	-707	358	1316	967	-489	180	758	449	4	23	125	152
Miesbach	131	250	138	519	31	194	75	300	-42	13	57	28
Garmisch-Partenkirchen	-170	259	370	459	-200	155	154	109	1	27	9	37
Rosenheim	1344	527	163	2034	569	221	-108	682	242	78	23	343
Traunstein	-107	306	409	608	-336	148	175	-13	56	46	54	156
Berchtesgadener Land	59	393	417	869	-150	224	157	231	91	68	19	178
Rosenheim (Stadt)	76	271	168	515	0	98	114	212	36	10	5	51
Alpenlandkreise und kreisfreie Städte	1191	4150	3691	9032	-659	2289	1476	3106	466	511	378	1355

*Erläuterung s. Abb. S.26
Quelle: Bayer. Stat. Landesamt, unveröffentlichte Wanderungsstromstatistik (W 13), München 1981.

Wanderungsvorgänge haben nicht nur durch ihre Richtung sondern auch durch ihre Selektivität[15] strukturverändernden und raumprägenden Charakter. Dies sollen die Karten 2 a + b am Beispiel der Landkreise Oberallgäu und Miesbach für das Jahr 1981 verdeutlichen. Während sich die regionale Wanderungsverflechtung des Oberallgäu auf die Regierungsbezirke Oberbayern, Schwaben, den Großraum Stuttgart und den Bodenseeraum erstreckt, konzentriert sie sich für Miesbach fast ausschließlich auf den Regierungsbezirk Oberbayern. Diese räum-

Karte 2a

Wanderungsverflechtungen des Landkreises Oberallgäu 1981 mit Bayern und Baden-Württemberg

- Wanderungsbilanz der Erwerbspersonen -

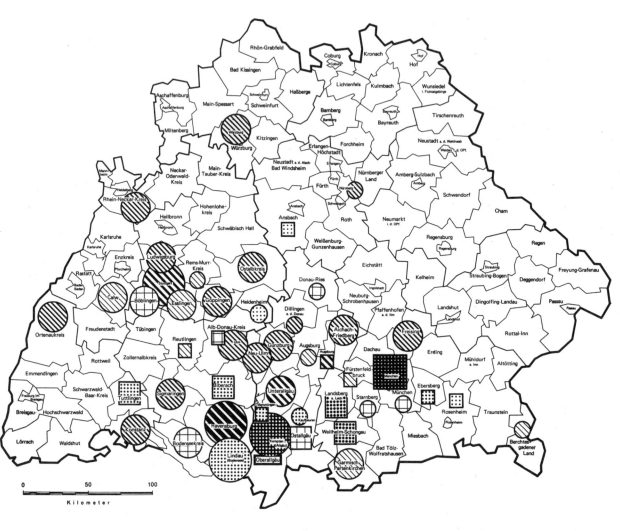

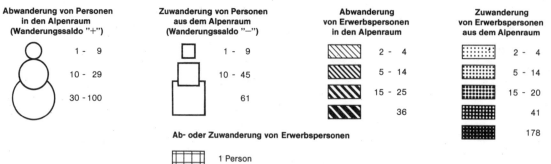

Datengrundlage: Wanderungsvolumen von mehr als 30 Personen.

Quelle: Bayer. Statist. Landesamt, unveröff. Wanderungsstromstatistik (W 13) 1981
Kartengrundlage: Bundesforschungsanstalt f. Landeskunde u. Raumordnung, Stand: 1980
Entwurf: R. Metz
Kartographie: F. Eder u. H. Sladkowski
Institut für Wirtschaftsgeographie der Universität München 1983, Vorstand: Prof. Dr. K. Ruppert

Karte 2b

Wanderungsverflechtungen des Landkreises Miesbach 1981 mit Bayern und Baden-Württemberg

- Wanderungsbilanz der Personen über 65 Jahre -

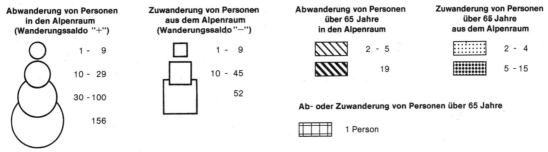

Datengrundlage: Wanderungsvolumen von mehr als 30 Personen.

Quelle: Bayer. Statist. Landesamt, unveröff. Wanderungsstromstatistik (W 13) 1981   Entwurf: R. Metz   Kartographie: F. Eder u. H. Sladkowski

Kartengrundlage: Bundesforschungsanstalt f. Landeskunde u. Raumordnung, Stand: 1980   Institut für Wirtschaftsgeographie der Universität München 1983, Vorstand: Prof. Dr. K. Ruppert

lichen Ausprägungen stellen einen ersten Hinweis für die großräumlich zwar gleichgerichteten, kleinräumlich aber sehr gebietsspezifischen Wanderungsströme dar. Bei einer quantitativen Betrachtung liegen für das Beispiel Oberallgäu die Herkunftsgebiete der Zuwanderung vor allem im Großraum Stuttgart und den benachbarten Landkreisen bzw. Kempten, Zielgebiet der Abwanderung bildet in erster Linie München. Bedeutendes Quellgebiet der Abwanderung für das Beispiel Miesbach ist die Stadt München und ihr Verdichtungsraum. Wanderungsgewinne aus dem Landkreis Miesbach verzeichnet besonders der Landkreis Bad Tölz-Wolfratshausen. Bei vergleichbarer zentralörtlicher Bedeutung von Miesbach und Bad Tölz induzieren relativ niedrigere Bodenpreise im Landkreis Bad Tölz-Wolfratshausen einen Teil dieser Wanderungsströme. Eine gruppenspezifische Differenzierung des Wanderungssaldos für 1981 charakterisiert über 30% des Zugewinns als Erwerbspersonen und 15% als Personen über 65 Jahre (vgl. Tab. 3, S. 27)[16]. Globale Untersuchungen verkennen oft, daß das Beispiel Oberallgäu einerseits aus dem Großraum Stuttgart Wanderungsgewinne, andererseits nach München und Kempten Wanderungsverluste an Erwerbspersonen beinhaltet; ebenso wie das Beispiel Miesbach Wanderungsgewinne aus dem Verdichtungsraum München und Nürnberg und, wenn auch in geringerem Umfang, Wanderungsverluste von Personen über 65 Jahren in die umliegenden Landkreise des Alpenraumes und des Alpenvorlandes dokumentiert. Die komplexen Zusammenhänge der Ursachen reichen von guten Beschäftigungsmöglichkeiten im Fremdenverkehr über fehlende lukrative höherwertige Arbeitsplätze bis hin zu landschaftlich attraktiven Altersruhesitzen.

6. Grundzüge des Wandels der Bevölkerungsstrukturen

Der wirtschaftssektorale Wandel des deutschen Alpenraumes führte unter weitgehender Umgehung der industriellen Phase von agrarisch geprägten Gemeinden zu Gemeindetypen, die in erster Linie vom Dienstleistungssektor bestimmt werden. Für die Mehrzahl der Alpengemeinden hat sich bei einem anhaltenden direkten Übergang die Bildung stark tertiär orientierter Gemeinden mit mehr als 50% Beschäftigter in diesem Sektor verstärkt [17] (vgl. Beitrag Ruppert). Die auch im deutschen Alpenraum in den vergangenen Jahrzehnten freigesetzten landwirtschaftlichen Arbeitskräfte fanden entweder innerhalb der Pendlereinzugsbereiche in den vorgelagerten Zentren Beschäftigung oder sie wechselten direkt in die schon sehr früh entstandenen Arbeitsplätze im Tourismus über. Auch bei der regionalen Betrachtung der Erwerbsstruktur treten deutliche Unterschiede hervor. Beispielsweise nahm der Rückgang des primären Sektors in der Region Allgäu einen wesentlich langsameren Verlauf als im oberbayerischen Alpengebiet. Industrielle Einzelstandorte (z.B. Blaichach) verzeichnen hier in den letzten Jahren eine rückläufige Tendenz der Veränderung der Beschäftigten und die Entwicklung der Beschäftigten im Dienstleistungsbereich lag 1974 - 1980 knapp unter dem Landesdurchschnitt von 15,6%[18].

In enger Beziehung zur Erwerbsstruktur stehen die hohen Anteile ausländischer Wohnbevölkerung in den Alpenlandkreisen. Insbesondere die Landkreise Garmisch-Partenkirchen (7,4%) und Miesbach (6,7%) wiesen 1980 neben den kreisfreien Städten über dem Landesdurchschnitt (6,5%) liegende Werte auf [19]. Der seit 1976 zu beobachtende Anstieg der Ausländeranteile für Bayern besitzt auch für den Alpenraum Gültigkeit. Neben der hohen Wanderungsverflechtung mit dem Ausland hängt diese Erscheinung mit der immer noch verhältnismäßig großen Nachfrage nach Beschäftigten im Dienstleistungsbereich zusammen. Besonders der Fremdenverkehr hat einen nennenswerten Bedarf an Arbeitskräften.

Die Zunahme der motorisierten Pendler[20] trifft mit kleinen Einschränkungen auch für den
Alpenraum zu, wobei die allgemein verschlechterte Arbeitsmarktsituation, geringere Wachstumsraten im Fremdenverkehr, Stadt-Umland-Wanderungen und Zunahme des Motorisierungsgrades als Gründe anzuführen wären. Die Grenzlage zur Republik Österreich und die hohe
Wirtschaftskraft verleihen dem deutschen Alpenraum auch eine wichtige Funktion im grenzüberschreitenden Arbeitsmarkt. So waren im Jahr 1981 41.000 österreichische Staatsbürger
in Oberbayern, hier besonders in der Region München, Niederbayern und Schwaben beschäftigt[21]. Eine große Anzahl davon sind sogenannte Grenzgänger, die täglich oder wöchentlich
von Österreich nach Bayern pendeln und in den Alpenlandkreisen, besonders in den zentralen
Orten und Fremdenverkehrsgebieten, einer Tätigkeit nachgehen.

Auch für das Jahr 1980[22] kann man annehmen, daß die Bevölkerung des deutschen Alpenraumes
im Durchschnitt gesehen die soziale Schichtung (Bildungsgrad als Indikator) des ganzen
Landes repräsentiert. Allerdings muß sich aufgrund der selektiven Wanderungsvorgänge (vgl.
Kap. 5) besonders in den Zuwanderungsgebieten, ein überdurchschnittlich hoher Anteil an
Fach- und Hochschulabsolventen ergeben.

Leicht ansteigende Geburtenziffern (vgl. Kap. 3) können zwar eine tendenzielle Vergrößerung der Haushalte anzeigen, dennoch muß die große Bedeutung der Einpersonenhaushalte,
einem weiteren Indikator für das Urbanisierungsphänomen im deutschen Alpenraum, hervorgehoben werden. Höhere Anteilwerte von 24% und mehr (1970)[23] sind auch heute in den Zentralen Orten und den tertiär orientierten Gemeinden zu finden. Die Zuwanderung älterer Personen und die Abwanderung jüngerer Personengruppen, die vielfach die Mehrgenerationenhaushalte auflösen, verursachen einerseits eine Konzentration dieses Haushaltstyps, andererseits zusammen mit anderen Faktoren eine Abnahme des urbanen Intensitätsgefälles. Den
regionalen Schwerpunkt bilden weiterhin die Landkreise des Regierungsbezirkes Oberbayern,
der 1980 jeden dritten Einpersonenhaushalt Bayerns aufwies[24].

Die möglichen Folgen einer solchen, mangels aktueller, regional fixierter Daten einführenden Bestandaufnahme sollen im folgenden an drei ausgewählten Strukturen umrissen werden.

7. Zeit- und raumbezogene Analyse und Bewertung von ausgewählten Strukturen

7.1 Siedlungskonzentration

Zieht man einmal die Siedlungsdichte (vgl. Beitrag Lintner) statt des untauglichen Instruments der Bevölkerungsdichte als Maß für die innere Verdichtung eines Gebietes heran, dann
errechnet sich für die Alpengemeinden zunächst ein unbedeutend höheres Verdichtungsmaß als
für die Gemeinden außerhalb der geomorphologischen Alpengrenze : 21,7 Ew/ha : 20,1 Ew/ha
(Tab. 4)!

Auf der anderen Seite macht die Tabelle aber deutlich, daß die Dichtewerte des Landkreises
Traunstein kaum variieren und in den Landkreisen Bad Tölz-Wolfratshausen und Rosenheim im
alpinen Bereich erheblich geringer sind. Die Landkreise Oberallgäu und Ostallgäu stellen
mit bedingt durch die weite Erstreckung in das Alpenvorland ebenso wie Garmisch und
Miesbach Gegenbeispiele dar. Ein hohen inneres Verdichtungsmaß, das dem großstädtischer
Agglomerationen nahekommt, haben die kreisfreien Städte Kempten, Kaufbeuren und Rosenheim

Tab. 4: Siedlungsdichte 1981*

Landkreise und kreisfreie Städte	Alpengemeinden	Gemeinden außerhalb der geomorphologischen Alpengrenze	Alpenlandkreise und kreisfreie Städte
Oberallgäu	26,7	16,1	20,9
Ostallgäu	21,4	12,4	14,0
Kempten (Stadt)	-	38,3	38,3
Kaufbeuren (Stadt)	-	49,7	49,7
Bad Tölz-Wolfratshausen	19,1	24,6	22,6
Miesbach	23,0	17,6	20,5
Garmisch-Partenkirchen	24,3	17,9	22,5
Rosenheim	16,3	20,7	19,2
Traunstein	18,1	16,0	16,5
Berchtesgadener Land	24,0	26,4	24,9
Rosenheim (Stadt)	-	41,2	41,2
Alpenlandkreise und kreisfreie Städte	21,7	20,1	20,6

* Siedlungsdichte: Wohnbevölkerung 1981/Gebäude u. Freifläche + Betriebsfläche + Verkehrsfläche + Erholungsfläche ≙ Ew/ha

Quelle: Bayer. Stat. Landesamt (Hrsg.), Die Bodenflächen Bayerns nach Nutzungsarten - Ergebnisse der Flächenerhebung 1981, in: Stat. Berichte CI 1/5 - 1981, München 1982; Bayer. Landesamt für Statistik und Datenverarbeitung (Hrsg.), Gemeindedaten 1982, München 1982

erreicht. Eine weiter gefaßte Problemstellung müßte den für Fremdenverkehrsgebiete typischen Effekt der saisonalen Verdichtung noch einbeziehen.

7.2 Altersstruktur

Die Feststellung einer "Überalterung" des deutschen Alpenraumes könnte man bei der Analyse der Karte 12 des fortgeschriebenen Landesentwicklungsprogramms [25] treffen, in der alle Alpenlandkreise für die Altersgruppe der über 64jährigen Werte über dem Landesdurchschnitt von 15,2% vorweisen. Die Spannweite reicht von 15,5% im Landkreis Rosenheim bis zu 19,4% im Landkreis Berchtesgadener Land (Tab. 5, S.33).

Signalisieren nun wirklich 3% höhere Werte (1970/1980) für den Alpenraum eine Problemsituation? Eine erste Antwort können die 2% höheren Werte dieser Altersgruppe für Bayern geben. Leider liegen von wissenschaftlicher Seite bis heute keine Beiträge vor, die mittels einer Kosten-Nutzen-Analyse die "Überalterung" als negatives Charakteristikum entwertet haben. In der Diskussion verzichtet man häufig sogar auf die Frage, ob die über dem Landesdurchschnitt liegenden Werte nicht auch durch Abwanderung mittlerer Altersgruppen (vgl. Karte 2 a, S.28), fehlenden Nachwuchs (vgl. Kap.4), die Zuwanderung älterer Menschen (vgl. Tab. 3, S.27) oder den gezielten Bau von Altersheimen ("Isolierung" in landschaftlich attraktiven Gebieten) hervorgerufen werden.

7.3 Der Rückgang der "Einheimischen" als Ergebnis umfangreicher Bevölkerungsumschichtungen

Aufgrund der Wanderungsgewinne der letzten Jahrzehnte hat die Zahl der nicht am Ort gebürtigen Einwohner sehr stark zugenommen. Die Extrapolation der Stichprobenerhebung aus Tabelle 6a beschreibt für die Alpengemeinden folgendes Bild: Durchschnittlich treffen auf 4 einheimische 6 nicht am Ort geborene Ortsansässige im deutschen Alpenraum. Für 1871

Tab. 5: Die Wohnbevölkerung nach Altersgruppen 1970 und 1980

Landkreise und kreisfreie Städte	Anteil der Altersgruppen in % an der Gesamtbevölkerung 1980		
	unter 15 Jahre	15 bis unter 65 Jahre	über 65 Jahre
Lindau	18,1	62,9	18,9
Oberallgäu	19,5	64,7	15,8
Ostallgäu	20,8	62,4	16,8
Kempten (Stadt)	17,7	64,0	18,3
Kaufbeuren (Stadt)	15,5	65,1	19,5
Weilheim-Schongau	18,4	65,3	16,3
Bad Tölz-Wolfratshausen	18,1	65,8	16,0
Miesbach	16,7	65,8	17,5
Garmisch-Partenkirchen	15,5	66,3	18,2
Rosenheim	19,2	65,4	15,5
Traunstein	19,1	64,2	16,7
Berchtesgadener Land	17,2	63,5	19,4
Rosenheim (Stadt)	15,2	66,8	18,0
Alpenlandkreise und kreisfreie Städte 1980	18	65	17
Bayern	18	67	15
Alpenlandkreise und kreisfreie Städte 1970	24	62	14
Bayern	24	63	13

Quelle: Bayer. Stat. Landesamt (Hrsg.), Altersstruktur der Bevölkerung Bayerns, in: Stat. Berichte A I3 - j/80, München 1981; Ruppert, K. u. Mitarbeiter, Planungsgrundlagen für den Bayerischen Alpenraum, München 1973.

Tab. 6a: Wohnbevölkerung nach Geburtsorten in ausgewählten Gemeinden des Deutschen Alpenraumes 1981 (10% Stichprobe)*

Gemeinde	Anzahl der Einwohner (10%)									
	insge-samt	zuge-zogen	Geburtsort							
			i.d.Gemeinde		i.Landkreis		i.Bayern		außerh.Bayerns	
			abs.	rel.	abs.	rel.	abs.	rel.	abs.	rel.
1. Ramsau+)	191	129	61	32,1	72	37,9	26	13,7	32	16,3
2. Schönau/Kgs.	570	468	102	17,9	207	36,3	96	16,8	165	29,0
3. Lenggries	910	664	246	27,0	191	21,0	250	27,5	223	24,5
4. Farchant	354	315	39	11,0	121	34,2	91	25,7	103	29,1
5. Grainau	384	337	47	12,2	106	27,6	81	21,1	150	39,1
6. Kruen	198	160	38	19,2	61	30,8	41	20,7	58	29,3
7. Tegernsee	474	368	106	22,4	20	4,2	138	29,1	210	44,3
8. Reit i. Winkl	328	238	90	27,4	55	16,8	80	24,4	103	31,4
9. Schleching	209	160	49	23,5	31	14,8	60	28,7	69	33,0
10. Oberaudorf	543	439	104	19,2	82	15,1	145	26,7	212	39,0
11. Sonthofen+)	2183	1803	381	17,5	493	22,6	448	20,5	861	39,4
12. Ofterschwang	175	140	35	20,0	57	32,6	20	11,4	63	36,0
13. Oberstaufen	773	582	191	24,7	113	14,6	150	19,4	319	41,3
14. Schwangau	360	319	41	11,4	102	28,3	94	26,1	123	34,2
Summe bzw. Durchschnitt	7652	6122	1530	20,0	1711	22,3	1720	22,5	2691	35,2

+)Differenz von 1 aufgrund fehlender Nennung des Geburtsortes
* Die Erhebung des Instituts für Wirtschaftsgeographie durch Prof. Dr. K. Ruppert wurde in dankenswerterweise von der Hanns-Seidel-Stiftung gefördert.
Quelle: Örtliche Einwohnermeldedateien, 1981.

hätte man noch ein Verhältnis von 8 : 2 angeben müssen (Tab. 6b). Trotz aller definitorischen und inhaltlichen Bedenken, die diese Aussagen begleiten müssen [26], läßt sich folgende Konsequenz formulieren: Da durch die große Wanderungsdynamik viele Gemeinden nicht einmal mehr über 50% einheimischer Bevölkerung verfügen, andere Gemeinden, z.B. Ramsau, noch heute ein Verhältnis von 7 : 3 vorweisen können, muß der differenzierten Betrachtung von verschiedenen raumwirksamen Wertvorstellungen in den einzelnen Kommunen eine erhöhte Aufmerksamkeit gelten.

Tab. 6b: Wohnbevölkerung nach Geburtsorten im Deutschen Alpenraum 1871 und 1981

Gemeinde/ Gerichtssprengel	Geburtsort			
	in der Gemeinde/ im Gerichtssprengel	im Landkreis/ Bezirksamt	in Bayern	außerhalb Bayerns
Tegernsee 1981	22,4	4,2	29,1	44,3
Tegernsee 1871	46,5	24,2	22,6	6,7
Sonthofen 1981	17,5	22,6	20,5	39,4
Sonthofen 1871	72,5	17,4	7,9	2,2
14 Alpengemeinden 1981	20,0	22,3	22,5	35,2
8 Bezirksämter 1871	59,2	18,9	17,5	4,4

Quelle: s. Tab. 6a; Kgl. Stat. Landesamt, in: Beiträge zur Statistik des Königreiches Bayern, H. XXXII, München 1876.

8. Zusammenfassung

1. Für den deutschen Alpenraum hat sich nach einer kurzen Rückgangsphase der Wachstumsprozeß unter Berücksichtigung der statistischen Fortschreibungsvorbehalte tendenziell fortgesetzt, der durch eine Verringerung des Geburtendefizits und hohe Wanderungsgewinne aus der Nord-Süd-Wanderung und der Ausländerwanderung verursacht wurde.

2. Die auf den Raum München orientieren Landkreise und Teile des östlichen Alpenraumes sind gebietsbezogen meist durch eine überdurchschnittliche räumliche und unterdurchschnittliche natürliche Bevölkerungsveränderung gekennzeichnet. Für den westlichen Alpenbereich trifft dies in umgekehrter relativer Reihenfolge zu.

3. Nicht der alpine Raum selbst, sondern die nördlich der geomorphologischen Alpengrenze angrenzenden Gebiete verfügen über die dynamischeren Komponenten hinsichtlich der Bevölkerungsveränderung 1970/81, der Veränderung der Einwohnerdichte 1970/1981 und hoher Wanderungsziffern.

4. Die Veränderung der generativen Verhaltensweisen und das anhaltende Wanderungsphänomen führen besonders in den urbanisierten Fremdenverkehrsgebieten zu knapp über dem Landesdurchschnitt liegenden Anteilswerten bei Personen über 65 Jahre, Einpersonenhaushalten und Fach- und Hochschulabsolventen, deren Wertedifferenz eine objektivere Interpretation verlangt.

5. Die relativ gute, von der Dominanz des tertiären Sektors geprägte Situation der Arbeitsmärkte trägt zu hohen Anteilen der ausländischen Wohnbevölkerung bei und verstärkt die Erscheinung des grenzüberschreitenden Pendelverkehrs.

6. Nur noch 40% der Bevölkerung des deutschen Alpenraumes könnte man aufgrund einer Stichprobenerhebung als "Einheimische" (am Ort geborene) bezeichnen.

7. In Teilbereichen des alpinen Raumes kann eine geringere Verdichtung festgestellt werden als in den Vorlandbereichen.

9. Raumplanerische Folgerungen aus einer bevölkerungsgeographischen Bestandsaufnahme

Eine erste Forderung, die dieser Beitrag aus sozialgeographischer Sicht formulieren kann, kommt in einer Verbreiterung der räumlichen Diskussionsbasis zum Ausdruck, soweit dies vorhandene Daten zeitlich, räumlich und inhaltlich zulassen. Nur eine kleinräumlich differenzierte Betrachtung kann gruppenspezifische Reichweitensysteme und funktionale Raumeinheiten herausarbeiten und so sicherlich existierende, aber nicht immer objektiv meßbare Problemsituationen ohne Pauschalierungen erfassen und richtungsweisend beeinflussen.

Neben dieser sachlich begründeten Notwendigkeit lassen sich einige anwendungsbezogene räumliche Perspektiven vor allem in ökonomischer und ökologischer Hinsicht aufzählen. Unter Berücksichtigung der gegenwärtigen Rahmenbedingungen kann sich der Trend des Bevölkerungswachstums in Teilbereichen des deutschen Alpenraumes fortsetzen. Veränderte generative Verhaltensweisen und selektive Wanderungsvorgänge, als wesentlicher Träger dieser Entwicklung, beeinflussen dabei in zunehmenden Maße Bestand und Struktur der erwerbstätigen Bevölkerung und damit auch der Arbeitsplatznachfrage. Sowohl von der ortsansässigen Bevölkerung mit relativ niedrigen Geburtenraten als auch von dem zuzugsbedingten Bevölkerungswachstum ist jedoch keine erhöhte Arbeitsplatznachfrage zu erwarten. Während in manchen Fällen eine reine Wohnstandortverlagerung bei gleichzeitiger Aufnahme des Pendelverkehrs in den Verdichtungsraum München und in die zentralen Orte vorgenommen wird, ist diese Zunahme auch auf aus dem Erwerbsleben ausgeschiedenen Altersgruppen zurückzuführen, die unter Umständen sogar indirekt zur Schaffung dienstleistungsorientierter Arbeitsplätze im Alpenraum beitragen können. Grob gesprochen führt eine Zunahme zunächst zu keinen wesentlichen negativen Einflüssen im ökonomischen Sinne. Regional betrachtet, und unter den Voraussetzungen, daß der primäre Sektor, insbesondere auch aus kulturlandschaftserhaltenden Gründen erforderlich ist, ein sicherlich auch nicht wünschenswerter Entwicklungsimpuls vom sekundären Sektor ausgehen wird und der tertiäre Sektor, hier der Fremdenverkehr, weiter ein Garant für relativ gut funktionierende Arbeitsmärkte[27] und wirtschaftlichen Wohlstand sein soll, sind in einigen Teilbereichen des westlichen und östlichen Alpengebiets noch strukturverbessernde Maßnahmen (z.B. Infrastrukturausbau) zu ergreifen.

Der Hintergrund dieses Postulats leitet sich aus dem Ergebnis ab, daß der deutsche Alpenraum kein ökonomisch und sozial homogen strukturiertes und im Prozeßablauf gleichphasig sich entwickelndes Gebiet ist, sondern durch eine Vielfalt der Abläufe gekennzeichnet ist, die gerade in diesem Gebiet sehr unterschiedliche lokale Bewertungen für die räumliche Situation und die weitere Entwicklung begründen.

Summary

After a short period of regression in the German Alpine region the process of growth increased (cf. tab.iv) caused by a reduction in the birth-rate deficit (1975: -2990, 1981: -1427 pers.) and increasing rates in the north-south migration (1975-1981: 28,287 pers.) and the migration of foreigners (1975-1981: 18,288 pers.). Further spatial differentiation shows that not the Alpine region itself, but the zone lying north of the geomorphological alpine border has the more dynamic components where changes in the population, the modfication of population density and high migration rates in the period of 1970 to 1981 are concerned.

Especially in the urbanized regions of tourism the persistent phenomenon of migration and the alteration of generative behaviour lead to slightly higher rates than the normal average for the country concerning persons over 65 years of age, the single-person households and university and higher technical college graduates. In addition random sample checks have shown that only 40% of the population in this region can be designated as "native", i.e. born in the region. The comparatively good situation on the employment market, dominated by the tertiary sector, contributes to the high rate of foreign residents and to a further development of the international border commuting.

The results, briefly outlined here, are intended as support for the demand for an increased application of differentiated local evaluation of the spatial situation in the German Alpine region.

Résumé

Dans la région alpine allemande, le processus de croissance, après avoir connu une courte phase de régression, a poursuivi sa tendance à la hausse, (cf. tableau IV), provoquée par une diminution de la baisse de la natalité (1975: -2990, 1981: -1427 personnes) et un apport important dû à une migration Nord-Sud (1975-1981: 28.287 personnes) et à la migration d'étrangers (1975-1981: 18.788 personnes). Une étude territoriale plus détaillée montre que ce n'est pas la région alpine elle-même mais la zone située au nord de la frontière géomorphologique des Alpes qui détient les éléments les plus dynamiques en ce qui concerne le changement démographique, le changement de densité de l'habitat et les chiffres les plus hauts de migration pour la période 1970-1981.

Le phénomène migratoire continu et le changement des comportements de reproduction font que, surtout dans les régions urbanisées ouvertes aux courants extérieurs, la proportion des personnes âgées de plus de 65 ans, des ménages d'une seule personne et des jeunes inscrits dans des écoles professionnelles et des établissements d'enseignement supérieur se situe un peu au-dessus de la moyenne nationale. En plus, au cours d'une enquête par sondage, on ne porrait plus désigner comme "indigènes" (nés sur place) que 40% de la population de la région alpine allemande. La situation des marchés du travail, relativement satisfaisante et caractérisée par la dominance du secteur tertiaire, contribue à une forte proportion de population résidante étrangère et au maintien du développement de la migration journalière de chaque côté de la frontière.
Ces courtes constatations doivent plaider en faveur d'une plus large utilisation d'évaluations locales différenciées de la situation territoriale dans la région alpine allemande.

Anmerkungen

1) vgl. Paesler, R., Die Bevölkerungsentwicklung in der Bundesrepublik Deutschland - Probleme für die Planung -, in: Mitt. u. Berichte des Salzburger Instituts für Raumforschung, 4/78, S. 48 ff.

2) Glauert, G., Die Alpen, eine Einführung in die Landeskunde, Kiel 1975, S. 54, Tab.1.

3) vgl. Ruppert, K., Raumplanerische Aspekte im Alpenraum, in: Der bayerische Bürgermeister, Nr. 7, München 1974, S. 262 ff.

4) vgl. ders., Raumstrukturen und Planungskonzeptionen im deutschen Alpenraum, in: Bayer. Landwirt. Jahrbuch, 57 (1980) 5, S. 588.

5) Da es sich für das Jahr 1980 um Fortschreibungsdaten und keine Volkszählungsdaten handelt, ist dies bei der Interpretation der Werte zu berücksichtigen.

6) vgl. die Arbeiten von: Ruppert, K. u. Mitarbeiter, Planungsgrundlagen für den Bayerischen Alpenraum, Wirtschaftsgeographische Ideenskizze, München 1973; Danz, W., Zur sozioökonomischen Entwicklung in den Bayerischen Alpen, in: Schriftenreihe des Alpeninstituts, H. 4, München 1975; Polensky, Th., Räumliche Aspekte der Bevölkerungsentwicklung im bayerischen Alpenraum, in: Geographica Slovenica Ljubljana, H. 8, 1978, S. 207-213; Ruppert, K. u.a., Zum Wandel räumlicher Bevölkerungsstrukturen in Bayern, 2. Teil: Die Entwicklung der Nahbereiche, in: Veröffentlichungen der Akademie für Raumforschung und Landesplanung, Forschungs- und Sitzungsberichte, Bd. 130, Hannover 1981.

7) z.B.: Schmid, W., Struktur der Privathaushalte in Bayern 1980, in: Bayern in Zahlen, Monatshefte des Bayer. Stat. Landesamtes, H. 11, 1981, S. 353 - 356; ders., Berufspendler in Bayern 1980, in Bayern in Zahlen, H. 10, 1982, S. 317 - 320.

8) vgl. Polensky, Th., a.a.O., S. 208.

9) Diese gebietsspezifischen Durchschnittswerte verdecken zunächst die großen räumlichen Unterschiede.

10) Ruppert, K. u.a., Zum Wandel räumlicher Bevölkerungsstrukturen in Bayern, a.a.O., Kap. 2, S. 7 -33.

11) Bayer. Staatsministerium für Landesentwicklung und Umweltfragen (=BStfLUM) (Hrsg.), Fortschreibung des Landesentwicklungsprogramms Bayern, Stand 1982, Karte 3.

12) Ruppert, K. u. Mitarbeiter, a.a.O., S. 32.

13) Landkreis Ostallgäu: 112 Zu- und Fortzüge pro 1000 Einwohner; Landkreis Berchtesgadener Land: 156 Zu- und Fortzüge/1000 Ew.

14) BStfLUM, a.a.O., Karte 4.

15) vgl. Gatzweiler, H.P., Zur Selektivität interregionaler Wanderungen, in: Forschungen zur Raumentwicklung, Bd. 1, Bad-Godesberg 1975.

16) vgl. hierzu Anteilswerte dieser Personengruppe in den Alpenlandkreisen 1980: 17% (-> Tab. 6)

17) vgl. BStfLUM, a.a.O., Karte 17/18/19.

18) ebenda, Karte 19.

19) ebenda, Karte 8.

20) Schmid, W., Berufspendler in Bayern 1980, a.a.O., S. 317.

21) Landesarbeitsamt Südbayern, Pressemitteilung Nr. 37/82.

22) vgl. Situation 1970: Ruppert, K. u. Mitarbeiter, a.a.O., S. 50 f.: Volksschulabschluß: 76,4%, qualifizierter Abschluß: 20,8%, Hochschulabschluß: 2,8%.

23) Ruppert, K. u.a., a.a.O., S.65.

24) Schmid, W., Struktur der Privathaushalte in Bayern 1980, a.a.O., S. 354.

25) BStfLUM, a.a.O., Karte 12.

26) Der nicht festgelegte Begriff des "Einheimischen" wurde hier aus statistischen Gründen gleichgesetzt mit "am Ort oder im Landkreis geboren", schon lange am Ort ansässige Gebietsfremde wurden nicht berücksichtigt; eine direkte Vergleichbarkeit der Verwaltungseinheiten Gemeinde/Gerichtssprengel und Landkreis/Bezirksamt ist sicher nicht möglich, so sind die angegebenen zahlen als Näherungswerte zu verstehen.

27) vgl. niedrige Arbeitslosenquoten 1980: 0,9 - 2,5%, in: BStfLUM, 6. Raumordnungsbericht 1979/80, München, 1982 Karte 19.

Aspekte der Flächennutzung im Deutschen Alpenraum

P. Lintner

Davon ausgehend, daß unterschiedliche Bewertungen und die daraus resultierenden grundfunktionalen Aktivitäten sozialgeographischer Gruppen das Nutzungsgefüge eines Raumes nachhaltig prägen, soll im folgenden versucht werden, ausgewählte Struktur- und Prozeßmuster im Deutschen Alpenraum anhand der Flächennutzung zu analysieren. Neben der Dokumentation und Erklärung wesentlicher Erscheinungsformen und Tendenzen der Flächennutzung muß hier auch jener Aspekt des Kulturlandschaftswandels diskutiert werden, der oft fälschlich als "Landschaftsverbrauch" bezeichnet wird.[1] Es handelt sich dabei um den Versuch, mittels verschiedener Intensitätskriterien aus dem Bereich des Siedlungswesens Rückschlüsse auf mögliche Problemsituationen im Alpenraum zu gewinnen.

Die Abgrenzung des Untersuchungsgebiets umfaßt nicht nur die 88 Gemeinden, die den geomorphologisch abgegrenzten Alpenbereich abdecken, sondern auch, wie seit längerem bei entsprechenden Arbeiten des Instituts für Wirtschaftsgeographie der Universität München üblich, die 10 südlichsten Landkreise Bayerns.[2] Damit wird einmal den vielfältigen Verflechtungen der Alpengemeinden mit dem Vorland Rechnung getragen, was auch einer Raumabgrenzung im sozialgeographischen Sinne näherkommt, und zudem bieten sich bei einem solchen Vorgehen ungleich mehr regionale Vergleichsmöglichkeiten.

Zu den Daten der Flächenerhebung 1981 und der Bodennutzungserhebung 1972 bis 1978, die die Grundlage dieser Untersuchung bilden, ist noch anzumerken, daß ihre Verwendung aus verschiedenen Gründen (z.B. der Vergleichbarkeit der Erhebungstechnik) nicht unproblematisch ist. Da das relativ große Untersuchungsgebiet eigene umfassende Erhebungen auf Gemeindebasis praktisch ausschließt, wird bei der Interpretation der Ergebnisse auf diese Probleme hinzuweisen sein.[3]

Einen ersten Einblick in das Nutzungsgefüge des Deutschen Alpenraums vermittelt Tabelle 1, deren Daten der Flächennutzungserhebung 1981 entnommen sind. Die Werte der 10 erwähnten Alpenlandkreise, der Regionen 16, 17 und 18 und auch die Ergebnisse für Bayern insgesamt dienen dabei zur besseren Einschätzung der Strukturen in den Alpengemeinden.

Die Gebietsflächen, die den eigentlichen Nutzungsdaten vorangestellt sind, verdeutlichen, welch geringen Anteil der wohl bekannteste Naturraum Bayerns gemessen an der Staatsfläche einnimmt. Ergänzend zu diesem relativ bescheidenen Flächenanteil von 6,59% wäre noch anzumerken, daß hinsichtlich der Einwohnerzahl das Ergebnis mit 3,54% noch niedriger ausfällt.

---

1) vgl. BORCHERDT, CH.,"Landschaftsverbrauch", in: Der Bürger im Staat, 32.Jg., H.2, 1982, S.129.
2) vgl. RUPPERT, K. u. MITARBEITER, Planungsgrundlagen für den Bayerischen Alpenraum, München 1973, S.6 F.
3) Zum Problem der Verwendbarkeit der Daten aus den Bodennutzungserhebungen und Flächennutzungserhebungen siehe auch: BUCHHOFER, E., Aktuelle Entwicklungen der Flächennutzung in Mitteleuropa, in: Marburger Geographische Schriften, H.88, Marburg 1982, S. 6 ff.
und
BAYERISCHES STATISTISCHES LANDESAMT (Hrsg.), Die Bodenflächen Bayerns nach Nutzungsarten, in: Statistische Berichte des Bay. Stat. Landesamtes, CI 1/S-1981, München 1981, S.V ff.
Für die Aufbereitung des hier verwendeten Datenmaterials für die EDV-Auswertung danke ich Frl. R. Costa und Frl. E. Hindinger.

Tab. 1: Flächennutzung in den Gemeinden, Landkreisen und Regionen des Deutschen Alpenraumes 1981

	Alpenge-meinden	Alpenland-kreise*)	Regionen 16,17,18	Bayern insgesamt
Gebietsfläche in Hektar	464.583	1.055.640	1.252.709	7.055.057
Anteil an der Gebietsfläche Bayerns in %	6,59	14,96	17,76	100,00
Flächen unterschiedlicher Nutzung in Hektar:				
Gebäude- und Freiflächen	8.904	27.879	32.654	238.907
Verkehrsflächen	7.353	25.423	29.316	256.907
Betriebsflächen	926	4.532	4.922	23.311
Erholungsflächen	934	2.572	2.819	26.903
Landwirtschaftsflächen	169.511	565.234	644.232	3.872.880
Waldflächen	217.715	371.985	430.177	2.373.943
Unland	44.037	46.519	65.604	81.374
Anteile der Flächen a.d. jeweiligen Gebietsfläche ohne Unland:				
Gebäude- und Freiflächen	2,12	2,76	2,75	3,43
Verkehrsflächen	1,75	2,52	2,47	3,68
Betriebsflächen	0,22	0,45	0,41	0,33
Erholungsflächen	0,22	0,25	0,24	0,39
Landwirtschaftsflächen	40,31	56,01	54,26	55,54
Waldflächen	52,01	36,86	36,24	34,04

*) ohne gemeindefreie Gebiete
Quelle: Flächenerhebung 1981 des Bayerischen Statistischen Landesamtes

Die Größenrelationen zwischen den absoluten Werten dokumentieren die erwartete Vorrangstellung der Landwirtschafts- und Waldflächen in allen vier Betrachtungsebenen. Mit großem Abstand folgen dann die Gebäude- und Freiflächen (Flächen mit Gebäuden und unbebaute Flächen, die Zwecken der Gebäude untergeordnet sind) und die Verkehrsflächen. Betriebsflächen (unbebaute Flächen, die überwiegend gewerblich, industriell oder für Zwecke der Ver- und Entsorgung genutzt werden) und Erholungsflächen rangieren schließlich am Ende der Skala. Zur letztgenannten Kategorie ist allerdings anzumerken, daß hierbei die Schwäche einer Arealstatistik, die sich an der "überwiegenden Nutzung" orientiert, besonders deutlich zutage tritt. Erholungsflächen haben zu großen Teilen multifunktionalen Charakter und sind daher vielfach in anderen Flächen-Kategorien, z.B. in land- und forstwirtschaftlichen Flächen, integriert.

Erste Unterschiede zwischen den Nutzungsverhältnissen im eigentlichen Alpenraum und den übrigen Raumkategorien ergeben sich auf den ersten Blick durch den großen Umfang an Unland (Felsregionen), die mehr als 50% des gesamtbayerischen Wertes ausmachen, und in einer anderen Reihenfolge der Nutzungen untereinander. Während in den drei Vergleichsräumen die landwirtschaftlichen Flächen die größten Gebietsanteile einnehmen, dominieren bei den Alpengemeinden die Wälder mit 52,01 %. Diese Situation ergibt sich einmal aus den Schwierigkeiten der Landbewirtschaftung in den Berggebieten mit entsprechend problematischen naturräumlichen Bedingungen und auch aus der besonderen Schutzfunktion des Waldes im Gebirge.[1] Der Anteil der Gebäude-, Frei- und Verkehrsflächen ist mit 2,12% bzw. 1,75% im

---
[1] Zu wichtigen Aspekten der Waldnutzung im Gebirge siehe auch: PLOCHMANN, R., Forstpolitische Probleme im Alpenraum, in: Probleme der Alpenregion, Schriften und Informationen der Hanns-Seidel-Stiftung, Bd.3, München 1977, S.87 - S.122.

Alpenraum relativ gering, zumal in der Tabelle nicht auf die gesamte Gebietsfläche Bezug genommen, sondern bewußt das Unland aus diesen Überlegungen ausgeschlossen wurde. Diese Aussage bestätigt auch ein Vergleich mit Baden-Württemberg, wo in den einzelnen Regionen, gemessen an der gesamten Gebietsfläche, die niedrigsten Anteilswerte für die Gebäude-, Frei- und Betriebsflächen bei 3,8% liegen (in der Region Schwarzwald - Baar - Heuberg 4,4%), während in den Alpengemeinden nur 2,34% erreicht werden.[1] Aus der Tabelle geht zudem hervor, daß die Anteile dieser Siedlungsflächen mit der Vergrößerung des Beobachtungsraumes zunehmen. Die höheren Siedlungsflächenanteile im unmittelbaren Vorland sind nicht zuletzt auf die Kette der größeren Städte zurückzuführen, die aufgrund ihrer zentralörtlichen Funktionen über enge Verflechtungen mit dem eigentlichen Alpenraum verfügen. Der noch höhere gesamtbayerische Wert unterliegt letztlich dem Einfluß der großen Verdichtungsräume.

Eine innere Differenzierung der Gebäudeflächen ist seitens der Statistik zwar vorgesehen, aber bislang leider noch nicht realisiert worden. Aus bekannten Fakten, wie z.B. der Standorte des Produzierenden Gewerbes, und auch aus einem sehr starken korrelativen Zusammenhang dieser Flächen mit dem Bestand an Wohngebäuden (r=0,93), dürfte der Schluß zulässig sein, daß der Flächenbedarf des Produzierenden Gewerbes im Alpenraum von lokalen Ausnahmen abgesehen eine untergeordnete Rolle spielt.

Bezüglich der Landwirtschaftsflächen sei an dieser Stelle nur auf das für den gesamten Untersuchungsraum charakteristische Grünland hingewiesen. Diese dominierende Nutzungsform, über die leicht die kleinräumlich sehr starken Strukturunterschiede in der alpenländischen Landwirtschaft vergessen werden[2], hat sich in den letzten Jahrzehnten im Rahmen eines "Vergrünlandungsprozesses" weiter nach Norden ausgebreitet.

Die aus Tabelle 1 bereits ersichtlichen Tendenzen räumlich unterschiedlicher Flächennutzungsmuster sollen nun in einem weiteren Schritt näher analysiert werden, inwieweit es Abhängigkeiten zwischen der Flächennutzung und der Lage der einzelnen Gemeinden zum geomorphologischen Alpenraum gibt.

Tab. 2: Flächenanteile nach unterschiedlichen Entfernungen der Gemeinden zur geomorphologischen Alpengrenze*)

Nutzungsmerkmale	Entfernungen zur geomorphologischen Alpengrenze					
	mehr als 5km südl.	5km süd.bis u.2km nördl.	2km bis u. 8km nördl.	8km bis u. 15km nördl.	15km bis u. 30km nördl.	30km u. mehr nördl.
Gebäude- u. Freifläche	2,03	1,94	3,39	2,94	3,29	2,93
Verkehrsfläche	1,59	1,66	2,74	2,94	3,13	3,11
Gebäude-,Frei-, Verkehrs- und Betriebsfläche	3,68	3,77	6,80	6,70	7,01	6,33
Landwirtsch.Fl.	32,50	42,35	57,84	63,93	69,66	69,39
Waldfläche	61,33	49,38	31,49	26,73	27,01	22,55

*) Alle Angaben in % bezogen auf die Summe der jeweiligen Gemeindeflächen ohne Unland

---

1) SCHWARZ, G., Die neue Flächenerhebung, in: Baden-Württemberg in Wort und Zahl, 28.Jg., 1980, H. 6, S.214
2) vgl. RUPPERT, K. und MITARBEITER, Planungsgrundlage für den Bayerischen Alpenraum, a.a.O., S. 231.

Der schon vermutete Nord-Süd-Wandel der Flächennutzung bestätigt sich hier auf eindrucksvolle Weise. Faßt man die wesentlichsten Siedlungsflächen - wie in der Zeile 3 der Tabelle 2 - zusammen, so zeigt sich ein deutlicher Zuwachs der Anteile vom südlichsten Abschnitt bis zu dem Bereich zwischen 15 und 30 km nördlich der Alpengrenze, in dem Städte wie Kempten, Weilheim und Rosenheim angesiedelt sind. Ein erster signifikanter Anstieg der Werte ist bereits in dem Abschnitt zwischen 2 und 8 km zu beobachten, der vor allem auf Städte wie Sonthofen, Miesbach, Murnau und Bad Tölz zurückzuführen ist. In einer Entfernung von mehr als 30 km sinken die Anteile der Gebäude-, Frei-, Verkehrs- und Betriebsfläche wieder leicht, da in diesen Bereich mehr ländlich strukturierte Gemeinden fallen.

Anhand von Karte 1, die die Ausprägung dieses Merkmals auf Gemeindebasis darstellt, lassen sich die getroffenen Aussagen nochmals deutlich nachvollziehen. Höhere Siedlungsanteile an der Gemeindefläche ohne Unland lassen sich besonders im Alpenvorland und hier wieder speziell an den Zentralen Orten und ihrer näheren Umgebung lokalisieren. Beispielhaft hervorzuheben sind dabei Lindau, Kempten, Rosenheim und die Bereiche Marktoberdorf-Kempten und Traunstein-Chiemsee. Innerhalb der 88 Alpengemeinden zeigen sich Tendenzen zu einer stärkeren "Überbauung" im Raum Garmisch-Mittenwald, entlang der Inntal-Autobahn von Brannenburg bis Kiefersfelden und besonders im südlichen Landkreis Berchtesgaden.

Die Relation zur Gemeindefläche beinträchtigt in Einzelfällen natürlich die Vergleichbarkeit der Gemeinden untereinander, so sind relativ hohe Anteile wie z.B. Oberammergau und Schönau zum Teil auch das Resultat eng gezogener Verwaltungsgrenzen. Insgesamt ließ sich für das Untersuchungsgebiet allerdings rechnerisch kein Zusammenhang zwischen der Gemeindefläche und dem Siedlungsflächenanteil ermitteln, wobei festzuhalten ist, daß die sehr groß anmutenden Bezugsflächen im Alpenraum durch den Ausschuß des Unlandes erheblich reduziert wurden (z.B. in Garmisch-Partenkirchen um 35%, in Mittenwald um 36% und in Oberstdorf um 35%). Im Hinblick auf die spätere Diskussion über die Belastung des Alpenraumes durch die Siedlungstätigkeit sollen die Ergebnisse der Karte 1 ohnehin nur erste Hinweise auf mögliche Problemsituationen liefern.

Auch bei den Landwirtschaftsflächen zeigt die Tabelle 2 eine Steigerung der Anteile von Süden nach Norden, was wie erwähnt auch im Zusammenhang mit den Schwierigkeiten landwirtschaftlicher Produktion im Gebirge zu sehen ist. Ein weiterer Aspekt landwirtschaftlicher Nutzung, der bei der Behandlung des Alpenraumes zumindest angeschnitten werden muß, ist die Differenzierung des Grünlandes in die Futterbaubereiche in den Tallagen und die Almbzw. Alpwirtschaft in höheren Lagen. Gerade die letztgenannte Nutzungsform ist in jüngerer Vergangenheit Gegenstand der Diskussion um die Belastung alpiner Gebiete geworden. Die Trennung von Wald und Weide, bzw. Bedenken hinsichtlich eines zu hohen Bestoßes der Almen und damit verbundene Gefahren für die natürliche Umwelt (z.B. durch Erosion) sind wesentliche Stichworte in dieser Auseinandersetzung. Allerdings ist nicht von der Hand zu weisen, daß zwar die Nachfrage nach Sömmerungsmöglichkeiten gestiegen ist, die Bestoßzahlen heute aber auf dem gleichen Niveau wie in den frühen 50er Jahren liegen.[1]

Bei den Anteilen der Landwirtschaftsfläche dokumentiert die Tabelle 2 klar den starken Einfluß des Reliefs durch die große Differenz der Werte zwischen den innersten alpinen Räumen, der Randzone und den Vorlandbereichen.

Diese Aussage läßt sich, mit umgekehrten Vorzeichen, auf die Waldanteile übertragen, die im Vorland wesentlichgeringer ausfallen. Innerhalb des Alpenraumes kommt der Waldnutzung

---

[1] vgl. RUPPERT, K., Wirtschaftliche und ökologische Übernutzung der Berggebiete?, unveröff. Vortragsmanuskript, München 1983, S.8.

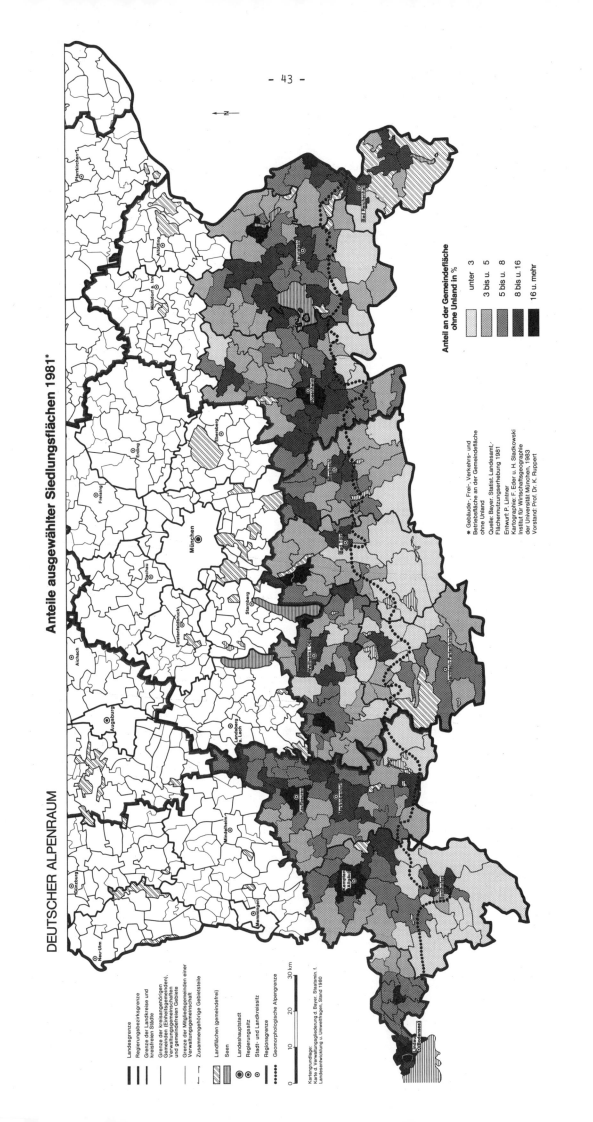

im Berchtesgadener Land, im Bereich Jachenau-Lengries und in den mittleren Teilen des Landkreises Garmisch größere Bedeutung zu, während im Allgäu die Werte geringer ausfallen.

In Ergänzung zu dieser statischen Betrachtung sollen nun, soweit möglich, einige dynamische Aspekte der Nutzungs skizziert werden. Da die Ergebnisse der Flächennutzungserhebung von 1979 mit vielen Unsicherheiten behaftet sind und der Vergleichszeitraum von zwei Jahren sehr kurz erscheint, wird hier auf die Ergebnisse der Bodennutzungserhebungen von 1972 und 1978 zurückgegriffen. Da sich auch bei diesem Vorgehen erhebliche Probleme ergeben (Merkmalsgruppen mit unterschiedlicher Bedeutung im Vergleich zu 1981, Erfassung nach dem "Betriebsprinzip", z.T. Mängel in der Erfassung durch die Gemeindeverwaltungen), werden im folgenden auf exakte Zahlenangaben verzichtet und nur generelle Tendenzen wiedergegeben.

Die Kategorie der Gebäude- und Hofflächen, der Fabrikanlagen, Lager und Stapelplätze hat demnach im gesamten Untersuchungsgebiet mit ca. 9% eine erhebliche Steigerung erfahren. Dagegen bleibt das Wegeland und die Eisenbahnen mit ca. 6% um einiges zurück. Im Nord-Süd-Profil ergibt sich bei dem erstgenannten Merkmal eine Dreiteilung der Zuwachsraten von ca. 7 bis 8% im unmittelbaren Alpenraum, 9 bis 10% im direkt anschließenden Vorland und 5 bis 6% in den nördlich gelegenen ländlich strukturierten Bereichen. Beim Wegeland und den Eisenbahnen läßt sich diese Zonierung nicht nachvollziehen. Hier zeigen sich die höchsten Werte (12 - 14%) im innersten alpinen Bereich, während abgesehen von einer geringen Entwicklung im Norden die Zunahme zwischen 5 und 7% lag.

Bei keinräumlicher Betrachtung ergeben sich Parallelen zu Beobachtungen, die schon für den Zeitraum 1962 bis 1968 vom Institut für Wirtschaftsgeographie der Universität München gemacht wurden, wie z.B. ein stärkeres Siedlungswachstum im Raum Lindau und um Sonthofen.[1] Zudem deutet sich im Vorland eine dynamischere Entwicklung im Umfeld von Schongau und Peiting und um Rosenheim an. Im eigentlichen Alpenraum läßt sich eine entsprechende Regionalisierung nur schwer durchführen. Herausragende Gebiete, gemessen am Siedlungswachstum, sind bestenfalls der Bereich Garmisch-Mittenwald und der Landkreis Berchtesgaden, wenn man von gestreut liegenden Einzelfällen absieht. Reduziert man die Betrachtung nur auf das relative Wachstum von Gebäude- und Hofflächen sowie Fabrikanlagen und Stapelplätze, so erreicht man noch höhere Werte für das Inntal und einige Gemeinden im Oberallgäu. Dies ist allein kein Hinweis auf einen besonderen Siedlungsdruck etwa in den Fremdenverkehrsgemeinden.[2]

Folgt man den Überlegungen von KOLB, so müßte sich der Zuwachs an überbauten Flächen zum größten Teil aus der Aufgabe landwirtschaftlicher Flächen zusammensetzen.[3] In der Tat zeigen sich im Untersuchungsgebiet Ansätze zu einer indirekten Proportionalität zwischen den beiden Kategorien. Die im Vergleich zu anderen Landesteilen eher geringen Abnahmequoten haben ihr Minimum im inneralpinen Raum und nehmen nach außen zu, eine Situation, die sich so aus dem Rückgang der landwirtschaftlichen Betriebe ablesen läßt. Besonders stabil hinsichtlich der landwirtschaftlichen Nutzung zeigen sich Teile des Allgäus, des Landkreises Garmisch-Partenkirchens und des Landkreises Berchtesgaden.

---

[1] vgl. RUPPERT, K. und MITARBEITER, Planungsgrundlagen für den Bayerischen Alpenraum, a.a.O., S. 74.
[2] vgl. DIETERICH, H., Regulative auf dem Bodenmarkt in Südtirol, in: Dortmunder Beiträge zur Raumplanung, Bd. 18, Dortmund 1980, S.25.
[3] vgl. KOLB, H.-J., Funktionswandel der Flächennutzung als Folge veränderter Bevölkerungs- und Erwerbsstruktur - aufgezeigt an den dänischen Inseln Langeland und Stryno, Diss. Univ. Bonn, Bonn 1981, S. 129.

Eine kleinräumliche Betrachtung der Veränderung des Waldflächenanteils konnte hier leider nicht durchgeführt werden, da es im Bereich des Forstwesens zu einschneidenen Veränderungen bei den Verwaltungsgebieten der Forstämter kam, die bislang nicht auf einen aktuellen Gebietsstand umgerechnet und vergleichbar gemacht wurden.

Nach diesem ersten Einblick in die Situation der Flächennutzung in den Alpenlandkreisen und einigen knappen Anmerkungen zu Entwicklungstendenzen der Jahre 1972 bis 1978 sollen nun noch einige aus den zur Verfügung stehenden Daten ersichtlichen Einflußfaktoren auf die Struktur- und Prozeßmuster speziell bei Gebäudeflächen angesprochen werden.
Nach VOSS existiert in der Bundesrepublik bei der Entscheidung über die Art der Nutzung eines Grundstücks ein Mischsystem aus ökonomischen Zwängen und Optimierungsbestrebungen einerseits und lenkenden Planungselementen des Staates andererseits.[1] Unterstellt man den über die Nutzung entscheidenden Gruppen ein rationales Vorgehen, so wird letztlich, wenn keine planerischen Restriktionen vorliegen, die ökonomisch effizienteste Lösung zum Zuge kommen, wobei der räumliche Kontext natürlich immer eine wesentliche Rolle spielen wird. Wollte man nun alle die Prozesse skizzieren, die zur allgemein feststellbaren Vergrößerung der Siedlungsflächen und somit auch zu einem wirtschaftlichen und planerischen Wertewandel ehemals z.B. agrarisch oder forstwirtschaftliche genutzter Flächen geführt haben, würde es den Rahmen dieser Arbeit sprengen. Als wesentlichste Aspekte sollen hier nur die in den letzten Jahrzehnten gestiegenen Einwohnerzahlen, die mit steigendem Bruttosozialprodukt erhöhten Ansprüche der Wirtschaft, wachsende Ansprüche an die Wohnungen, der erhöhte Kraftfahrzeugbestand und der höhere Stellenwert der Freizeit genannt werden.[2] Dazu kommen von staatlicher Seite neben der Förderung des privaten Wohnungsbaus und der Bemühung um die Schaffung von Arbeitsplätzen der Ausbau öffentlicher Infrastrukturleistungen (z.B. Straßenbau, Schulen, Verwaltungen usw.). Nicht vergessen sollte man auch die Aktivitäten der Gemeinden bei der Baulandausweisung[3], die durch die Beteiligung der Kommunen an der Einkommensteuer tendenziell eher großzügig gehandhabt wird.
Neben diesen, eher allgemein zutreffenden Faktoren kommt im Alpenraum ein Aspekt hinzu, der nach Meinung verschiedener Autoren die Nachfrage nach Bauland erhöht: der Fremdenverkehr.

Eine umfassende Analyse für den gesamten südbayerischen Raum anhand von Daten aus den Bereichen Bevölkerung, Wohnungsbau, Erwerbstätigkeit und Fremdenverkehr erwies eine eindeutige Dominanz der Bevölkerungsentwicklung (und damit des Wohnungsbaues) unter den Einflußfaktoren auf die Siedlungsflächenentwicklung. Für den Grad der Überbauung zeigen sich besonders Abhängigkeiten zu den Erwerbsquoten im sekundären und im tertiären Wirtschaftssektor. Neben diesen sicher nicht spektakulären, erwartbaren Ergebnissen, bleibt aber festzuhalten, daß dabei keine gesicherte Beziehung zu den Merkmalen des Fremdenverkehrs gefunden werden konnte. In Tabelle 3 sind für ausgesuchte Kennzeichen auf unterschiedlicher räumlicher Basis die Korrelationskoeffizienten mit dem Bestand an Gebäude- und Freiflächen 1981 aufgelistet.

---

1) vgl. VOSS, G., Soziales Bodeneigentum und Bodenmarkt, in: Beiträge, H.7, Hrsg.: Institut der deutschen Wirtschaft, Köln 1973, S. 35 ff.
2) BUCHHOFER, E., Flächennutzungsveränderungen in der Bundesrepublik Deutschland, in: Marburger Geographische Schriften, H.88, Marburg 1982, S. 14f.
3) BORCHERDT, CHR., Probleme der Erfassung und Bewertung des "Landverbrauchs", in: Materialien, Geographisches Institut Stuttgart, Stuttgart 1982, S. 22.

Tab. 3: Korrelationen zwischen der Gebäude- und Freifläche 1981 und ausgewählten Merkmalen

Merkmal	Gebietsbezug				
	Alpenland-kreise	Alpenge-meinden	Alpengemeinden in den Bereichen		
			Oberallgäu	Garmisch	Berchtesgaden
Beschäftigte im Einzelhandel 1979 pro 1.000 Einwohner	0,64	0,62	0,74	0,75	0,63
Wohnungen pro Wohngebäude 1979	0,61	0,51	0,49*	0,78	0,81
Anteil der Wohnungen mit einem Raum 1979	0,15	0,09*	-0,20*	0,65	0,72
Fremdenbetten pro 100 Einwohner 1980	-0,29	-0,24	-0,39*	-0,27*	-0,52*

Korrelationskoeffizienten nach PEARSON.
 * Irrtumswahrscheinlichkeit größer als 3%

Quelle: unveröffentlichte Daten des Bayerischen Statistischen Landesamtes und eigene Berechnungen

In Ermangelung aktuellerer Daten mußten dabei leichte Verschiebungen innerhalb der Basisjahre hingenommen werden, was bei diesen Bestandsgrößen allerdings keine Rolle spielen dürfte.

Bezogen auf alle Gemeinden der Alpenlandkreise ergibt sich der stärkste Zusammenhang mit den Beschäftigten im Einzelhandel pro 1.000 Einwohner, einem Indikator für die Tertiärorientierung. Damit in enger Verbindung, als Maß für städtisches bzw. ländliches Bauen, steht die Zahl der Wohnungen pro Wohngebäude. Sie erreicht den nur wenig niedrigeren Korrelationskoeffizienten von 0,61. Die Anteile der Wohnungen mit einem Raum und die Fremdenverkehrsintensität gemessen an den Betten pro 100 Einwohner zeigen auf das ganze Untersuchungsgebiet bezogen keine Verbindung zum Ausmaß der Gebäude-, und Freifläche.

Stellt man die gleiche Betrachtung für die Gemeinden im geomorphologisch abgegrenzten Alpenraum an, erhält man ein annähernd gleiches Bild. Selektiert man letztlich die drei Bereiche in den Alpen, die nach der Karte 1 zu urteilen stärkere Siedlungsanteile an der Gemeindefläche aufweisen, so ergeben sich doch erhebliche Unterschiede. Bei den Gemeinden im Allgäuer und Garmischer Gebiet zeigt sich eine noch stärkere Korrelation zum Einzelhandelsbesatz, als etwa um Berchtesgaden, wo, wie auch bei Garmisch eher die Zahl der Wohnungen pro Wohngebäude und kleine Wohnungen zu den Gebäude- und Freiflächen beitragen. Im Oberallgäu ist dies nicht nachzuweisen. Die Fremdenverkehrsintensität jedenfalls scheint in keiner Beziehung zum Ausmaß dieser Nutzungsart zu stehen, wobei sich sogar Tendenzen zu einer indirekten Proportionalität bemerkbar machen.

Um die Frage des Einflusses des Fremdenverkehrs auf den Bestand bei "überbauten" Flächen noch weiter zu klären, wurden in der Tabelle 4 die Korrelationskoeffizienten zwischen seinem absoluten Umfang gemessen in der Zahl der Fremdenbetten 1980 und der Gebäude- und Freifläche, deren Anteil an der Gemeindefläche ohne dem Unland und dem entsprechenden Anteil der Siedlungsflächen (Gebäude-, Frei-, Verkehrs- und Erholungsflächen errechnet.

Tab. 4: Korrelationen zwischen der Zahl der Fremdenbetten 1980 und ausgewählten Siedlungsmerkmalen

Merkmal	Gebietsbezug				
	Alpenland-kreise	Alpenge-meinden	Alpengemeinden in den Bereichen		
			Oberallgäu	Garmisch	Berchtesgaden
Gebäude- u. Freifläche absolut 1981	0,18*	0,58	0,37*	0,93	0,71
Anteil d. Gebäude- und Freifläche an der Gemeindefläche ohne Unland 1981	-0,04*	0,19*	-0,04*	0,43*	0,54*
Anteil der Siedlungsfläche an der Gemeindefläche ohne Unland 1981	-0,07*	0,12*	-0,07*	0,38*	0,63

Korrelationskoeffizienten nach PEARSON
* Irrtumswahrscheinlichkeit größer als 3%

Siedlungsfläche = Summe aus Gebäude-, Frei-, Verkehrs- und Erholungsfläche

Quelle: unveröffentlichte Daten des Bayerischen Statistischen Landesamtes und eigene Berechnungen

Während sich für das ganze Untersuchungsgebiet kein Zusammenhang zwischen den drei Siedlungsmerkmalen und der Bettenzahl ergibt, erreichen die Gemeinden im Alpenraum bei Gebäude- und Freiflächen absolut innerhin eine Korrelation von 0,58. Für die Gebietsteile um Berchtesgaden beträgt der Wert 0,71 und um Garmisch sogar 0,93. Im Allgäu ist dieser Zusammenhang nicht signifikant erkennbar. Eine funktionale Abhängigkeit zwischen der Anzahl der Fremdenbetten und dem Betrag dieser Flächen ist daraus natürlich nicht abzuleiten, da es sich hierbei um eine assoziative Verkettung über die Gemeindegröße handeln könnte. Die Korrelation mit dem Anteilswert dieser Flächen an der Gemeindefläche ohne Unland führt zu ähnlichen Ergebnissen, wenn auch mit geringerer Signifikanz, wobei sich das Allgäu noch stärker von den beiden anderen Vergleichsräumen unterscheidet. Betrachtet man noch den Korrelationskoeffizienten zwischen den Anteilen der Siedlungsflächen und den Fremdenbetten, zeigt sich für den Raum Berchtesgaden ein signifikanter Zusammenhang, während sich dies bei Garmisch nur andeutet und im Allgäu nicht nachzuvollziehen ist.

Zusammenfassend kann aus diesen Ergebnissen gefolgert werden, daß, was nicht anders zu erwarten war, mit wachsendem Umfang des Fremdenverkehrs auch die Gebäude- und Freifläche zunimmt. Andererseits korrelieren die Siedlungsanteile an der zur Verfügung stehenden Fläche nur in bestimmten räumlichen Situationen mit diesem Merkmal. Diese besondere Raumstruktur könnte einmal in den ohnehin sehr engen Gemeindegrenzen wie im Bereich Berchtesgaden, oder in städtisch-urbanen Erscheinungsformen wie um Garmisch begründet sein. Ein Einfluß der Fremdenverkehrsintensität ist nach den vorliegenden Daten jedenfalls auszuschließen.

Abschließend sollen nun noch Kriterien der Siedlungsintensität analysiert und im Hinblick auf die Frage nach der Belastung der Berggebiete gewertet werden, soweit dies mit dem vorliegenden material möglich ist.

Erste Hinweise in diese Richtung gibt der Umfang der Fläche der "Freien Landschaft" (Landwirtschafts-, Wald-, Wasserflächen und Flächen anderer Nutzung) je 1.000 Einwohner.[1]

---
1) vgl. Karte "Freie Landschaft" in: 6. Raumordnungsbericht, Hrsg.: Bay. Staatsministerium f. Landesentwicklung u. Umweltfragen, München 1982, S. 269

Ungünstige Verhältnisse ergeben sich dabei besonders um die Zentralen Orte im Vorland wie z.B. Kempten und Rosenheim. Die in der Tendenz gleichen Ergebnisse wie bei Karte 1 treffen auch für die alpinen Gebiete zu, wo als häufigster Wert 16,98 km² pro 1.000 Einwohner und mehr, also die höchste Stufe auftritt. Etwas schlechter fallen die Werte wiederum um Berchtesgaden und weniger deutlich ausgeprägt um Garmisch und im Inntal aus. Dazu kommen noch einige Sonderfälle wie z.B. die Stadt Füssen.

Tab. 5: Verschiedene Dichtewerte als Indikatoren der Siedlungsintensität 1980

räumlicher Bezug	Einwohner und Fremdenbetten pro km²		
	Gemeindefläche	Siedlungsfläche	Gebäude- u. Freifläche
Alpenlandkreise	145	1.379	5.521
Alpengemeinden	132	955	6.877
Alpengemeinden in den Landkreisen:			
Oberallgäu	137	839	8.539
Garmisch	132	524	7.329
Berchtesgaden	260	2.543	8.373
Gemeinden nach dem Abstand zur Alpengrenze:			
mehr als 5km südlich	136	669	8.056
5km südl. bis 2km nördl.	123	1.279	6.690
2km bis 8km nördlich	180	1.901	5.403
8km bis 15km nördlich	155	2.026	5.295
15km bis 30km nördlich	150	1.866	4.560
30km und mehr nördlich	135	1.897	4.607

Siedlungsfläche = Gebäude-, Frei-, Verkehrs-, Betriebs- und Erholungsfläche

Quelle: unveröffentlichte Daten des Bayerischen Statistischen Landesamtes und eigene Berechnungen

In der Tabelle 5 sind einige Indikatoren der Siedlungsintensität unterschiedlichen räumlichen Betrachtungsebenen gegenübergestellt. Um auch den Spitzenbelastungen in der Fremdenverkehrssaison gerecht zu werden, wurde in die Berechnungen bewußt die Zahl der Fremdenbetten einbezogen.

Da eine Betrachtung der Dichte auf der Basis der Gemeindefläche wegen der größeren Menge des Unlandes weniger aufschlußreich für das Ausmaß der Siedlungsintensität ist, drängt sich der Bezug zur Siedlungsfläche auf. Auffälligstes Ergebnis ist dabei, daß die 88 Alpengemeinden bei diesem Kriterium noch besser abschneiden im Vergleich zum ganzen Untersuchungsgebiet, als bei der Dichte bezogen auf die Gemeindefläche. Eine große Ausnahme bildet trotzdem der Alpenbereich um Berchtesgaden, der gegenüber den anderen Alpengemeinden mehr als doppelt so dicht bewohnt ist. Garmisch und die Gemeinden im Oberallgäu bleiben auffällig hinter diesem Spitzenwert zurück.

Berechnet man die Einwohner und Fremdenbetten pro km² Gebäude- und Freifläche, so ergibt sich das umgekehrte Bild: die Alpengemeinden erzielen höhere Dichtewerte als die Landkreise insgesamt und die drei Beispielsgebiete übertreffen dieses Ergebnis noch um einiges. Neben dem Umstand, daß in diesen Bereichen gewerbliche Flächen keine sehr große Rolle spielen, steht diese Erscheinung sicher in Zusammenhang mit einer intensiveren Wohnungsbebauung, gemessen an der Zahl der Wohnungen pro Wohngebäude. Ein Vergleich der Situation bei diesem Merkmal aus dem Jahre 1961 mit 1978 zeigt eine erhebliche Steigerung der Werte in praktisch allen Gemeinden des Oberallgäus, im Raum Garmisch-Mittenwald und um den Tegernsee. Das regelrechte Süd-Nord-Gefälle der Anzahl der Wohnungen pro Wohngebäude spiegelt sich offensichtlich auch in der unteren Hälfte der Tabelle 5, letzte Spalte, wieder. Die Dichtewerte bezogen auf die Gebäude- und Freifläche nehmen nach Norden praktisch ständig ab. Bei den Einwohnern pro km^2 Siedlungsfläche ergibt sich bei dieser Zonierung genau das umgekehrte Bild.

Bei der Beurteilung der Siedlungsintensität wird man letztlich nicht umhin können, Schwellenwerte zu definieren, bei deren Überschreitung eine besondere Belastung des entsprechenden Gebietes angenommen werden kann. Eine solche, wertende Klassifikation ist letztlich Aufgabe der Politik und der Planung, weshalb hier auch nur ein Beispiel für eine solche Toleranzgrenze zitiert werden soll.[1] Im Auswertungsbericht zum Seminar über Probleme der Belastung und der Raumplanung im Berggebiet, das 1978 in Grindelwald stattfand, wird gefordert, daß die umfassende Siedlungsdichte (Dauerbewohner und Fremdenbetten) je ha besiedelter Fläche den Wert 20 nicht übersteigen sollte. Angewandt auf die Gemeinden im Deutschen Alpenraum würde dies bedeuten, daß von wenigen Einzelfällen abgesehen nur die Orte in der Nähe von Berchtesgaden über diesem Schwellenwert liegen. Im Vergleich zu den Vorlandbereichen fällt diese Bilanz sogar sehr günstig aus.

Schlußfolgernd zu all diesen, notwendigerweise lückenhaft bleibenden Überlegungen, deuten sich Problemsituationen im Hinblick auf die Siedlungstätigkeit in Berchtesgaden und vielleicht in Ansätzen auch noch um Garmisch und im südlichen Oberallgäu an. Unzweifelhaft schlägt sich die relativ hohe Bevölkerungsdynamik im Vergleich mit anderen ländlich strukturierten Gemeinden und die Funktion des Alpenraumes als Fremdenverkehrs- und Naherholungsgebiet im Bild der Landschaft und damit in der Flächennutzung nieder. Trotzdem kann nach dem vorliegenden Datenmaterial weder bei statischer noch bei dynamischer Betrachtung von einer generellen Belastung durch die Siedlungstätigkeit gesprochen werden.

Allerdings konnten hier nur Ergebnisse der offiziellen Statistik verwertet werden und es ist notwendig darauf zu verweisen, daß daraus keine Schlüsse etwa zum Problemkreis der "Zersiedelung" oder auf ästhetische Aspekte der Siedlungstätigkeit gezogen werden können. Zudem blieb das weite Feld juristischer Nutzungsrestriktionen, denen in Bayern heute schon jeder fünfte Hektar unterliegt[2], unbearbeitet, wobei gerade in diesem Zusammenhang die Statistik sehr wenig Hilfestellung leistet.

Unter allen diesen Vorbehalten muß nochmals betont werden, daß hier nur Merkmale und Ursachen für mögliche Nutzungsprobleme gesucht wurden, eine Wertung solcher Situationen kann letztlich nur bei kleinräumlicher Betrachtung unter Berücksichtigung möglichst aller räumlich relevanter Aspekte erfolgen.

---

[1] GANSER, K., Auswertungsbericht des Seminars über Probleme der Belastung und der Raumplanung im Berggebiet, insbesondere in den Alpen, Grindelwald 1978, Anhang (III), Teil (1), S.2.
[2] vgl. RUPPERT, K., Wirtschaftliche und ökologische Übernutzung der Berggebiete ?, a.a.O., S. 10 ff.

Zusammenfassung

Entsprechend seiner naturräumlichen Gegebenheiten und seiner besonderen Funktion als Fremdenverkehrsraum weichen die Strukturmuster der Flächennutzung im Bayerischen Alpenraum stark von den Verhältnissen in anderen ländlichen Bereichen ab. Kennzeichnend ist ein niedriger Flächenanteil für Siedlungszwecke und auch relativ geringe Anteile landwirtschaftlicher Flächen, die fast ausschließlich als Grünland genutzt werden. Auf der anderen Seite sind hohe Waldanteile und in größerem Umfang nicht nutzbare Flächen das Charakteristikum der inneralpinen Zone. Es zeigt sich ein deutlicher Nord-Süd-Wandel der Flächennutzung in Abhängigkeit von der Entfernung der Gemeinden zur geomorphologischen Alpengrenze. Wesentliche Merkmale sind dabei höhere Siedlungsflächenanteile mit größerer Dynamik im Vorland und eine intensivere Wohnnutzung bei geringerer Flächeninanspruchnahme in inneralpinen Bereich. Neben bekannten Einflußgrößen auf die Siedlungsflächenentwicklung konnte eine relevante Beeinflußung durch die Fremdenverkehrsintensität nicht festgestellt werden. Belastungen durch die Siedlungstätigkeit können zwar in einzelnen Gemeinden nicht ausgeschlossen werden, es finden sich jedoch auch keine Hinweise auf eine grundsätzlich zu starke Beanspruchung des Alpenraums durch Siedlungsflächen.

Summary

Due to its local geographical conditions and its special function as a touristic area the structural pattern of land utilization in the Bavarian Alpine region deviates considerably from conditions in other rural areas. Characteristic are the small inhabited percentage of the area and also the relatively low agricultural percentage of the area, which ist almost wholly used for grazing. On the other hand there is a high percentage of forestry and extensive areas which are practically non-usable and which caracterize the central Alpine zone. A clear north-south change in the utilization of land, dependent on the distance of municipalities from the geomorphological alpine frontier, becomes apparent. Principle features hereof are higher percentages of settlement areas with a higher dynamic in the Vorland and more intensive use of dwellings with a simultaneous lower percentage of the use of land for this purpose in the central Alpine region. Apart from known factors of influence on the development of settlement areas it was not possible to establish any relevant influences issuing from the intensity of tourism. Although additional burdening of an area due to settlement activity cannot be completely excluded in certain communities there is, however, no indication of a prohibitive overall strain in the Alpine area caused by settlement areas.

Résumé

Les modèles structurels de l'utilisation du sol dans la région alpine bavaroise, en raison des données de son espace naturel et de sa fonction particulière de région touristique, se différencient fortement de la situation existant dans les autres zones rurales. Ils se caractérisent par une part plus faible des sols réservée aux agglomérations et par une relativement moindre proportion de surfaces agricoles, presque exclusivement utilisées en herbages. D'un autre côté, l'intérieur de la zone alpine se caractérise par la part importante occupée par les forêts et, dans une large proportion, par des surfaces inutilisables. On observe de nettes différences dans l'utilisation du sol du Nord au Sud en relation avec l'éloignement des communes de la frontière géomorphologique des Alpes. Les signes caractéristiques essentiels en sont des agglomérations plus étendues avec une plus forte dynamique dans l'avant-pays et une utilisation plus intensive du sol pour l'habitat sur des surfaces plus réduites dans la zone alpine intérieur. Une influence marquante de l'intensité du tourisme n'a pu être constatée à côté des grandeurs connues qui influent sur l'évolution de la superficie de la colonisation. L'existence de nuisance dues à l'activité des agglomérations ne peut sans doute pas être écartée dans quelques communes, cependant il n'a pu être relevé d'indices d'une mise à contribution foncièrement trop forte de la zone alpine par les surfaces habitées.

Literatur

BAYER. STAATSMINISTERIUM F. LANDESENTWICKLUNG U. UMWELTFRAGEN (Hrsg.), 6. Raumordnungsbericht, München 1982

BAYER. STATISTISCHES LANDESAMT (Hrsg.), Die Bodenflächen Bayerns nach Nutzungsarten, in: Statistische Berichte des Bay.Stat. Landesamtes, CI 1/S-1981, München 1981.

BUCHHOFER, E., Aktuelle Entwicklungen der Flächennutzung in Mitteleuropa, in: Marburger Geographische Schriften, H.88, Marburg 1982.

DERS., Flächennutzungsveränderungen in der Bundesrepublik Deutschland, in: Marburger Geographische Schriften, H.88, Marburg 1982.

BORCHERDT, CHR., "Landschaftsverbrauch", in: Der Bürger im Staat, 32. Jg., H.2, 1982, S. 129-136.

DERS. Probleme der Erfasung und Bewertung des "Landschaftsverbrauchs", in: Materialien, Geographisches Institut der Universität Stuttgart, Stuttgart 1982.

DIETERICH, H., Regulative auf dem Bodenmarkt in Südtirol, in: Dortmunder Beiträge zur Raumplanung, Bd. 18, Dortmund 1980.

GANSER, K., Auswertungsbericht des Seminars über Probleme der Belastung und der Raumplanung im Berggebiet, insbesondere in den Alpen, Grindelwald 1978.

GLÜCK, A., Mehr Bauland ist möglich, in: Kommunal, Hrsg.: Bayerische Landeszentrale für politische Bildungsarbeit, München 1981.

HARTKE, W., Gedanken über die Bstimmung von Räumen gleichen sozialgeographischen Verhaltens, in: Erdkunde, Bd.13, 1959, S. 426-436.

KOLB, H.-J., Funktionswandel der Flächennutzung als Folge veränderter Bevölkerungs- und Erwerbsstruktur - aufgezeigt an den dänischen Inseln Langeland und Stryno, Diss. Univ. Bonn 1981.

PLOCHMANN, R., Forstpolitische Probleme im Alpenraum, in: Probleme der Alpenregion, Schriften und Informationen der Hanns-Seidl-Stiftung, Bd.3, München 1977.

RUPPERT, K. UND MITARBEITER, Planungsgrundlagen für den Bayerischen Alpenraum, München 1973.

RUPPERT, K., Wirtschaftliche und ökologische Übernutzung der Berggebiete ?, unveröff. Vortragsmanuskript, München 1983.

SCHWARZ, G., Die neue Flächenerhebung, in: Baden-Württemberg in Wort und Zahl, 28. Jg., 1980, S. 212-216.

THOMALE, E., Sozialgeographie, in: Marburger Geographische Schriften, H.53, 1972.

VOSS, G., Soziales Bodeneigentum und Bodenmarkt, in: Beiträge, H.7, Hrsg.: Institut der deutschen Wirtschaft, Köln 1973.

Die Zentralen Orte im randalpinen Bereich Bayerns -
Zur Entwicklung versorgungsfunktionaler Raumstrukturen

R.Paesler

Das Gefüge der Zentralen Orte der verschiedenen Hierarchiestufen und der ihnen zugeordneten, gegeneinander unterschiedlich scharf abgegrenzten Einzugsbereiche bildet ein Raummuster, das die Struktur der Kulturlandschaft besonders nachdrücklich formt und in dessen heutiger Ausprägung sich viele Grundzüge der Kulturlandschaftsentwicklung deutlich nachvollziehen lassen. Die Anregung von H.-G. Wagner, Historische Geographie und Sozialgeographie zur Erklärung der gegenwärtigen Kulturlandschaft stärker als bisher kooperieren zu lassen,[1] könnte sich gerade bei der Untersuchung zentralörtlicher Raumstrukturen als fruchtbar erweisen, da hier die historische Entwicklung eine wichtige Rolle spielt. Veränderungen - insbesondere auf den oberen Hierarchiestufen - ergeben sich nur über einen längeren Zeitraum hinweg,[2] und planerische Vorstellungen sind gegen die bestehenden persistenten Strukturen nur schwer und mit hohem Aufwand an Infrastrukturkosten durchzusetzen.

Von diesem Ansatzpunkt aus sollen im folgenden die zentralörtlichen Raummuster in den drei randalpinen bayerischen Planungsregionen 16 (Allgäu), 17 (Oberland) und 18 (Südostoberbayern) - ohne die Kreise Mühldorf und Altötting - analysiert werden.[3] Teilweise wird auch der Südteil der Region 14 (München) miteinbezogen, da das Oberzentrum München die Entwicklung weiter Teile des Untersuchungsgebietes direkt steuert.[4] Es wird versucht, die Entstehung der heutigen versorgungsfunktionalen bzw. zentralörtlichen Raumstrukturen nachzuvollziehen und hierbei insbesondere auch der Frage der Stabilität und der Veränderlichkeit dieser Strukturen nachzugehen sowie eine entsprechende Typisierung der heutigen Zentralen Orte durchzuführen. Das Ziel ist ein besseres Verständnis der heutigen Situation und ein Ausblick auf eventuelle Weiterentwicklungen.

1. Historische Entwicklung der zentralörtlichen Strukturen in agrargesellschaftlicher Zeit

Zu den historischen Grundlagen des heutigen zentralörtlichen Strukturmusters finden wir im Bayerischen Geschichtsatlas in den Erläuterungen zur Karte "Städte und Märkte im Mittelalter"[5] eine aufschlußreiche Bemerkung: "Sucht man die heutigen Zentralen Orte Bayerns dend sind die mittelalterlichen Grundzüge noch für die heutige Landesstruktur."[6] Im Untersuchungsgebiet sind - mit Ausnahme von Starnberg, das zwar Burgort der Andechser, später der Wittelsbacher, war, aber wohl wegen der Nähe zu München nicht zum Marktort erhoben wurde - alle heutigen Zentralen Orte der mittleren und oberen Hierarchiestufe bereits vor der Mitte des 15. Jahrhunderts als Städte oder Märkte urkundlich genannt; sie stellten also Versorgungszentren dar, die nach heutiger Terminologie als Zentrale Orte zu bezeichnen wären. Es dürfte kaum andere Strukturen der bayerischen Kulturlandschaft geben, die eine derart starke Persistenz zeigen wie das Netz der Zentralen Orte, das sich über alle sozio-ökonomischen Entwicklungen und Veränderungen hinweg als derart stabil erwies.[7]

Karte 1

DEUTSCHER ALPENRAUM

Entwicklung der Zentralen Orte

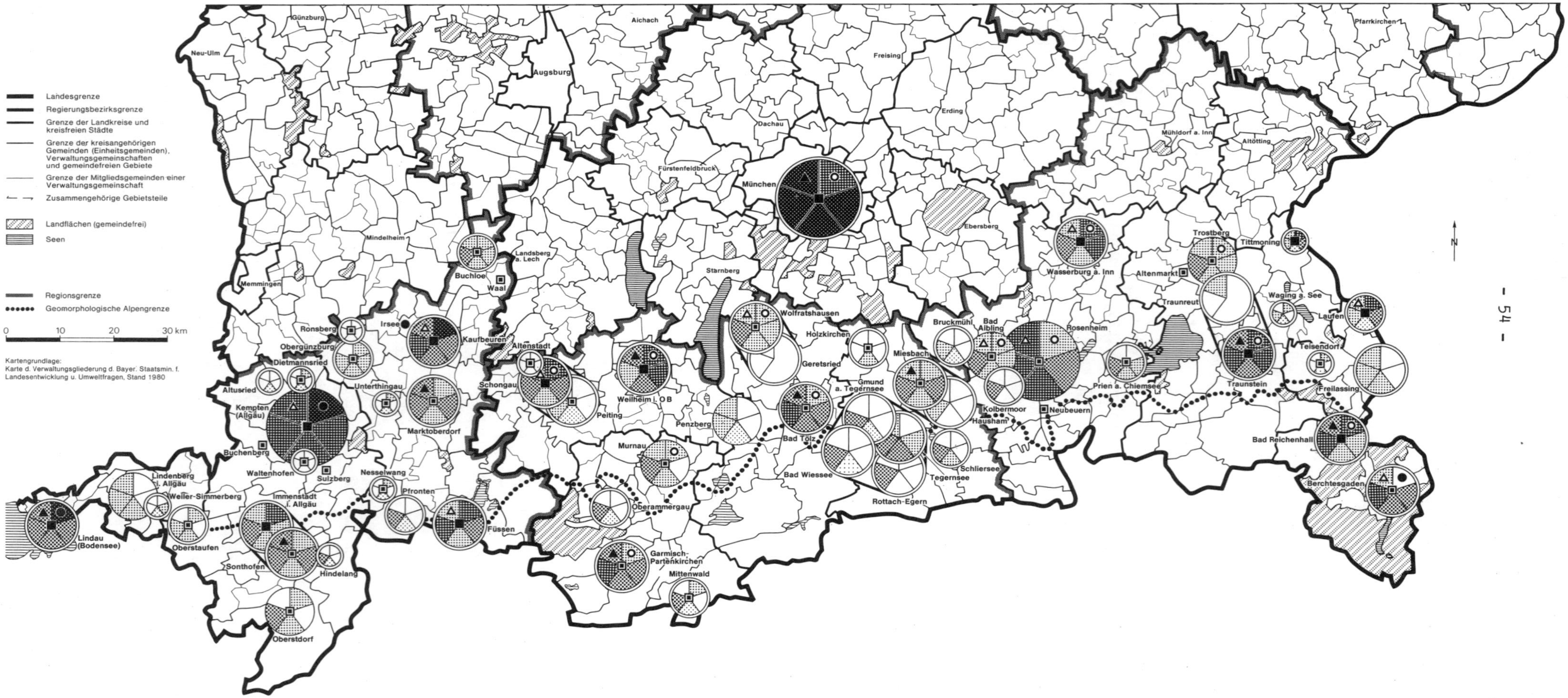

Planung für das zentralörtliche Gefüge nach dem Landesentwicklungsprogramm Bayern 1976 und nach Regionalplänen

○ Kleinzentrum
◎ Unterzentrum
◎ mögliches Mittelzentrum
◎ Mittelzentrum
◎ mögliches Oberzentrum
◎ Oberzentrum

Zentrale Doppel- und Mehrfachorte sind durch Verbindungslinien gekennzeichnet.

Dargestellt sind alle Gemeinden, die zu mindestens einem der Untersuchungszeitpunkte ober- oder mittelzentrale Funktionen aufwiesen.

Stufen der zentralörtlichen Hierarchie entsprechend den jeweiligen Quellen:

Städte und Märkte im Mittelalter (Nennungen bis 16. Jh.)

■ Stadt   ▫ Markt

Zu Sektor 1: Städte, Märkte und Herrschaftssitze 1789

▪ Reichsstadt
▨ Stadt
▨ Markt
● geistlicher Herrschaftssitz
○ Gerichtssitz (nur bei Städten und Märkten eingetragen)

Zu Sektor 2: Verwaltungs- und Gerichtssitze 1862

▪ Sitz einer Kreisregierung und eines Kreisgerichts
▨ Sitz eines Bezirksamts und eines Bezirksgerichts
▨ Sitz eines Bezirksamts und eines Stadt- und/oder Landgerichts
▨ Sitz eines Stadt- und/oder Landgerichts

Zu Sektor 3: Zentralörtliches Gefüge um 1930

▪ Landeszentrale
▨ Gauhauptort
▨ Bezirkshauptort
▨ Kreishauptort
▨ Amtsort
▨ Marktort

Zu Sektor 4: Zentralörtliches Gefüge um 1950

▪ Ort höchsten Zentralitätsgrades
▨ Ort höheren Zentralitätsgrades
▨ Ort mittleren Zentralitätsgrades
▨ Ort unteren Zentralitätsgrades

Zu Sektor 5: Zentralörtliches Gefüge um 1971/72

▪ Ort höherer Zentralität
▨ Ort mittlerer Zentralität mit Teilfunktionen eines Ortes höherer Zentralität
▨ Ort mittlerer Zentralität
▨ Ort unterer Zentralität mit Teilfunktionen eines Ortes mittlerer Zentralität
▨ Kreisstadt vor und nach der Gebietsreform 1972
▲ Kreisstadt vor und nach der Gebietsreform 1972
△ Kreisstadt vor der Gebietsreform 1972

Quellen:
M. Spindler (Hg.), Bayer. Geschichtsatlas, München 1961;

W. Christaller, Die Zentralen Orte in Süddeutschland, Jena 1933;

O. Boustedt, Die Zentralen Orte und ihre Einflußbereiche, Lund St. in Geogr. B/24 (1962), 201-226;

K. Ruppert u. Mitarb. Planungsgrundlagen f. den bayerischen Alpenraum, Wirtschaftsgeographisches Institut, München 1973;

Bayer. Staatsregierung (Hg.), Landesentwicklungsprogramm Bayern, Teil A, München 1976;

Bayer. Staatsmin. f. Landesentwicklung u. Umweltfragen (Hg.), "Regionalpläne der Regionen 16-18, Teilpläne Kleinzentren, München 1981 f.

Entwurf: R. Paesler
Kartographie: F. Eder u. H. Sladkowski
Institut für Wirtschaftsgeographie der Universität München 1983, Vorstand: Prof. Dr. K. Ruppert

Ein Blick auf die genannte Karte zeigt aber auch, daß das Untersuchungsgebiet in einen alt- (ober-) bayerischen und einen alamannischen bzw. schwäbischen Bereich geteilt werden kann, die durch unterschiedliche territoriale Entwicklungen gekennzeichnet sind. Aufgrund der verschiedenen Herrschaftsstrukturen entwickelten sich differenzierte zentralörtliche Systeme. Im schwäbischen Raum mit seiner starken herrschaftlichen Zersplitterung wurde durch Verleihung von Privilegien an zahlreiche Adelsgeschlechter eine Vielzahl von Städten und Märkten gegründet, bzw. sie entwickelten sich aus Grafenburgen und Reichsministerialensitzen. Altbayern dagegen war schon frühzeitig in die Hand einiger weniger Geschlechter gekommen, die größere Territorien ausbildeten und ihr Gebiet um einen Herrschaftssitz als starkes Zentrum konzentrierten. Insbesondere der Erfolg der wittelsbachischen Territorialpolitik verhinderte dann die Gründung weiterer Städte in Altbayern. Lediglich aus strategischen Gründen kam es in den Grenzräumen noch zu einigen wenigen Stadtgründungen (z.B. Landsberg/Lech). Um 1600 gab es im damals wittelsbachischen Teil des Untersuchungsgebiets nur 5 Städte (Schongau, Weilheim, Wasserburg, Traunstein, Reichenhall) und 14 Märkte, während der bedeutend kleinere schwäbische Teil auf 6 Städte (Lindau, Immenstadt, Kempten, Füssen, Kaufbeuren, Buchloe) und 15 Märkte kam (vgl. Karte 1).

Seit dem Ende des Mittelalters und in den dann folgenden Jahrhunderten konsolidierter und stark konzentrierter wittelsbachischer Herrschaft ergaben sich in Oberbayern kaum Veränderungen in der Anzahl und der hierarchischen Ordnung der Zentralen Orte, während in Schwaben eine Anzahl kleinerer Herrschaftssitze mit dem Aufgehen der Herrschaft in größeren Territorien ihre Verwaltungs- und Marktfunktionen verloren. Wir finden somit in den beiden Gebieten zwei unterschiedliche Typen von Zentralen Orten: Im heutigen Oberbayern waren die Herrschaftsfunktionen auf München konzentriert, und die übrigen Städte und Märkte übten im wesentlichen Marktfunktionen aus, zum Teil als Umschlagplätze für den Fernhandel, vor allem aber als lokale Austauschplätze zwischen städtischen Handwerkserzeugnissen und den Produkten der Landwirtschaft. Verwaltungsfunktionen beschränkten sich auf das niedere Gerichts- und Steuerwesen.[8] In Schwaben dagegen waren - nach heutiger Terminologie - generell die Hierarchiestufen höher, dagegen die Einzugsbereiche wesentlich kleiner. Reichsstädte, wie Lindau, Kempten oder Kaufbeuren, Reichsabteien wie Irsee, oder die Sitze der zahlreichen kleineren Adelsherrschaften nahmen für ihr Gebiet oberzentrale Funktionen wahr, während die räumliche Ausdehnung der Einzugsbereiche oft nur wenige Dörfer umfaßte.

Die Situation 1789, also vor dem Ende des Alten Reiches, ist wiederum in Karte 1 dargestellt.[9] Von einer zentralörtlichen Hierarchie im heutigen Sinn kann natürlich aufgrund des damaligen Wirtschafts- und Gesellschaftssystems noch kaum gesprochen werden; lediglich München als Regierungssitz hob sich aus den Städten und Marktorten im oberbayerischen Teil des Untersuchungsgebiets mit einer beherrschenden Stellung heraus, während für den schwäbischen Teil Augsburg aufgrund seiner territorialen Sonderstellung (Reichsstadt) nur in geringem Maße derartige Funktionen ausübte.

Als nächstes Stichjahr wird 1862 gewählt, als durch die Trennung von Justiz und Verwaltung in Bayern die Grundlage der heutigen Verwaltungsgliederung geschaffen wurde. Die Verwaltungs- und Gerichtssitze jener Zeit, also noch vor dem Beginn der eigentlichen Industrialisierungsperiode im Süden Bayerns und der damit verbundenen Entstehung neuer arbeitsplatz- oder verkehrsorientierter Zentren, vereinigten - mit Ausnahme einiger kirchlicher - fast alle zentralörtlichen Funktionen in sich, insbesondere auch die Marktfunktion, denn die neue Verwaltungsgliederung lehnte sich sehr stark an die in Jahrhunderten gewachsene Siedlungsstruktur an. Der Unterschied zwischen Schwaben und Oberbayern ist wieder deutlich zu erkennen: Die Persistenz der starken territorialen Aufsplitterung in Schwaben zeigt sich in einer größeren Zahl von Landgerichten mit entsprechend kleineren Gerichtsbezirken, obwohl durch den territorialen Umbruch der Säkularisation und Mediatisierung schon eine Reihe von Amtssitzen und Zentren kleiner Herrschaften ihre Funktionen verloren hatten. Die zentralörtliche Hierarchie im Untersuchungsgebiet - zunächst nur nach der Verwaltungs- und Gerichtsgliederung - ist auch für 1862 in Karte 1 dargestellt.[10] Das räumliche Bild der Verwaltungsgliederung zu Beginn des Industriezeitalters im deutschen Alpenraum beruht also auf den überkommenen jahrhundertealten Siedlungs- und Herrschaftsstrukturen - mit Modifikationen aus den erwähnten Gründen in Schwaben - und hat sich, wie wir sehen werden, auch weiterhin bis zur Gebietsreform von 1972 nur unwesentlich geändert.[11] Wegen der um die Mitte des 19. Jahrhunderts noch weitestgehenden räumlichen Einheit von Verwaltungs- und Marktfunktionen in einem Ort spiegelt dieses Bild auch die zentralörtliche Struktur im umfassenden Sinn wider.

2. Veränderungen der zentralörtlichen Raummuster durch Industrialisierung und zunehmende Bedeutung der Freizeitfunktion

Einen umfassenden Umbruch der zentralörtlichen Strukturen brachte in vielen Teilen Deutschlands die sog. "industrielle Revolution" im Verlauf des 19. Jahrhunderts. Überall dort, wo sich Industriestandorte nicht in historischen Städten entwickelten, sondern wo, wie z.B. im Ruhrgebiet oder im Rheinland, neue Städte erst durch Bergbau und Industrie entstanden, wuchsen - gleichzeitig mit der meist rasch zunehmenden Einwohnerzahl - neue Versorgungszentren. Oft verharren sie bis heute auf dem Status von Selbstversorgerorten, zum Teil konnten sie aber auch einen Einzugsbereich ausbilden und die alten Bereichsstrukturen auflösen. Dies betrifft zumindest die Versorgung mit privaten Gütern und Dienstleistungen, während die Verwaltung aufgrund ihrer starken Persistenz oft in den historischen Städten verblieb.

In unserem Untersuchungsgebiet sind derart tiefgreifende Umstrukturierungen nicht aufgetreten. Der Industrialisierungsprozeß verursachte hier nur geringe Veränderungen im Bestand und in der Hierarchie der Zentralen Orte. Bedeutungsverluste mußten Städte wie Landsberg/Lech, Wasserburg oder Laufen hinnehmen. Sie verloren ihre Handels- und Verkehrsfunktionen durch die Verlagerung des Güterverkehrs vom Wasser und von der Straße (Fuhrwerke) auf die Eisenbahn, und es gelang ihnen nicht, durch den Aufbau neuer Industrie-, Handels- oder Verkehrsfunktionen einen Ausgleich zu finden. Zum Teil verschuldeten sie auch selbst durch die Verkennung der neuen Entwicklungen - z.B. Widerstände gegen den Eisenbahnbau oder gegen Industrieansiedlung - diese Funktionsverluste.[12] Andererseits konnten einige Zentrale Orte ihre Bedeutung aufgrund neu gewonnener Funktionen in den genannten Bereichen vergrößern und ihr Einzugsgebiet zum Teil stark ausdehnen. Beispiele hierfür sind Rosenheim und Kempten sowie, auf tieferer Stufe, Lindenberg und Murnau.

Nur einige wenige Orte gewannen überhaupt erst durch die Entwicklung von Industrie, Bergbau und motorisiertem Verkehr zentralörtliche Funktionen. Hier sind z.B. Penzberg, Peiting, Hausham oder Bruckmühl zu nennen, die allerdings als bloße Einpendlerzentren ohne wesentliche zentralörtliche Ausstattung im Dienstleistungsbereich nur auf der unteren

Hierarchiestufe für ein eng begrenztes Umland Bedeutung gewannen. Penzberg erhielt erst durch gezielte Förderungsmaßnahmen nach dem Ende des Kohlebergbaus in den 1960er Jahren Teilfunktionen im mittelzentralen Bereich.[13] Traunreut und Geretsried stellen Sonderfälle der Entwicklung von Industriegemeinden nach dem 2. Weltkrieg dar. Als neu aufgebaute Flüchtlingsgemeinden[14] wuchs ihre Einwohnerzahl so stark an, daß sich, darauf aufbauend, ein beachtliches Angebotspotential im privaten tertiären Bereich entwickelte. Die Orte traten damit auf mittelzentraler Ebene in den letzten Jahren verstärkt in Konkurrenz zu den nahe gelegenen historischen Zentren Traunstein bzw. Wolfratshausen, so daß wir in beiden Fällen heute von Doppelzentren mit gemeinsamem Einzugsgebiet sprechen können.[15]

Die erste umfassende Übersicht über Verteilung und Bedeutung der Zentralen Orte im deutschen Alpenraum verdanken wir Christaller,[16] der den Stand zu Beginn der 1930er Jahre analysierte (siehe Karte 1). München wird schon damals als Ort mit ungewöhnlich hoher Zentralität gekennzeichnet, dessen politischer, gesellschaftlicher und wirtschaftlicher Geltungsbereich derart weit reiche, daß es als RT-Ort (Reichsteilhauptort) für das engere Süddeutschland angesehen werden kann. Auf einer tieferen Hierarchiestufe hat München die Funktionen eines L-Ortes (Landeszentrale), dessen Gebiet an die entsprechenden Einzugsbereiche von Stuttgart, Nürnberg, Prag, Wien, Venedig und Zürich grenzt und das auch unseren Untersuchungsraum vollständig erfaßt (mit Ausnahme des Lindauer Bodenseebereichs). Auf der nächst tieferen Stufe der P- und G-Orte (Provinzial- und Gauhauptorte) ist der randalpine Bereich auf Kempten, München - das natürlich auch alle unteren zentralen Funktionen ausübt-, Rosenheim und Salzburg ausgerichtet. Die Zentralen Orte auf den mittleren und unteren Stufen der Hierarchie nach Christaller zeigt die Karte. Es handelt sich fast ausnahmslos um solche Gemeinden, die in langer historischer Entwicklung in diese zentralörtlichen Funktionen hineingewachsen sind.

Eine Ergänzung zu Christallers Untersuchungen in bezug auf Arbeits- und Verkehrszentralität bieten die Ergebnisse der ersten für Bayern publizierten Pendlerstatistik von 1939.[17] Christaller untersuchte im wesentlichen die zentralörtliche Bedeutung der Orte aus ihrer Ausstattung heraus, weniger die Ausdehnung ihres Umlands oder die Intensität der Anbindung. Gerade Pendlereinzugsbereiche sind aber geeignet, auch für zurückliegende Zeiträume Aufschluß über sozioökonomische Raumsysteme zu geben. [18]

Der Pendelverkehr war 1939 allgemein nur schwach entwickelt. In Bayern pendelten 6,6% der Erwerbspersonen, in Oberbayern 4,8%, in Schwaben 8,5%. In größeren ländlichen Bereichen wurden noch keine signifikanten Auspendlerzahlen erreicht. Fast alle zentrierten Pendlerräume lagen isoliert voneinander und waren durch Gürtel von Gemeinden ohne Pendler oder mit indifferenter Pendlerrichtung getrennt. Auf dem Gebiet der Arbeitsfunktion war also die Anbindung an Zentrale Orte noch gering entwickelt, und zwischen den zentrierten Räumen lagen größere Bereiche mit meist sehr stark agrarisch geprägten Gemeinden, die noch keinem zentralörtlichen Einzugsbereich angeschlossen waren. Zwar liegen über die Einzugsbereiche tertiärer Dienste für die Vorkriegszeit keine flächendeckenden Untersuchungen vor, doch zeigt das Studium von Einzeluntersuchungen, insbesondere von Monographien über Landgemeinden aus jener Zeit, daß das Bild, wie es die Pendlerstatistik vermittelt, auch für die anderen Aspekte zentralörtlicher Funktionen und Bereiche gilt. Diejenigen Gemeinden, in denen 1939 das Pendlerphänomen noch weitgehend unbekannt war, sind identisch mit denjenigen, die wirtschaftlich noch in relativ hohem Maße autark waren und deren Bevölkerung nur selten, etwa zur Erledigung von Einkäufen langlebiger Gebrauchsgüter, in die nächste Stadt fuhr. Sie sind auch weitgehend identisch mit solchen Gemeinden, die 1939 noch keine Schüler in mittlere oder höhere Schulen entsandten.

Im randalpinen Gebiet treten solche Gemeinden, die 1939 nur gering an Zentrale Orte angeschlossen waren, vor allem im Osten auf ("Alt"-Landkreise Traunstein und Laufen), daneben gehäuft in den Räumen Wasserburg, Wolfratshausen, Weilheim, Schongau, Kaufbeuren und Marktoberdorf. Als größere Einpendlerzentren mit einem eindeutig zugehörigen Einzugsbereich, der nicht nur einige Randgemeinden umfaßte, sind für 1939 nur wenige zu nennen, vor allem Kempten, Rosenheim und - mit bereits deutlich kleinerem Bereich - Lindau, Kaufbeuren, Marktoberdorf, Füssen, Schongau, Murnau, Bad Tölz, Miesbach, Wasserburg, Traunstein und Trostberg. Daneben fällt die große Zahl kleiner Einpendlerzentren auf, die häufig wenige benachbarte Gemeinden zu ihrem Pendlerwohngebiet zählten, wie z.B. Kochel, Waakirchen, Endorf, Obing oder Laufen. Auffällig ist ferner, daß die Arbeitszentralität selbst einiger Kreisstädte nicht ausreichte, um sich alle Randgemeinden tributär zu machen, so daß z.B. einige industrielle Einpendlerorte in der Nachbarschaft dieser Städte als eigene arbeitszentrale Orte anzusehen sind, wie etwa Peißenberg (bei Weilheim) oder Hausham (bei Miesbach). Münchens Pendlereinzugsbereich reichte 1939 noch kaum - nur entlang der Verkehrslinien im Isartal - in das Untersuchungsgebiet hinein.

Als Fazit dieser Übersicht läßt sich feststellen, daß bis zum 2. Weltkrieg im deutschen Alpenraum zwar ein in Jahrhunderten gewachsenes und auch durch die Industrialisierung nur wenig verändertes Netz von Zentralen Orten differenzierter Hierarchiestufen bestand, daß aber eine Raumgliederung des Gebiets auf der Basis zentralörtlicher Einzugsbereiche nur als relativ grobmaschiges Muster möglich war. Es bestand zwar, wie Christaller nachwies, ein voll ausgebildetes System Zentraler Orte, jedoch nur eine sehr extensive Anbindung weiter Teile des ländlichen Raumes an diese Zentren, die vielfach kaum über die Verwaltungsfunktionen hinausging. Vor allem gelang es den Zentralen Orten mittlerer und höherer Stufe vielfach noch nicht, flächendeckend ein System von Verflechtungsbereichen aufzubauen. Statt dessen gab es zwischen den einzelnen Bereichen größere indifferente Gebiete unzulänglicher Zentrenanbindung und dadurch unzureichender Versorgung mit höher zentralen Gütern und Diensten. In weiten Teilen des randalpinen Gebietes herrschte eher ein System von relativ unverbunden nebeneinander liegenden zentralörtlichen Einzugsbereichen unterer Stufe ohne stärkeren Einbau in eine Hierarchie als das heute gewohnte Bild einer hierarchischen Abfolge von Ober-, Mittel- und Unterzentren mit ihren mosaikartig den Raum deckenden Verflechtungsbereichen.

Eine Sonderentwicklung machten im randalpinen Bereich Bayerns die Fremdenverkehrsorte durch. Die zunehmende Bedeutung der Freizeitfunktion veränderte hier - beginnend schon in der Vorkriegszeit, vor allem aber nach dem 2. Weltkrieg - das zentralörtliche Gefüge stärker als die industrielle Entwicklung. Aufgrund des bekannten Phänomens eines starken Überbesatzes von Fremdenverkehrsorten im tertiären Sektor[19] - Dienstleistungen, die für die Bedürfnisse der Touristen und Erholungsuchenden bereitgehalten werden, aber selbstverständlich auch den Einheimischen zur Verfügung stehen - bildete sich ein neuer Typ von Zentralen Orten auf der unteren und mittleren Hierarchiestufe aus. Es handelt sich um Orte, die von der Infrastruktur und der Ausstattung im Dienstleistungssektor her alle Anforderungen an einen Zentralen Ort erfüllen. Ein Einzugsbereich ist dagegen kaum ausgebildet; vielfach sind es Selbstversorgerorte. Beispiele für diesen Gemeindetyp, der besonders charakteristisch für den deutschen Alpenraum ist, sind Oberammergau, Schliersee, Ruhpolding oder - in der Literatur am besten dokumentiert - die Gemeinden im Tegernseer Tal.[20]

3. Neuere Muster der zentralörtlichen Strukturen auf der oberen und mittlere Hierarchiestufe

Für die Zeit nach dem 2. Weltkrieg erhalten wir einen ersten Überblick über die zentralörtlichen Raumstrukturen in Bayern durch eine Arbeit von O. Boustedt, der die zentralen Orte und ihre "Einflußbereiche" bzw. ihre "Verkehrsräume" nach empirischen Untersuchungen zum Stand der 50er Jahre beschrieb und kartographisch darstellte.[21] Boustedt ermittelte zunächst 21 zentralitätstypische Institutionen mit unterschiedlichem Konzentrations- bzw. Dispersionsgrad. Mit Hilfe der Zusammensetzung der an einem Ort vertretenen Institutionen und ihrer Dispersionsfaktoren konnten in Bayern 338 Zentrale Orte, abgestuft nach 4 Zentralitätsgraden, gefunden werden (höchster, höherer, mittlerer, unterer Zentralitätsgrad). Die Einzugsgebiete, hier als Verkehrsräume bezeichnet, wurden durch die Pendlereinzugsbereiche und die Frequenz und Richtung der öffentlichen Verkehrsmittel und der Individualverkehrsströme ermittelt.

Für den Alpenraum ergibt sich nach dieser Untersuchung folgende zentralörtliche Struktur für die erste Nachkriegszeit: Höchsten Zentralitätsgrad erreichen im Alpenvorland München und Augsburg. Während aber der Augsburger "Großraum" im Süden lediglich den Kreis Landsberg einschließt, reicht das Einzugsgebiet Münchens bis an die österreichische Grenze. Es umfaßt im mittleren Teil des Untersuchungsgebiets die "funktionalen Wirtschaftsräume" des höheren Zentrums Bad Tölz, der unteren Zentren Weilheim und Peißenberg sowie den Bereich Tegernseer Tal/Miesbach/Schliersee, der - aufgrund des fremdenverkehrsbedingten Überbesatzes im tertiären Sektor - durch einen "Schwarm zentraler Orte" [22] der unteren und mittleren Stufe gekennzeichnet ist. Östlich dieses Münchner Bereichs liegt der Wirtschaftsraum des höheren Zentrums Rosenheim mit den mittleren Zentren Bad Aibling, Kolbermoor, Prien und Wasserburg, von denen aber nur letzteres einen eigenen Funktionalraum ausgebildet hat. Im Südosten ist ein polyzentrischer "Großraum" entstanden, in den das höhere Zentrum Traunstein - gemeinsam mit mehreren unteren Zentren, wie Freilassing, Laufen, Waging -, das mittlere Zentrum Trostberg sowie gemeinsam die höheren Zentren Bad Reichenhall und Berchtesgaden je einen Funktionalraum bilden.

Vom Münchner Einzugsgebiet aus nach Westen erstreckt sich zunächst ein polyzentrischer Bereich, der damals noch als eigener "Großraum" galt, mit dem höheren Zentrum Garmisch-Partenkirchen und den drei mittleren Zentren Murnau, Oberammergau und Mittenwald. Das Allgäu war nach Boustedts Untersuchungen in zwei "Großräume" aufgeteilt. Im Ostallgäu bestehen in einem gemeinsamen "Großraum" drei "funktionale Wirtschaftsräume" um die Zentren Füssen (höher) und Pfronten (mittel), um Schongau (mittel) und um Kaufbeuren (höher), Marktoberdorf und Buchloe (je mittel). Ebenso bildet der Oberallgäuer und Lindauer Bereich einen "Großraum" mit drei Funktionalräumen. Hier sind die Zentren einerseits Kempten und Lindau (beide mit höherer Zentralität), während im dritten Bereich vier mittlere Zentren (Sonthofen, Immenstadt, Oberstdorf, Hindelang) bestehen. Insgesamt ergab die Untersuchung von Boustedt noch starke Ähnlichkeiten mit der Vorkriegssituation, deutete aber auch schon neuere Entwicklungen an, insbesondere bei der Ausweitung des Münchner Einzugsgebietes nach Süden und Südwesten und beim Bedeutungszuwachs der Fremdenverkehrsgemeinden.

Für die 70er Jahre liegt im Rahmen eines Planungsgutachtens des Instituts für Wirtschaftsgeographie der Universität München eine umfassende Untersuchung der gegenwärtigen Muster des zentralörtlichen Systems im bayerischen Alpenraum und im randalpinen Bereich vor.[23] Hierbei wurden sowohl der Bereich der Versorgung mit staatlichen, kommunalen und privaten Dienstleistungen als auch die arbeitsfunktionalen Verflechtungen untersucht. Die genannte Untersuchung basierte auf eigenen Erhebungen, auf einer Auswertung der bundesweiten Bestandsaufnahme der Zentralen Orte und zentralörtlichen Bereiche durch den Zentralausschuß für deutsche Landeskunde[24] und - für Teilräume - auf einer Neubearbeitung des für diese Untersuchung erhobenen Urmaterials. Für den weiteren Verlauf der 70er Jahre und die Fortführung bis in die Gegenwart wurden die Arbeit von Maier über verkehrsräumliches Verhalten in Südbayern,[25] Monographien über einzelne Zentrale Orte sowie wiederum Ergebnisse von Erhebungen am Institut für Wirtschaftsgeographie ausgewertet. Daneben erbrachten die Mitarbeit in der Stadt-Umland-Kommission des Bayerischen Staatsministeriums des Innern [26] und die Bearbeitung und Auswertung von Unterlagen der 1978 abgeschlossenen kommunalen Gebietsreform [27] viele wichtige Hinweise für einzelne Räume. Im folgenden kann daher der aktuelle Stand der zentralörtlichen Strukturen im bayerischen Alpenraum und im randalpinen Bereich dargestellt werden [28] (vgl. Karte 1).

Die Oberzentren für das Untersuchungsgebiet liegen, wie oben schon angedeutet wurde, außerhalb des Alpenraums selbst. Es handelt sich für den mittleren und östlichen Teil um München, das aber auch für den schwäbischen Bereich wichtige Funktionen, vor allem auf dem Verwaltungs- und Kultursektor, übernimmt. Das Einzugsgebiet des Oberzentrums Augsburg, das in Schwaben dominiert, wird nicht nur durch München, sondern zum Teil auch durch Kempten eingeschränkt, das als Mittelzentrum mit Teilfunktionen von Orten höherer Zentralität einzustufen ist (kultureller und Versorgungsbereich). Ähnlich ist Rosenheim zu bewerten, das im östlichen Oberbayern oberzentrale Teilfunktionen übernommen hat. Außerdem muß Salzburg erwähnt werden, das in Funktionsteilbereichen oberzentrale Aufgaben für die südostoberbayerischen Landkreise, insbesondere Berchtesgadener Land und Traunstein, übernimmt. Vor allem die Versorgung mit bestimmten Gütern des mittel- bis langfristigen Bedarfs und das kulturelle Angebot Salzburgs sind hier zu nennen.[29]

Auf der mittelzentralen Hierarchiestufe bestehen weiterhin relativ stabile Strukturen. Größere Veränderungen in der Bedeutung einzelner Orte brachte lediglich die Kreisgebietsreform von 1972, die einigen Zentren ihre Verwaltungsfunktion entzog (Füssen, Schongau, Wolfratshausen, Bad Aibling, Wasserburg, Laufen, Berchtesgaden). Dies brachte auch Einbußen für die Versorgungsfunktion im privaten Bereich mit sich, da teilweise durch Personalwegzug kaufkräftige Käuferschichten verloren gingen bzw. die vielfach zu beobachtende Koppelung der Erledigung von Verwaltungsangelegenheiten mit privaten Besorgungen wegfiel. Umgekehrt konnten die in ihrer Aufgabe bestätigten und in ihrem Verwaltungsgebiet erweiterten Kreisstädte mittelzentrale Funktionen und Reichweiten ausdehnen. Längerfristig gesehen, brachte jedoch die Gebietsreform geringere Veränderungen der zentralörtlichen Strukturen mit sich, als allgemein erwartet worden war. In Einzelfällen kann dies u.a. auf die staatlichen Zuschüsse für Infrastrukturverbesserungen zurückgeführt werden, die den

ehemaligen Kreisstädten zum Ausgleich für ihre Zentralitätsverluste bewilligt wurden.[30]
In anderen Fällen machten die Kreisstadtfunktionen einen zu geringen Teil der gesamten
städtischen Funktionen aus, als daß ihr Verlust eine nachhaltige Änderung der Raumstrukturen bewirkt hätte.

Im Fall München muß von der Aussage, beim zentralörtlichen Raummuster handle es sich um
stabile Strukturen, abgerückt werden. München als Zentraler Ort höchster Stufe für das
gesamte Untersuchungsgebiet besitzt auch einen mittelzentralen Bereich, der bereits relativ weit in den Alpenraum hineinreicht und seit längerem weitere Ausdehnungstendenzen
zeigt. Illustriert wird dieser Trend durch große Überlagerungsgebiete im Osten und Süden
von München, Gebiete doppelter Zuordnung, in denen sich der mittelzentrale Einfluß Münchens und einer der ringförmig um die Landeshauptstadt angeordneten Zentren überlagern.
Sie reichen bereits bis nahe an Bad Tölz und Miesbach heran. Die Entwicklung ging in den
letzten Jahren dahin, daß aus diesen Überlagerungsgebieten nach und nach Teile des eindeutig München zuzuordnenden Verflechtungsbereichs wurden, da zunehmend größere Anteile der
Bevölkerung - quer durch alle sozialen Gruppen - München auch zur Deckung mittelfristiger
Bedürfnisse aufsuchten.

Die Ausdehnungstendenzen Münchens in südlicher Richtung sind sogar an Veränderungen der
Verwaltungsgrenzen abzulesen, die sozio-ökonomischen Veränderungen im allgemeinen erst in
längerem Zeitabstand nachfolgen.[31] So wurden bei der Kreisgebietsreform 1972 die besonders stark nach München hin orientierten Gemeinden der ehemaligen Kreise Wolfratshausen
und Bad Aibling in den Landkreis München eingegliedert. Dabei wurden aber längst nicht
alle nach München tendierenden Gemeinden erfaßt. Auch die nördlichen Teile der neuen
Kreise Bad Tölz-Wolfratshausen und Miesbach und der Westteil des Landkreises Rosenheim
gehören heute teils eindeutig zum Münchner Bereich, teils übt München bestimmte mittelzentrale Teilfunktionen aus.

Diese Ausdehnung des Münchner Mittelbereichs führte zu einer Bedeutungs-, nicht Ausstattungsminderung derjenigen Zentren, deren Gebiet vom Münchner Einfluß überlagert wurde. Die
zentralörtliche Ausstattung etwa von Wolfratshausen, Bad Tölz oder Miesbach nahm also
nicht ab, aber die Umlandbedeutung der Städte mußte zugunsten von München Einbußen hinnehmen. Auch die Bewohner dieser Mittelzentren selbst decken ihren Bedarf - trotz vorhandener
Möglichkeiten am eigenen Ort - vielfach in München. Die Ursache für die wachsende Anziehungskraft der großstädtischen Handels- und Dienstleistungsbetriebe, auch bei Bedürfnissen, die das näher gelegene heimische Mittelzentrum erfüllen könnte, sind sehr vielschichtig und liegen zum Teil im Bereich des Irrationalen: größere Auswahl in großen Fachgeschäften und Kaufhäusern, größere Breite und Tiefe des Dienstleistungsangebots, Möglichkeiten verbilligten Einkaufs, Anonymität der Großstadt, eine Atmosphäre, die das Einkaufen
zu einem Freizeiterlebnis werden läßt. Es darf auch nicht übersehen werden, daß ein großer
Teil der Bevölkerungszunahme in den hier angesprochenen Bereichen durch Zuzügler aus
München erfolgt, die auch nach ihrer Abwanderung aus der Großstadt vielfach alte Einkaufs-
und Versorgungsbeziehungen aufrecht erhalten.[32] Nicht zuletzt müssen die bis in die
Gegenwart zunehmende private Motorisierung und der Ausbau der Münchner S-Bahn - zuletzt
1981 der Linie nach Wolfratshausen - berücksichtigt werden, die Einkaufsfahrten nach München stark erleichtern.

Bei Kempten und Rosenheim handelt es sich, wie erwähnt, um Zentrale Orte mittlerer Zentralität mit Teilfunktionen von Orten höherer Zentralität. Beide Städte haben ebenfalls einen im Inneren stabilen, nach außen leicht expandierenden Einzugsbereich. Diese Expansion ist allerdings bei Kempten im Norden begrenzt durch die Nähe des ähnlich ausgestatteten Memmingen, gegenüber dessen Bereich eine Grenze besteht, die 1972 erneut bestätigt wurde (Landkreis- und Planungsregionsgrenze). Im Westen wird das Kemptner Einzugsgebiet aufgrund der bis heute ungenügenden Verkehrserschließung der randlichen Landkreisgemeinden begrenzt, die stärker zu den benachbarten leicht erreichbaren württembergischen Zentren tendieren (Leutkirch, Wangen, Isny). Nach Süden dagegen hat Kempten sein Einzugsgebiet inzwischen bis nahe an Immenstadt herangeschoben und gewinnt wachsenden Einfluß im gesamten ehemaligen Kreis Sonthofen. Dieser wurde folgerichtig 1972 mit dem Kreis Kempten zum neuen Landkreis Oberallgäu zusammengeschlossen, allerdings mit dem Kreissitz Sonthofen. In östlicher Richtung konnte Kempten sein Einzugsgebiet in den Raum des Landkreises Ostallgäu ausdehnen, vor allem in Richtung Obergünzburg und Füssen, wo einige Gemeinden Kempten trotz größerer Entfernung gegenüber den kleineren und weniger gut ausgestatteten Zentren Füssen, Kaufbeuren und Marktoberdorf (Kreisstadt) als mittelzentralen Ort bevorzugen.

Im Gegensatz zu Kempten ist Rosenheim als Zentraler Ort mit Funktionen mittlerer und höherer Zentralität relativ jung und erst seit dem späten 19. Jahrhundert aufgrund seiner starken wirtschaftlichen Entwicklung und seiner hervorragenden Verkehrslage in diese Stellung hineingewachsen. Die Stadt hat ihren unumstrittenen Einzugsbereich im Süden bis an die Landesgrenze, im Osten bis an den Chiemsee ausgedehnt. Im Westen, Norden und Nordosten expandierte der Rosenheimer Bereich in den 70er Jahren noch, im Westen allerdings in starker Konkurrenz mit München. Breite Überlagerungsgebiete mit den ungenügend ausgestatteten Zentralen Orten mittlerer Stufe Bad Aibling, Wasserburg und Trostberg zeigen diese Entwicklung. Die ehemalige Kreisstadt Bad Aibling ist bereits derart stark in den Einflußbereich der Zentren München und Rosenheim geraten, daß sie kein eigenes, nur ihr zugeordnetes Einzugsgebiet mehr besitzt. Seit der Auflösung der Kreisbehörden 1972 ist Bad Aibling nicht mehr als Zentraler Ort mittlerer Stufe anzusprechen. Auch Wasserburg ist seit dem Abzug der Kreisverwaltungsfunktionen 1972 nur noch ein Zentraler Ort unterer Stufe mit mittelzentralen Teilfunktionen im Einkaufs- und Dienstleistungsbereich. Gleichzeitig ist die Stadt ein Beispiel für den stetigen Bedeutungsverlust eines ehemaligen höherrangigen Zentrums, dem eine Umstrukturierung nach Funktionsverlusten nur ungenügend gelang. Folgerichtig im Sinn einer Gebietsgliederung nach zentralörtlichen Einzugsbereichen war 1972 die Einbeziehung größerer Teile der Landkreise Wasserburg und Bad Aibling in den Kreis Rosenheim.

Die weiteren Zentren mittlerer Stufe im Alpenraum seien kurz charakterisiert (vgl. Karte 1). Lindau ist seiner Ausstattung nach ein vollentwickeltes Mittelzentrum. Seine Umlandbedeutung ist jedoch gering aufgrund der Lage am Bodensee zwischen österreichischer Grenze (Zentrum Bregenz) und den Einzugsgebieten der nahen württembergischen Zentren Friedrichshafen und Wangen. Einige Gemeinden im nördlichen Kreis Lindau tendieren stark zu diesen außerhalb Bayerns gelegenen Zentralen Orten. Lindenberg - eine junge und durch Industrialisierung rasch gewachsene Stadt - ist seiner Ausstattung nach ein Ort unterer Zentralität mit mittelzentralen Teilfunktionen im Versorgungsbereich, hat aber, ebenso wie Lindau, nur ein sehr eng begrenztes Einzugsgebiet. Immenstadt und Sonthofen können funktional als gemeinsamer Zentraler Ort angesehen werden. Bisher liegt - vor allem aufgrund der Verwaltungsfunktionen - die Zentralität Sonthofens höher. Beide Zentren entwickeln sich aber seit längerem in Richtung auf eine Ergänzung der gegenseitigen Funktionen hin, und die Einzugsgebiete verzahnen sich immer stärker. Das nahegelegene Oberstdorf ist von der Ausstattung her ein Unterzentrum mit Teilfunktionen eines Mittelzentrums. Der Ort ist ein Beispiel für eine Fremdenverkehrsgemeinde mit einem starken Überbesatz im Dienstleistungssektor; eine entsprechende Umlandbedeutung hat Oberstdorf nicht.

Der Landkreis Ostallgäu setzt sich im Hinblick auf die Versorgungsfunktion aus den Bereichen von vier Zentralen Orten der Mittelstufe zusammen bzw. der Unterstufe mit mittelzentralen Teilfunktionen. Im Norden liegt Buchloe, ein Ort unterer Zentralität. Trotz einer relativ leistungsfähigen Ausstattung ist der Einzugsbereich sehr begrenzt, da die höherrangigen Zentren Landsberg/Lech, Kaufbeuren, Mindelheim und Augsburg zu nahe liegen, um das Entstehen eines größeren Buchloer mittelzentralen Bereichs zu erlauben. Trotz der Entfernung (42 km) reicht Augsburg auch mit Funktionen mittlerer Ebene noch teilweise bis Buchloe. Die beiden historischen Zentren Kaufbeuren, die größere kreisfreie Stadt, und die kleinere, aber sehr dynamische Kreisstadt Marktoberdorf sind voll ausgebildete Orte mittlerer Zentralität, jedoch läuft wegen der räumlichen Nähe die Entwicklung wohl in Richtung auf ein gemeinsames Mittelzentrum Kaufbeuren/Marktoberdorf. Schon heute ist eine Funktionsteilung und enge Kommunikation auf dem Dienstleistungs-, aber auch auf dem Wohn-/ Arbeitsplatzsektor, und eine immer stärker wahrnehmbare Verknüpfung der beiden zentralörtlichen Verflechtungsbereiche zu einem einzigen festzustellen. Die ehemalige Kreisstadt Füssen im Süden des Landkreises Ostallgäu ist nach dem Verwaltungsfunktionsverlust ein Ort unterer Zentralität mit Teilfunktionen im mittleren Bereich und baut verstärkt eine neue Bedeutung im Tourismus und in der Naherholung auf.

An den schwäbischen Teil des randalpinen Bereichs grenzt in Oberbayern der neue Landkreis Weilheim-Schongau, der - entsprechend der historischen Entwicklung - bipolar aufgebaut ist. Hier stehen sich Weilheim als Ort mittlerer Zentralität sowie Schongau als Unterzentrum mit mittelzentralen Teilfunktionen gegenüber, während im Osten Penzberg ebenfalls als Ort unterer Zentralität mit - allerdings geringeren - mittelzentralen Teilfunktionen liegt. Es ist, wie oben erwähnt, einer der wenigen Orte, der nicht in einem langen historischen Prozeß in seine Rolle hineingewachsen ist. Er entstand aufgrund der Kohlevorkommen zunächst als Bergbausiedlung, die erst langsam gewisse zentrale Funktionen im Handel und sonstigen privaten Dienstleistungsbereich gewann.

Im Landkreis Garmisch-Partenkirchen liegen heute zwei Zentrale Orte mit Bedeutung auf der Mittelstufe: das voll funktionsfähige Garmisch-Partenkirchen und Murnau, ein Zentraler Ort unterer Stufe mit Teilfunktionen mittlerer Zentralität, vor allem im privaten Tertiärbereich. Murnau besitzt ein relativ kleines, aber gut versorgtes und in seinen Grenzen stabiles Einzugsgebiet. Im Fall von Garmisch-Partenkirchen bestehen seit längerem Unverträglichkeiten zwischen den zentralörtlichen und den Fremdenverkehrs- und Naherholungsfunktionen der Marktgemeinde. In Anbetracht der fast voll ausgebauten zentralörtlichen Institutionen, des großen Einzugsbereichs und der 1972 noch aufgewerteten Verwaltungsfunktionen (Vergrößerung des Landkreises) ist die Entwicklung zum städtischen Zentralort kaum mehr umkehrbar. Es wird daher versucht, die Erfordernisse eines Mittelzentrums mit denen eines modernen Naherholungs- und Fremdenverkehrsortes in Einklang zu bringen.[33] Die Konflikte zwischen Freizeit- und zentralörtlichen Funktionen werden durch die günstige

Verkehrslage einerseits und die attraktive naturräumliche Situation andererseits wesentlich verschärft, denn Garmisch-Partenkirchen ist das einzige in den Alpen selbst liegende Mittelzentrum.

Der Landkreis Bad Tölz-Wolfratshausen besteht aus den beiden Mittelbereichen von Bad Tölz (Mittelzentrum) und Wolfratshausen (Unterzentrum mit Teilfunktionen eines Mittelzentrums) mit Geretsried. Die Zentralität von Wolfratshausen wird seit längerem immer stärker durch den Münchner Einfluß eingeschränkt. Der mittelzentrale Bereich Münchens reicht bereits heute in einem breiten Gürtel von Gemeinden bis tief in diesen Landkreis hinein und wird sich mit großer Wahrscheinlichkeit weiter ausbreiten. Andererseits ist mit der dynamischen Industriestadt Geretsried - mit heute wichtigen Funktionen auch im tertiären Bereich - nach dem 2. Weltkrieg ein Konkurrent erwachsen, der Wolfratshausen bereits in vielen Bereichen des Versorgungssektors überflügelt hat. Die Landesplanung trug dieser Entwicklung mit der Ausweisung des mittelzentralen Doppelortes Wolfratshausen/Geretsried Rechnung.

Der östlich anschließende Kreis Miesbach ist hinsichtlich der zentralörtlichen Situation dreigeteilt. Der Norden (Nahbereich des Unterzentrums Holzkirchen) gehört zum mittelzentralen Einzugsgebiet von München, der Osten zum Bereich des gemeinsamen Zentrums Miesbach/Hausham, während das Tegernseer Tal aufgrund des starken fremdenverkehrsbedingten Überbesatzes im tertiären Sektor sich auf der mittleren Stufe selbst versorgen kann (insbesondere Tegernsee, Rottach-Egern und Bad Wiessee), nichtsdestoweniger aber in starkem Maße auch München in Anspruch nimmt.

Der Einzugsbereich von Rosenheim wurde bereits behandelt. Östlich des Chiemsees schließt sich das Gebiet des Mittelzentrums Traunstein an. Es ist von einer Reihe von Orten unterer Zentralität umgeben (Trostberg, Traunreut, Tittmoning, Laufen, Freilassing), die infolge der nicht genügend großen Ausstrahlungskraft Traunsteins und des Fehlens eines weiteren leistungsfähigen Mittelzentrums in diesem südostoberbayerischen Grenzbereich auch Teilfunktionen mittlerer Zentralität übernehmen. Ein überdurchschnittlich starkes Wachstum ihrer zentralörtlichen Ausstattung und Bedeutung hatten in den letzten Jahren die junge Industriestadt Traunreut und der Grenzort Freilassing zu verzeichnen, der immer stärker den Charakter einer Stadtrandgemeinde von Salzburg annimmt und in vielfacher Hinsicht von seiner Grenzlage profitiert. Im ganzen haben wir es jedoch hier in Südostoberbayern mit einem sektoral unterversorgten Gebiet zu tun. Der Landkreis Berchtesgadener Land besteht aus vier relativ kleinen Einzugsbereichen von Zentralen Orten mit Funktionen bzw. Teilfunktionen auf der Mittelstufe (Laufen, Freilassing, Bad Reichenhall), zu denen noch ein zum Bereich Traunstein gehöriges Gebiet kommt. Die Herrschaftsgeschichte und die physischgeographische Lage des Raumes ließen hier diese kleingekammerte Struktur entstehen.

In Fortführung der Bemerkungen zum Stand 1939 sollen Arbeitszentralität und Pendlerräume für die Gegenwart kurz dargestellt werden, wobei sich die Befunde für die Zeit seit 1970 - wegen des Fehlens einer neueren Totalerhebung - auf Einzelfallstudien, Verkehrserhebungen, Trendbeobachtungen usw. stützen. Da es im randalpinen Bereich Bayerns auch heute keine größeren monostrukturierten Industriestandorte mit Einpendlerüberschuß ohne sonstige zentralörtliche Funktionen gibt, ist die Untersuchung des Pendlerphänomens gut geeignet, die Darstellung der Zentralen Orte zu vervollständigen und die Strukturaussagen, die aufgrund der Versorgungsfunktion der Zentralen Orte im tertiären Bereich gemacht wurden, nach der Arbeitsfunktion hin zu ergänzen.

Die noch 1939 bestehenden Räume ohne Auspendler oder mit indifferenten Pendlerrichtungen sind bereits bis zur Zählung 1961 an größere Einpendlerzentren angeschlossen worden, die auf diese Weise ihr Einzugsgebiet erweitert haben. Neue Arbeitszentren entstanden nur in den wenigen erwähnten Fällen; aber von 1939 über 1961 bis 1970 sind alle kleinen Einpendlerzentren mit nur wenigen ihnen tributären Auspendlerorten in größere Pendlereinzugsbereiche integriert worden (z.B. Weiler im Allgäu, Obergünzburg, Oberammergau, Endorf, Obing). Das heißt natürlich nicht, daß diese Orte absolut Einpendler verloren. Sie haben im Gegenteil ohne Ausnahme ihre Einpendlerzahlen von Zählung zu Zählung laufend erhöht, andererseits aber in noch stärkerem Maße ihre eigenen Auspendlerzahlen in höherrangige arbeitszentrale Orte vermehrt und sich somit in diese größeren Systeme eingegliedert. Diese in der Hierarchie der arbeitszentralen Orte im Untersuchungsgebiet an oberster Stelle stehenden Gemeinden sind im allgemeinen identisch mit den Orten mittlerer Zentralität bei der Versorgungsfunktion. Analog entsprechen sich die Einzugsbereiche weitgehend.

Eine Sonderstellung nimmt hier wie dort München ein. Im Versorgungssektor ist das Einzugsgebiet Münchens auch für Waren und Dienste mittelfristigen Bedarfs in Größenordnungen hineingewachsen, die in den übrigen Teilen des Alpenraums nur beim langfristigen Bedarf erreicht werden. Das arbeitsfunktionale Einzugsgebiet hat sich inzwischen sogar noch weiter ausgedehnt und umfaßt bereits den gesamten nördlichen Teil des Kreises Bad Tölz-Wolfratshausen und weite Teile des Kreises Miesbach. Diese Gebiete zählten 1961 noch größtenteils zu den Überlagerungsräumen zwischen München und Zentren wie Wolfratshausen, Geretsried, Holzkirchen und Miesbach. Schon 1970 waren die meisten dieser Gemeinden keine primären Einpendlerzentren mehr, sondern gehörten eindeutig zum Münchner Bereich, eine Entwicklung, die sich seitdem weiter verstärkt hat.[34] Als sekundäres Einpendlerzentrum kann man darüber hinaus heute München für den gesamten mittleren bayerischen Alpenraum bezeichnen.

Die Pendlerräume der übrigen Arbeitszentren sind bemerkenswert stabil. Mit Ausnahme der oben erwähnten Integration kleinerer Arbeitsplatzstandorte, die mit ihrem eigenen Einzugsbereich in den Pendlerraum eines höherrangigen Zentrums einbezogen wurden, gab es zwischen 1961 und 1970 und - soweit erfaßbar - bis zur Gegenwart nur in ganz wenigen Fällen Ausdehnung oder Schrumpfung der Pendlereinzugsbereiche der Orte mittlerer Zentralität. Es kam lediglich zu einer starken Intensitätssteigerung bestehender Pendlerbeziehungen, also einer Konsolidierung der inneren Verflechtung der Pendlerräume. Im Zuge dieser Entwicklung liegt es auch, daß ohne Ausnahme räumlich in enger Nachbarschaft liegende Einpendlerzentren bis 1970 zu gemeinsamen Zentren verschmolzen sind und man ihre Einzugsbereiche nun als gemeinsamen Bereich dieser Doppel- oder Mehrfachzentren ansehen kann. Beispiele für solche mehrpoligen Einpendlerzentren sind Immenstadt/Blaichach/Sonthofen/Oberstdorf, Kaufbeuren/Bießenhofen/Marktoberdorf, Schongau/Peiting/Altenstadt, Wolfratshausen/Geretsried, Tegernsee/Rottach-Egern/Bad Wiessee oder Rosenheim/Kolbermoor/Bad Aibling/Bruckmühl. Insgesamt gesehen, haben sich im bayerischen Alpenraum bzw. im randalpinen Bereich im Verlauf einer jahrzehntelangen Entwicklung relativ stabile Pendlerräume gebildet, die weitgehend mit den Einzugsgebieten der Orte mittlerer Zentralität auf dem Versorgungssektor korrespondieren. Eine Ausnahme stellt München dar, das als außerhalb des Alpenraums gelegenes

Oberzentrum auch im mittelzentralen Bereich weit in diesen Raum hineinwirkt.

4. Planungen für das zentralörtliche Gefüge nach dem Landesentwicklungsprogramm Bayern

Das Landesentwicklungsprogramm Bayern enthält in seinen "überfachlichen Zielen" auch eine planerische Einteilung der Zentralen Orte Bayerns in Oberzentren, mögliche Oberzentren, Mittelzentren, mögliche Mittelzentren und Unterzentren.[35] Für den Alpenraum zeigt ein Vergleich der gegenwärtigen zentralörtlichen Struktur mit den Planungen der Bayerischen Staatsregierung (vgl. Karte 1), daß es sich bei der "Planung" im wesentlichen um eine Fortschreibung der gegenwärtigen Strukturen handelt (auch z. B. bei der Planung zentraler Doppel- oder Mehrfachorte). Dies kann entweder bedeuten, daß das bestehende zentralörtliche Raummuster den allgemeinen Zielen der bayerischen Landesplanung bereits weitgehend entspricht; oder aber es kann auf der richtigen Erkenntnis der starken Persistenz zentralörtlicher Strukturen und geringer staatlicher Möglichkeiten zur Einflußnahme und Veränderung beruhen.

Bemerkenswert ist, daß in keinem einzigen Fall geplant ist, ein bestehendes Zentrum abzustufen. Dagegen ist in einigen Fällen vorgesehen, Unterzentren mit mittelzentralen Teilfunktionen zu echten Mittelzentren aufzustufen (z.B. Wasserburg, Freilassing, Füssen). Hier handelt es sich zweifellos um echte Planungsaufgaben, jedoch sind kaum realistische Möglichkeiten zu erkennen, diese Einstufungen in absehbarer Zeit zu verwirklichen. Dies gilt umso mehr, als diese aufzustufenden Orte zum Teil erst 1972 ihre überörtlichen Verwaltungsfunktionen (Landkreisverwaltung) verloren, ein wesentlicher Bestandteil mittelzentraler Aufgaben.[36] Es erscheint auch generell nicht sinnvoll, weiter Städte zu Mittelzentren aufwerten zu wollen, da die Entwicklung - wegen der vor allem durch die private Motorisierung geförderten Tendenz zur Reichweitenausdehnung- eher auf eine Verminderung der Zahl der echten Mittelzentren zusteuert und es wahrscheinlich schwierig genug sein wird, auch nur alle bestehenden Mittelzentren in ihrem Status zu erhalten.[37] Bei der Kreisgebietsreform von 1972 wurden insofern die Tendenzen der räumlichen Entwicklung realistischer gesehen als bei der Landesplanung, deren Netz Zentraler Orte vielfach zu stark an die historischen Raumstrukturen angelehnt ist.

Auch bezüglich der weiteren Entwicklung des Einzelhandels verfolgt das Landesentwicklungsprogramm eine Tendenz, die bestehenden zentralörtlichen Strukturen zu verfestigen. Die neuere Entwicklung des Handels[38] strebt vielfach nach einer Auflösung des überkommenen Systems der Zentralen Orte. So wird häufig die Frage diskutiert, inwieweit Einzelhandelsgroßbetriebe, wie etwa Verbrauchermärkte, Cash-and-Carry-Lager u. ä. "durch ihr Standortwahlverhalten das vorhandene oder angestrebte System der Zentralen Orte ... konterkarieren, da sie die Betriebe häufig an peripher gelegenen Standorten errichten".[39] Dies können für den Individualverkehr günstig erreichbare Standorte am Rande Zentraler Orte, ebenso aber auch neue Einkaufsstätten "auf der grünen Wiese" außerhalb Zentraler Orte sein. Derartigen Tendenzen versucht das Landesentwicklungsprogramm entgegenzuwirken, denn "der Ausbau der Handelseinrichtungen soll zur Stärkung der (ausgewiesenen, d. Verf.) Zentralen Orte beitragen"; in den Orten, "die nicht als Zentrale Orte eingestuft sind", soll lediglich "eine ausreichende Warenversorgung zur Deckung des örtlichen Bedarfs" angestrebt werden.[40] Insbesondere Einzelhandelsgroßprojekte sollen nur unter gewissen Bedingungen "in geeigneten Zentralen Orten und Siedlungsschwerpunkten in großen Verdichtungsräumen" angesiedelt werden.[41] Veränderungen des zentralörtlichen Gefüges werden also stark erschwert.

5. Typisierung der Zentralen Orte im randalpinen Bereich nach ihrer Entwicklung

Karte 2 zeigt eine Typisierung der Zentralen Orte im Untersuchungsgebiet nach ihrer Entwicklung. Kriterien waren einerseits Richtung und Grad der Veränderung der zentralörtlichen Bedeutung im Untersuchungszeitraum, andererseits diejenigen Funktionen, die den zentralörtlichen Bedeutungsgewinn bzw. -verlust überwiegend verursacht haben. Hierbei wurden Industrie- und Verkehrsfunktionen, Verwaltungsfunktionen, Versorgungs- (Markt-) Funktionen im engeren Sinn sowie Fremdenverkehrs- und Naherholungsfunktionen berücksichtigt.

Unter den heutigen Zentralen Orten, die im Lauf ihrer Entwicklung einen Bedeutungsverlust hinnehmen mußten, überwiegen die ehemaligen Kreissitzgemeinden, die durch die Kreisgebietsreform von 1972 ihre überörtliche Verwaltungsfunktion verloren (z. B. Füssen, Wolfratshausen, Berchtesgaden). Im Falle von Wasserburg und Laufen kam noch der früher erfolgte Verlust eines Großteils ihrer ehemaligen Verkehrsfunktionen hinzu, so daß hier von stark abnehmender zentralörtlicher Bedeutung im Untersuchungszeitraum gesprochen werden kann. Besonders im Allgäu fallen eine Reihe von Orten auf, die ehemals Markt- und somit überörtliche Versorgungsfunktionen besaßen, diese aber teilweise oder völlig verloren. In einigen Fällen sind sie heute gar nicht mehr als Zentrale Orte eingestuft.

Unveränderte oder zunehmende zentralörtliche Bedeutung ist demgegenüber wesentlich häufiger. Hier ist insbesondere die große Zahl von Orten zu nennen, die überwiegend durch Funktionen im Bereich des Fremdenverkehrs und der Naherholung Versorgungseinrichtungen und damit zentralörtliche Bedeutung gewannen. Vor allem in der Region Oberland, aber auch im Allgäu, gibt es mehrere derartige Zentrale Orte, besonders deutlich ausgeprägt im Tegernseer Tal. Zentren, deren Bedeutungszuwachs auf Verkehrs- und Industriefunktionen zurückgeht, liegen eher am nördlichen Rand des Untersuchungsgebietes (z. B. Geretsried, Bruckmühl, Traunreut); zum Teil tritt zu den genannten Funktionbereichen die Verwaltung hinzu (z. B. Rosenheim, Miesbach, Bad Tölz, Marktoberdorf und Sonthofen als Verwaltungssitze vergrößerter Landkreise), und beim Mittelzentrum Garmisch-Partenkirchen kann der Bedeutungszuwachs auf alle drei genannten Kriterien zurückgeführt werden.

Insgesamt kann die Typisierung nach genetischen und funktionalen Gesichtspunkten - auch im Vergleich mit der in Karte 1 durchgeführten Gegenüberstellung von früherer und gegenwärtiger zentralörtlicher Bedeutung und landesplanerischer Einstufung - zu einem vertieften Verständnis der Struktur und der Entwicklungsrichtung des zentralörtlichen Gefüges beitragen.

- 69 -

Zusammenfassung

Ausgehend von der Beschäftigung mit der historischen und der aktuellen Sozialgeographie Bayerns stellt die Studie die Entwicklung und den gegenwärtigen Stand des zentralörtlichen Raummusters im bayerischen Alpenraum und im randalpinen Bereich dar (Regionen 16, 17 und 18/Südteil). Anhand einer durch eine Karte dokumentierten vergleichenden Untersuchung des zentralörtlichen Gefügemusters zu den Zeitpunkten bzw. -räumen Hochmittelalter - 1789 - 1862 - Anfang der 1930er Jahre - Anfang der 1950er Jahre - Gegenwart kann gezeigt werden, wie stark persistente versorgungsfunktionale Raumstrukturen der Vergangenheit sich bis heute erhalten haben. Andererseits wird darauf hingewiesen, in welchen Räumen sich unter dem Einfluß neuer Raumnutzungen auch das zentralörtliche Gefüge veränderte. Hierbei sind insbesondere die große Bedeutung des Freizeitverhaltens (Fremdenverkehr und Naherholung) - neben geringeren Einflüssen der Industrialisierung - und die starke Beeinflussung des randalpinen Bereichs durch das Oberzentrum München zu nennen. Auch die Veränderungen durch die Verwaltungs-, insbesondere Kreisgebietsreform sowie die Planungen für das künftige zentralörtliche Gefüge nach dem Landesentwicklungsprogramm Bayern werden in ihren bisher eingetretenen und künftig möglichen Auswirkungen untersucht. In einer zweiten Karte werden schließlich die gegenwärtigen Zentralen Orte nach ihrer Entwicklung und nach den entwicklungsbeeinflussenden Funktionen typisiert.

Summary

Initially concerned with the historical and present-day social geography of Bavaria this study describes the development and current situation of the central-place spatial pattern in the Bavarian Alpine region and adjoining areas (regions 16, 17 und 18 (south)). The results of a comparative study of the central-place composition pattern for the specific years and periods: High Middle Ages - 1789 - 1862 - early 1930's - early 1950's - present day - are shown in a map. It is interesting to note how persistently the service-functional spatial structures of the past have survived up to the present. On the other hand, those regions are indicated where the central-place structure has been changed by the influence of new spatial utilization. Here the great importance of leisure activities (holidaymakers and weekend tourism) - along with the lesser influence of industrialization - and the strong influence of the peripheral Alpine region by the top-ranking central place Munich deserve special mention. Also those changes which have been or will probably be wrought by administrative reforms - especially in the rural districts - and any future planning undertaken in the field of central-place composition according to the Bavarian State Development Plan are examined. Finally, a second map shows the present central places characterized according to their development and according to those functions which influence their development.

Résumé

En partant de l'examen historique et actuel de la géographie sociale de la Bavière, cette étude expose le développement et l'état actuel de la répartition géographique des centres administratifs et d'approvisionnement locaux dans la région alpine bavaroise et la région en bordure des Alpes (Régions 16,17 et 18/partie Sud). A l'appui d'une enquête comparative documentée par une carte de la répartition structurelle des centres locaux aux époques ou plutôt aux périodes Haut Moyen Age - 1789 - 1862 - début des années 1930 - début des années 1950 - époque actuelle, on peut montrer avec quelle persistance d'anciennes structures territoriales à vocation d'approvisionnement se sont maintenues jusqu'à nos jours. D'un autre côté, il est indiqué dans quels secteurs la structure de répartition des centres s'est aussi modifiée sous l'influence de nouvelles utilisations du territoire. A ce propos, il faut citer la très grande importance du comportement pendant les loisirs (tourisme et périodes de détente dans la région même) - à côté des influences plus faibles de l'industrialisation - et la forte influence exercée sur la région en bordure des Alpes par le super-centre de Munich. De même sont examinés les effets déjà intervenus ou ceux possibles dans l'avenir des changements apportés par la réforme administrative, particulièrement au niveau des arrondissements et par les plans pour la nouvelle structure de répartition des centres locaux selon le programme de développement bavarois. Sur une deuxième carte enfin, les grands centres actuels sont caractérisés d'après leur développement et d'après les fonctions capables d'influencer celui-ci.

Anmerkungen

1) H.-G. Wagner, Der Kontaktbereich Sozialgeographie - historische Geographie als Erkenntnisfeld für eine theoretische Kulturgeographie. Würzb. Geogr. Arb. 37 (1972), 29 - 52

2) Vgl. hierzu E. Neef, Die Veränderlichkeit der Zentralen Orte niederen Ranges. Proceedings of the IGU-Symp. in Urban Geogr. Lund 1960, Lund Stud. in Geogr., 24 (1962), S. 227

3) Es handelt sich hierbei um den bayerischen Anteil der Arbeitsgemeinschaft Alpenländer.

4) Vgl. hierzu K. Ruppert, Thesen zur Siedlungs- und Bevölkerungsentwicklung im Alpenraum. In: Probleme der Alpenregion, München 1977, (Hanns-Seidl-Stiftung, Schriften u. Informat., Bd. 3), S. 40, über den Alpenraum als "außengeleiteten Raum".

5) M. Spindler (Hg.), Bayerischer Geschichtsatlas, München 1961, Karte 22

6) ders., S. 83

7) Vgl. J. Maier, R. Paesler, K. Ruppert u. F. Schaffer, Sozialgeographie. Braunschweig 1977, S. 79 ff.

8) Zur früheren Entwicklung der altbayerischen Marktorte vgl. R. Mauerer, Entwicklung und Funktionswandel der Märkte in Altbayern seit 1800. München 1971, S. 5 ff.

9) Nach M. Spindler (Hg.), a.a.O., Karte 30 - 32

10) Nach M. Spindler (Hg.), a.a.O., Karte 40a/41a

11) Vgl. K. Ruppert u. R. Paesler, Verwaltungsgebietsreform und Regionalisierung in Bayern. In : Mitteilg. u. Ber. d. Salzburger Inst. f. Raumforschung, H. 2/1979, insbes. S. 44 f.

12) Vgl. als Beispiel R. Paesler, Der Zentrale Ort Landsberg am Lech. In: Mitt. d. Geogr. Gesellschaft in München, Bd. 55 (1970), S. 113 ff.

13) F. Schaffer, Sozialgeographische Aspekte über Werden und Wandel der Bergwerksstadt Penzberg. In: Mitt. d. Geogr. Gesellschaft in München, 55 (1970), 85 - 103

14) Vgl. O. Schütz, Die neuen Städte und Gemeinden in Bayern. Hannover 1967 (Abhandlungen der Akad. f. Raumforschung und Landesplanung, 48)

15) Dementsprechend wurden im Landesentwicklungsprogramm Bayern in beiden Fälen sog. "Zentrale Doppelorte" ausgewiesen.

16) W. Christaller, Die Zentralen Orte in Süddeutschland. Jena 1933

17) Beitr. z. Statistik Bayerns, Hg. Bayer. Stat. Landesamt, München, 132 (1942)

18) W. Hartke, Das Arbeits- und Wohnortsgebiet im Rhein-Mainischen Lebensraum. Rhein-Main. Forschg., 18 (1938)

19) Vgl. K. Ruppert, Das Tegernseer Tal. Münchner Geogr. H., 23 (1962) und D. Rosa, Der Einfluß des Fremdenverkehrs auf ausgewählte Branchen des tertiären Sektors im Bayerischen Alpenvorland. WGI-Berichte zur Regionalforschung., 2 (1970)

20) K. Ruppert, a.a.O.

21) O. Boustedt, Die Zentralen Orte und ihre Einflußbereiche. In: Proceedings of the IGU-Symposium in Urban Geography Lund 1960, Lund Studies in Geography, Ser. B., Nr. 24 (1962), 201 -226

22) a.a.O., S. 214

23) K. Ruppert u. Mitarb., Planungsgrundlagen für den bayerischen Alpenraum. Wirtschaftsgeogr. Inst. München 1973, S. 108 - 138, Karten 17 - 20 (Entwurf R. Paesler)

24) G. Kluczka, Zentrale Orte und zentralörtliche Bereiche mittlerer und höherer Stufe in der Bundesrepublik Deutschland. Forschungen zur deutschen Landeskunde, 194 (1970)

25) J. Maier, Zur Geographie verkehrsräumlicher Aktivitäten. Münchner Stud. z. Sozial- und Wirtschaftsgeographie, 17 (1976)

26) Veröffentlichung der Arbeitsergebnisse in: Bayerisches Staatsministerium des Innern (Hg.), Stadt-Umland-Gutachten Bayern, München 1974

27) Vgl. K. Ruppert u. R. Paesler, Raumorganisation in Bayern - Neue Strukturen durch Verwaltungsgebietsreform und Regionalgliederung. WGI-Ber. z. Regionalforschung, 16 (München, 1984)

28) Vgl. auch den einführenden Beitrag von K. Ruppert, Die Deutschen Alpen - Grundzüge geographischer Raumstrukturen, in diesem Band

29) Vgl. P. Gräf, Funktionale Verflechtungen im deutsch-österreichischen Grenzraum. In: Tagungsber. u. wissensch. Abh. d. 43. Dt. Geographentages Mannheim 1981, Wiesbaden 1983, 330 - 334

30) K. Ruppert u. R. Paesler, Raumorganisation in Bayern, a.a.O., S. 65 f.

31) Vgl. J. Maier, R. Paesler, K. Ruppert u. F. Schaffer, Sozialgeographie, a.a.O., S. 80

32) J. Maier, Zur Geographie verkehrsräumlicher Aktivitäten, a.a.O., S. 103

33) Vgl. P. Wabra, Garmisch-Partenkirchen. Ausgewählte Probleme einer urbanisierten Fremdenverkehrsgemeinde. Diss. München 1978, insbes. S. 75 ff. u. 127 ff.

34) R. Paesler, Region - Stadtregion - Agglomerationsraum München. Probleme der Abgrenzung und neuere Entwicklungstendenzen. In: Mitt. d. Geogr. Ges. München 1982, 21 - 33

35) Landesentwicklungsprogramm Bayern, Hg. Bayer. Staatsregierung, München 1976, Teil A.III.2.

36) Landesentwicklungsprogramm Bayern, a.a.O., Teil A.III.2.8.

37) Vgl. hierzu das Beispiel Landsberg/Lech am Rande des Alpenraumes: R. Paesler, Strukturschwache Gebiete am Rande der Region München - Die Problematik von Strukturverbesserungsmaßnahmen am Beispiel des Landkreises Landsberg/Lech. In: Colloqu. Geogr. 15 (1982), 102 - 112

38) Vgl. hierzu F. Heckl, Standorte des Einzelhandels in Bayern - Raumstrukturen im Wandel. Münchner Stud. z. Sozial- und Wirtschaftsgeographie, 22 (1981) sowie den Beitrag von Th. Polensky in diesem Band.

39) F. Heckl, a.a.O., S. 3

40) Landesentwicklungsprogramm Bayern, a.a.O., Teil B.IV.3.5.3.

41) ebd., Teil B.IV.3.5.8.

Regionale Einzelhandelsstrukturen im deutschen Alpenraum

Th. Polensky

1) Strukturwandel des Einzelhandels in Bayern

Der gesamtgesellschaftliche Wandel von der flächenbezogenen Agrargesellschaft über die standortorientierte Industriegesellschaft zur zentrenorientierten Dienstleistungsgesellschaft[1] kommt neben anderen Wirtschaftsbereichen insbesondere im Einzelhandel zum Ausdruck. Er ist einerseits gekennzeichnet durch einen ständigen Rückgang der Einzelhandelsunternehmen bzw. -betriebe, andererseits durch eine wachsende Unternehmens- und Umsatzkonzentration[2]. So sank beispielsweise die Zahl der Einzelhandelsunternehmen in Bayern von 77.500 im Jahre 1962 auf ca. 60.000 im Jahre 1976, während gleichzeitig der durchschnittliche Umsatz der Unternehmen von 200.000 auf knapp 700.000 DM anstieg. Diese Veränderung vollzog sich jedoch nicht einheitlich, sondern unterschiedlich je nach Wirtschaftsgruppe, wobei der Rückgang bei der Sparte Nahrungs- und Genußmittel besonders stark ausgeprägt ist. Für die Veränderungen sind sowohl angebotsbezogene (Wandel der Betriebsformen, Kostendruck, Konkurrenzsituation etc.), als auch nachfragebezogene (verändertes Einkaufsverhalten, Wandel der Haushaltsstrukturen, veränderter Warenkorb etc.) Faktoren verantwortlich. Hierbei darf nicht übersehen werden, daß der Handel nach wie vor einen eminent wichtigen Wirtschaftsfaktor darstellt, denn etwa jede elfte Mark, die in Bayern verdient wird, stammt aus dieser Tätigkeit.[3]

Diese generellen Entwicklungstendenzen lassen aber oft vergessen, daß der allgemeine Trend einer ausgeprägten räumlichen Differenzierung unterliegt, wie er einerseits zwischen dem ländlichen Raum und den Verdichtungsräumen, andererseits zwischem dem Regierungsbezirk Oberbayern und den übrigen Regierungsbezirken zum Ausdruck kommt. In Oberbayern wurden 1979 mehr als ein Drittel der Betriebe und Beschäftigten des Einzelhandels in Bayern registriert. Der Umsatz hatte im Jahr 1978 die gleiche Relation aufzuweisen.[4] Zwischen 1968 und 1979 war lediglich in Oberbayern ein geringfügiges Wachstum der Betriebe zu verzeichnen, während in allen übrigen Regierungsbezirken ein deutlich ausgeprägter Rückgang festzustellen war. Diese wenigen Daten mögen ausreichen, um die von anderen Struktur- und Prozeßabläufen bekannte Tatsache eines bestehenden Süd-Nord-Gefälles auch im Bereich der Versorgung nachzuweisen.

2) Räumliche Differenzierung der Einzelhandelsentwicklung in Bayern

Die Tatsache, daß die Entwicklung des Einzelhandels in Bayern durch einen generellen Rückgang der Betriebe und Beschäftigten bei gleichzeitigem realen Wachstum des Umsatzes gekennzeichnet ist, erscheint vom statistischen und wirtschaftlichen Standpunkt her interessant, befriedigt aber aus geographischer und planerischer Sicht nur wenig.

---

1) vgl. RUPPERT, K., Das Dorf im bayerischen Alpenraum - Siedlungen unter dem Einfluß der Urbanisierung, in: Informationen der Hanns-Seidl-Stiftung, H.1, 1982, S.22
2) vgl. HECKL, F.-X., Standorte des Einzelhandels in Bayern - Raumstrukturen im Wandel, in: Münchner Studien zur Sozial- und Wirtschaftsgeographie, Bd.22, Kallmünz 1981, S. 67
3) vgl. Bayerisches Staatsministerium für Wirtschaft und Verkehr: Bericht über Struktur und Entwicklung des Einzelhandels in Bayern - Einzelhandelsbericht, München 1980.
4) KERN, Zur Struktur des Bayerischen Einzelhandels - Endgültige Ergebnisse der Handels- und Gaststättenzählung 1979, in: Bayern in Zahlen H.1/1982, S.18.

Hier steht die räumliche Differenzierung der Gesamtentwicklung wie sie sich beispielsweise bei den Einzelhandelsbetrieben ergeben hat im Vordergrund (Vgl. Abb.1). Danach verlief die Entwicklung im Zeitraum 1968-1979 sowohl hinsichtlich der zentralörtlichen Hierarchie als auch in Bezug auf die Gebietskategorien sehr unterschiedlich. Die räumliche Differenzierung des Prozesses läßt jedoch eindeutige Gesetzmäßigkeiten erkennen. Der landesweite Rückgang der Einzelhandelsbetriebe verläuft:

1. **zentralitätsabhängig.** Mit zunehmender Zentralität nimmt der prozentuale Rückgang der Betriebe in allen Gebietskategorien ab. Relativ gesehen sind beispielsweise die Mittelzentren weit weniger von der Schließung von Einzelhandelsbetrieben betroffen als die Kleinzentren. Diese Entwicklung tritt besonders deutlich in den Verdichtungsräumen zutage.
2. **gebietsspezifisch.** Mit steigender räumlicher Wirtschaftskraft nimmt der prozentuale Rückgang der Betriebe in allen Zentralitätsstufen (Klein-, Unter-, Mittelzentren) ab. Die einzige Ausnahme von dieser Regel stellen die Kleinzentren der Verdichtungsräume dar, weil hier in unmittelbarer Nähe der hochwertigen quantitativen und qualitativen Ausstattung der Kerne nur geringe Entwicklungsmöglichkeiten auf unterster zentraler Ebene gegeben sind. Dagegen entwickeln sich Unter- und Mittelzentren in diesem Bereich sehr gut.

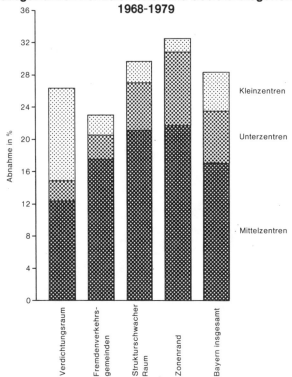

Abb. 1

Abnahme der Einzelhandelsbetriebe in Bayern nach ausgewählten Zentralen Orten und Gebietskategorien 1968-1979

Quelle: Handels- u. Gaststättenzählung 1968 u. 1979
Entwurf: P. Lintner u. Th. Polensky
Bearbeitung: F. Eder u. H. Sladkowski
Institut für Wirtschaftsgeographie der Universität München, 1984
Vorstand: Prof. Dr. K. Ruppert

Die zentralen Orte der Fremdenverkehrsgemeinden in Bayern weisen abgesehen von jenen der Verdichtungsräume einen geringeren Rückgang der Betriebe auf, als die Gemeinden der übrigen Gebietskategorien. Während der Rückgang in den fremdenverkehrsorientierten Mittelzentren mit 17% nahezu identisch ist mit der gesamtbayerischen Entwicklung, liegt der Rückgang in den Unter- und Kleinzentren (20%, 23%) deutlich unter dem bayerischen Durchschnitt (vgl. Abb.1). Besonders markant sind die Betriebsschließungen in denjenigen bayerischen Fremdenverkehrsgemeinden die als mögliche Mittel- oder Oberzentren ausgewiesen wurden. In diesen Gemeinden ist der Rückgang stärker ausgeprägt als in den, hierarchisch höher oder niedriger eingestuften zentralen Orten. Beispielsweise beträgt der Rückgang in den möglichen Mittelzentren 22% in den Unterzentren 20% und in den Mittelzentren lediglich 17%.

3) Konzentrationstendenzen des Einzelhandels in Bayern und im deutschen Alpenraum

Der erwähnte regional unterschiedlich ausgeprägte Strukturwandel hat in seinem zeitlichen Verlauf zu einer starken räumlichen Konzentration der Einzelhandelsfunktion auf relativ wenige Gemeinden in Bayern geführt. (vgl. Abb. 2). Dabei fällt auf, daß die Konzentration bei den Umsätzen stärker ist als bei den Beschäftigten, die ihrerseits wieder stärker zur Konzentration neigen als die Betriebe. Umsatz- und personalintensive Großbetriebsformen wie z.B. Kaufhäuser weisen eine wesentlich stärkere Konzentrationstendenz auf als traditionelle klein- und mittelbetriebliche Einzelhandelsgeschäfte. Dies hat zur Folge, daß Großbetriebe vor allem in den höherwertigen zentralen Orten anzutreffen sind, während im ländlichen Raum immer noch eine Vielzahl traditionell geführter Geschäfte die Versorgungsstruktur mitprägen. Generell läßt sich diese auf ganz Bayern bezogene Aussage auch für den Alpenraum treffen, allerdings zeigt sich, daß die Konzentration bei allen 3 Merkmalen erheblich weniger fortgeschritten ist, was besonders darauf zurückzuführen ist, daß dieses Gebiet keine Verdichtungsräume und keine Oberzentren aufzuweisen hat (vgl. Abb.2). Dennoch entfallen auch hier bereits fast

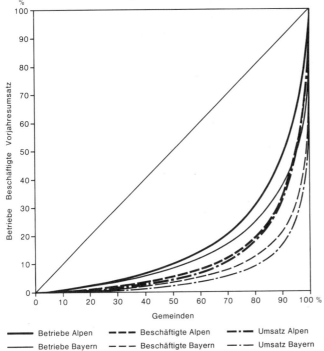

Abb. 2
Konzentration des Einzelhandels im deutschen Alpenraum und Bayern 1979

Quelle: Handels- u. Gaststättenzählung 1979
Entwurf: P. Lintner u. Th. Polensky
Bearbeitung: F. Eder u. H. Sladkowski
Institut für Wirtschaftsgeographie der Universität München, 1984
Vorstand: Prof. Dr. K. Ruppert

Tab. 1: Konzentration des Einzelhandels in den Gemeinden des deutschen Alpenraums 1979[*]

Gemeinden in %	Vorjahresumsatz		Beschäftigte		Betriebe	
	abs. Mill. DM	rel.	abs.	rel.	abs.	rel.
10	14	0,23	155,8	0,34	92,5	0,98
20	47	0,74	476,5	1,04	228,4	2,42
40	189	2,92	1.663,2	3,63	645,6	6,84
60	466	7,20	3.848,7	8,40	1.416,0	15,00
80	1.231	19,00	9.209,6	20,10	3.006,6	31,85
90	2.300	35,50	16.907,2	36,90	4.729,4	50,10
100	6.480	100,00	45.819,0	100,00	9.440,0	100,00

[*]Kumulierte Werte
Quelle: Handels- und Gaststättenzählung 1979

zwei Drittel des gesamten Umsatzes auf nur jene 10% der Gemeinden, in denen 63% aller Beschäftigten und die Hälfte aller Betriebe liegen. (vgl. Tab.1) Demgegenüber haben 80% der Gemeinden nur ein Fünftel des Umsatzes und der Beschäftigten. Von besonderer Bedeutung für die Versorgungssituation in den Gemeinden des Deutschen Alpenraumes ist die Tatsache, daß die Konzentration des Umsatzes zwischen 1967 und 1978 nicht weiter zugenommen hat, was hinsichtlich dieses Merkmals auf eine gewisse Stabilisierung des Strukturwandlungsprozesses schließen läßt.

4) Zonale Versorgungsstrukturen im deutschen Alpenraum

Neben der für Bayern und den deutschen Alpenraum aufgezeigten Konzentrationstendenz, lassen sich mit Hilfe von Nord-Südquerschnitten[5] charakteristische Strukturzonen im Alpenraum erkennen (Vgl. Abb.3a/b, S.77) Ausgehend von den südlichsten Gemeinden des bayerischen Alpenraums, nimmt die Zahl der Arbeitsplätze und Beschäftigten sowie die Höhe der Umsätze in Richtung geomorphologischer Alpennordgrenze stark ab. Dies ist vor allem auf die alpinen zentralen Orte mit gleichzeitiger Fremdenverkehrsfunktion zurückzuführen, wobei sich besonders der Einfluß der Gemeinde Garmisch-Partenkirchen auswirkt. Daran schließt sich eine etwa 20 km breite Zone an, in deren Mitte etwa die geomorphologische Alpengrenze liegt, die durch ein ziemlich gleichmäßiges Wertniveau aller 3 Kriterien geprägt wird. In diesem Bereich liegen mit Ausnahme von Garmisch und Mittenwald, alle bedeutenden Fremdenverkehrsorte des Alpenvorlands und des Alpenraums, wie z.B. Oberstaufen, Oberstdorf, Oberammergau, Bad Tölz, die Gemeinden des Tegernseer Tals, Reit im Winkl, Ruhpolding, Bad Reichenhall und Berchtesgaden. Knapp 20 km nördlich des Alpenraums wird erneut ein Beschäftigten- und Umsatzniveau erreicht, das demjenigen des inneralpinen Raums entspricht.

Dieses erneute Maximum liegt auf der Höhe der Linie Kaufbeuren, Weilheim, Rosenheim, Traunstein, Freilassing. Bezeichnenderweise verringert sich gleichzeitig die Zahl der Betriebe in diesem Bereich. Hohe Umsätze und Beschäftigtenzahlen bei geringeren Betriebszahlen spiegeln deutlich die gegenüber dem Alpenraum veränderten Betriebsstrukturen wieder. Wie die Größe der Signaturen auf der Karte (s. S.81) erkennen läßt, nehmen die Verkaufsflächen von Süden nach Norden zu, was bei gleichzeitig sinkender Betriebszahl einen Anstieg der durchschnittlichen Betriebsgröße zur Folge hat (stärkeres Auftreten von Großbetriebsformen des Einzelhandels im Alpenvorland wie z.B. Kempten und Rosenheim.) Noch weiter dem Alpenraum vorgelagerte kleinere zentrale Orte z.B. Kaufbeuren führen in Richtung Norden zu einem nochmaligen kleinen Beschäftigten- und Umsatzanstieg, bis an der Nordgrenze des Untersuchungsraums ein ausgeprägtes Minimum erreicht wird. Im Verlauf dieses Querschnitts sinkt der durchschnittliche Umsatz sowie die durchschnittliche Be-

---

5) Die Süd-Nordquerschnitte ergeben sich aus 20 km langen Gebietsstreifen (Süd-Norderstreckung) über den gesamten von Westen nach Osten verlaufenden Deutschen Alpenraum. Die Streifen welche den gleichen Verlauf wie die geomorphologische Alpengrenze aufweisen (nicht linear) werden kilometerweise nach Norden verschoben, wobei im Süden sukzessive Gemeinden unberücksichtigt bleiben, während im Norden neue Gemeinden hinzukommen. Die Kurvenpunkte in den Abbildungen 3 a/b werden aus der gewichteten Summation der Merkmalswerte dividiert durch die Anzahl der in einen Gebietsstreifen fallenden Gemeinden ermittelt. Die Gewichtung berücksichtigt die Lage der Gemeinde innerhalb des Gebietsstreifens derart, daß die Merkmalswerte von Gemeinden am Rande des Streifens weniger stark in die Berechnung der Durchschnittswerte eingehen als jene kommunalen Merkmalswerte aus der Mitte des Gebietsstreifens (10km südlich vom Nordrand und 10 km nördlich vom Südrand).

EINZELHANDEL IM DEUTSCHEN ALPENRAUM

Abb. 3a
Betriebe, Beschäftigte und Vorjahresumsätze der Gemeinden in Abhängigkeit der Entfernung zur geomorphologischen Alpengrenze 1979

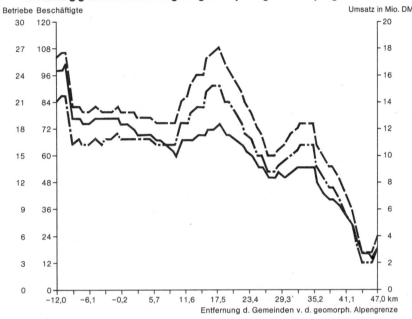

Abb. 3b
Veränderung der Betriebe, Beschäftigten und Vorjahresumsätze der Gemeinden in Abhängigkeit der Entfernung zur geomorphologischen Alpengrenze 1968-1979

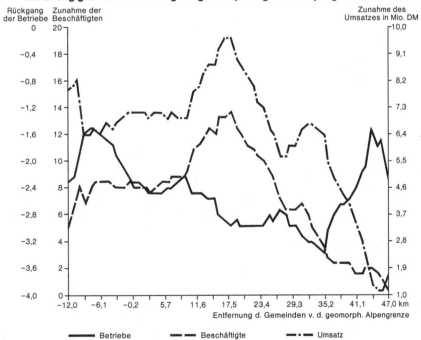

——— Betriebe   – – – Beschäftigte   –·–·– Umsatz

Quelle: Handels- u. Gaststättenzählung 1968 u. 1979
Entwurf: P. Lintner u. Th. Polensky
Bearbeitung: F. Eder u. H. Sladkowski

Institut für Wirtschaftsgeographie
der Universität München, 1984
Vorstand: Prof. Dr. K. Ruppert

schäftigten- und Betriebszahl in den Gemeinden deutlich ab. Dies führt zu der Feststellung, daß die durchschnittliche kommunale Einzelhandelsausstattung im Alpenraum (südlich der geomorphologischen Alpengrenze) und im unmittelbar angrenzenden Alpenvorland besser ist, als in den weiter nördlich gelegenen Gemeinden. Neben bestehenden räumlichen Strukturunterschieden des Einzelhandels lassen sich auch regional unterschiedliche Entwicklungstendenzen hinsichtlich der Veränderung der Daten im Zeitraum 1968 - 1979 erkennen (vgl. Abb. 3b).

Während die Betriebe im gesamten Gebiet (mit regionalen Unterschieden) rückläufig sind, nehmen die Beschäftigten und die Umsätze überall im deutschen Alpenraum zu, wobei in den nördlich gelegenen Gemeinden nur noch ein geringfügiges Wachstum zu verzeichnen ist.[6] Der Rückgang der Betriebe ist in den südlichsten Gemeinden des Alpenraums stärker ausgeprägt, als in den Gemeinden, welche näher an der geomorphologischen Alpengrenze liegen. Gemeinden auf der Höhe von Garmisch, Mittenwald oder Ramsau haben durchschnittlich mehr Betriebsstillegungen zu verzeichnen, als jene, die nicht ganz so tief im Alpenraum liegen, wie z.B. Oberstdorf, die Gemeinden des Tegernseer Tales, Reit im Winkl oder Berchtegsgaden. In einer Distanz von 35 km nördlich der geomorphologischen Alpengrenze (Buchloe, Wasserburg, Trostberg) ist ein Maximum beim Rückgang der Betriebe zu beobachten. Die stärkste Zunahme bei den Beschäftigten und Umsätzen erfolgt ca. 17,5 km nördlich der geomorphologischen Alpengrenze. Diese Distanz betrifft die "möglichen" Oberzentren Kempten und Rosenheim, welche die Durchschnittswerte der betreffenden Gebietsstreifen punktuell sehr stark dominieren. Ein entsprechender, in westöstlicher Richtung, verlaufender Querschnitt würde 2 ausgeprägte Maxima an der betreffenden geographischen Länge dieser Orte aufweisen. Die Querschnitte (vgl. Abb. 3a/b), welche die durchschnittlichen Betriebs-, Beschäftigten- und Umsatzzahlen pro Gemeinde im Einzelhandel des deutschen Alpenraums in ihrem Verlauf von Süden nach Norden veranschaulichen, lassen zusammenfassend folgende versorgungsstrukturelle Grobgliederung erkennen:

a) Räumliche Situation 1979

- Die durchschnittliche **Anzahl der Einzelhandelsbetriebe nimmt von Süden nach Norden ab.**
Im Alpenraum dominieren eine Vielzahl von zumeist kleineren und mittleren Betrieben, welche vor allem in Fremdenverkehrsgemeinden eine, zumindest in quantitativer Hinsicht, gute Einzelhandelsausstattung gewährleisten. Großbetriebsformen, wie sie verstärkt in den höherrangigen Zentren des Alpenvorlandes zu finden sind, stellen Ausnahmen dar (vgl. Abb. 3a; Geringe Betriebszahlen aber viele Beschäftigte und hohe Umsätze).

- Die durchschnittliche **Anzahl der Beschäftigten fällt**, ebenso wie der durschnittliche Umsatz ausgehend vom Alpenraum, **nach Norden ab.** Die Umsatz- und Beschäftigungsmaxima in einer Distanz von 17 und 35 km belegen die Einzelhandelsbedeutung der dem Alpenraum vorgelagerten höherrangigen Zentren im Sinne eines infrastrukturorientierten Raumzellenkonzepts für den bayerischen Alpenraum.[7]

- Die **nördlichsten Gemeinden des deutschen Alpenraums weisen die geringsten Durchschnittswerte bei Betrieben, Beschäftigten und Umsätzen auf.** Es handelt sich um überwiegend ländlich strukturierte Räume mit geringerem Urbanisierungsgrad und ohne nennenswerte Fremdenverkehrsbedeutung.

b) Räumliche Differenzierung 1968 - 79

- Die durchschnittliche **Anzahl der Betriebe ist, im Gegensatz zu den Beschäftigten und

---

6) Da es sich bei den Umsätzen um nominale Beträge und nicht um inflationsbereinigte reale Zuwächse handelt, beinhaltet diese Aussage eine gewisse Problematik. Unter Berücksichtigung des Preisindexes für die Lebenshaltungskosten hätten die nördlichen Gemeinden des Alpenraums im Durchschnitt eher Umsatzeinbußen zu verbuchen.
7) RUPPERT, K. u. MITARBEITER, Planungsgrundlagen für den Bayerischen Alpenraum - Eine wirtschaftsgeographische Ideenskizze. München 1973 (unveröffentlichtes Gutachten)

den **Umsätzen, leicht rückläufig,** wobei in den Gemeinden südlich der geomorphologischen Alpengrenze generell deutlich weniger Betriebe ausgeschieden sind, als nördlich derselben. Dies läßt den Schluß zu, daß der strukturelle Wandel des Einzelhandels in den höherrangigen Zentren des Alpenvorlandes stärker ausgeprägt ist, als im Alpenraum selbst.

- Die durchschnittliche **Anzahl der Beschäftigten hat** im gesamten deutschen Alpenraum **zugenommen.** Schwerpunkte dieser Entwicklung stellen die höherrangigen zentralen Orte dar, wo sich als Folge des strukturellen Wandels eine besonders stark ausgeprägte Einzelhandelsdynamik entwickelt hat.

- Die **räumliche Differenzierung des durchschnittlichen Umsatzzuwachses ist** gegenüber den beiden anderen Kriterien **am stärksten ausgeprägt.** Höchste Zuwachsraten von 8-10 Mill. DM weisen die Alpengemeinden und die "möglichen Oberzentren" aus, wohingegen die nördlichsten Gemeinden nur ein Plus von 1-2 Mill. DM erreichen. (vgl. Fußnote 6 S.80).

5) Versorgungsorientierte Gemeindetypen des deutschen Alpenraums

Neben den generellen zonalen Struktur- und Entwicklungsaspekten des Einzelhandels im deutschen Alpenraum, wie sie in den Querschnitten zum Ausdruck kommen, ist vor allem die regionale Verteilung der Einzelhandelsstandorte von Interesse, wie sie beispielsweise durch das System der zentralen Orte repräsentiert wird.[8] Außer Oberzentren und Siedlungsschwerpunkten sind alle hierarchischen Stufen im Alpenraum vertreten. Als ein gewisser Mangel muß es jedoch bezeichnet werden, daß außer den Umsätzen und bestimmten, für zentrale Orte wichtigen Einrichtungen, kein einzelhandelsrelevantes Merkmal bei der Ausweisung Berücksichtigung fand. Es erhebt sich in diesem Zusammenhang die Frage, ob der Umsatz wirklich jene überragende und für die große Vielfalt der Erscheinungsformen von Einzelhandelsstandorten repräsentative Größe ist. Bestehen nicht vielmehr deutliche kapazitäts- und intensitätsmäßige Unterschiede bei Orten gleicher Zentralität, die durch den Umsatz nicht oder nur unscharf zum Ausdruck gebracht werden? Das Vordringen flächen- und umsatzintensiver Betriebsformen hat in einigen Gebieten zu einer deutlichen Verringerung traditioneller Geschäfte geführt. Dies hat zweifellos nicht unbedingt zu einer Veränderung des örtlichen Umsatzes aber konsequenterweise zur Umschichtung und damit Reduzierung auf weniger Betriebe, meist in Verbindung mit weniger Beschäftigten, beigetragen.[9] Sind die im Alpenraum gelegenen Mittelzentren, wie beispielsweise Garmisch-Partenkirchen, Berchtesgaden oder Bad Reichenhall, die neben der Versorgungszentralität meist auch Freizeitfunktionen aufweisen, mit gleichrangigen Zentren im Alpenrvorland wie Freilassing, Wasserburg, Bad Tölz oder Marktoberdorf zu vergleichen? Auch die nachweisbaren strukturellen Unterschiede einzelner Gemeinden, die zu einem gemeinsamen Zentrum zusammengefügt wurden, lassen sich mit der bestehenden hierarchisch aufgebauten zentralörtlichen Struktur nur bedingt erklären, wie das Beispiel Tegernseer Tal zeigt. Ferner sollte man sich der Tatsache bewußt sein, daß gerade im deutschen Alpenraum, auf Grund der geringeren Einzelhandelskonzentration, auch die ländlichen Gemeinden, die vielfach keine zentralörtlichen Funktionen aufzuweisen haben, einen beachtlichen Beitrag zur Versorgung leisten. Diese Aussage gilt auch dann wenn man bedenkt, daß sie umsatzmäßig gegenüber den zentralen Orten kaum ins Gewicht fallen.

---

8) vgl. PAESLER, R., Die zentralen Orte im randalpinen Bereich Bayerns - Zur Entwicklung versorgungsfunktionaler Raumstrukturen, s. Karte 1, S.54; vgl. Karte 1 im Beitrag Ruppert
9) vgl. POLENSKY, Th., Räumliche Auswirkungen der Standortverlagerung der SUMA GmbH Einkaufsmarkt & Co. Handels-KG, unveröffentlichtes Gutachten erstellt am Institut für Wirtschaftsgeographie der Universität München; Vorstand Prof. Dr. K. Ruppert, München 1982

Um die räumliche Differenzierung aufzeigen zu können, wurde mit Hilfe eines komplexen Typisierungsansatzes, wie ihn die die Faktorenanalyse darstellt, der Versuch unternommen, die Erscheinungsvielfalt der Versorgungsstandorte im deutschen Alpenraum mit einzelhandelsrelevanten Merkmalen zu dokumentieren.[10] (s. Karte S.81) Dabei wurden 3 Gruppen von Variablen gebildet:

- **Bestands- bzw. Ausstattungsmerkmale:** Betriebe, Beschäftigte, Umsatz, Verkaufsfläche
- **Intensitätsmerkmale:** Umsatz pro Betrieb, pro Beschäftigte, pro Verkaufsfläche und pro Einwohner
- **Kapazitätsmerkmale:** Verkaufsfläche pro Betrieb und Einwohner.

Von den 258 Gemeinden des deutschen Alpenraums ließen sich 8 Gemeinden aus statistischen Geheimhaltungsgründen (weniger als 3 Betriebe) nicht typisieren. Von den verbleibenden 250 Gemeinden wiesen 156 (60%) Faktorladungen unter 0,3 auf (vgl. Typ 9 in Karte S.81). 94 Gemeinden (Typ 1-8) erreichten bei einem oder mehreren Faktoren Ladungen über 0,3. Diese Gemeinden repräsentieren:

>73,8% aller Betriebe
>84,6% der Beschäftigten
>87% des Vorjahresumsatzes (1978)
>87,9% der Verkaufsfläche des deutschen Alpenraums.[11]

Die Typen 1 und 2 stellen Grundtypen dar, die im wesentlichen nur von einem Faktor besonders geprägt werden. Bei den Mischtypen 3, 4 und 5 treten zwei, bei den Mischtypen 6, 7 und 8 sogar alle drei Faktoren in den Vordergrund (vgl. Kartenlegende S.81). Je mehr Faktoren eine Gemeinde stark prägen, umso größer ist i.d.R. die regionale wirtschaftliche Bedeutung des jeweiligen Einzelhandelsstandortes in Bezug auf den Einzugsbereich und den deutschen Alpenraum insgesamt, was u.a. die räumliche Differenzierung der Verkaufsflächen in der Karte auf Seite 81 belegt. Anderseits sind es gerade die einfach geprägten Typen, welche in ihrer räumlichen Vielfalt der landesplanerischen Forderung nach einer möglichst flächendeckenden Versorgung Rechnung tragen. Welchen Beitrag die einzelnen Typen zur Versorgungsstruktur des deutschen Alpenraums leisten, ergibt sich aus der folgenden Beschreibung der Typen:

Typ 1: wird eindeutig von der **Einzelhandelsintensität** geprägt. Unter jenen Versorgungsstandorten, die Faktorladungen über 0,3 aufweisen, ist er am häufigsten (35 mal) im deutschen Alpenraum vertreten. Er verteilt sich weitgehend dispers über das gesamte Gebiet. Südlich der geomorphologischen Alpengrenze handelt es sich dabei ausnahmslos um z.T. sehr bekannte Fremdenverkehrsgemeinden, wie z.B. Hindelang, Ettal, Mittenwald, Reit im Winkl oder Ruhpolding, unter denen sich auch zwei bedeutende Kurorte, nämlich Oberstaufen und Bad Wiessee befinden. Nördlich des Alpenrandes sind es einerseits Umlandgemeinden der größeren und mittleren Orte Kempten und Rosenheim, Garmisch, Sonthofen und Traunstein, anderseits auch Gemeinden, die sich im (un)mittelbaren Einzugsbereich der Münchner S-Bahn befinden, wie z.B. Holzkirchen und Feldkirchen-Westerham.

---

10) Der hier dargestellte Gebietsausschnitt deutscher Alpenraum ist einer Faktorenanalyse entnommen, die für alle Gemeinden Bayerns durchgeführt wurde. Über die Ergebnisse dieser Untersuchung hat der Autor auf der 3. Arbeitssitzung der Landesarbeitsgemeinschaft Bayern der Akademie für Raumforschung und Landesplanung Hannover am 18.11.1983 in Regensburg referiert. Das Vortragsmanuskript wird in der von der Akademie herausgegebenen Reihe: Arbeitsmaterial im Verlauf des Jahres 1984 publiziert.
11) ohne Geheimhaltungsfälle

DEUTSCHER ALPENRAUM
Einzelhandelsstruktur 1979

Gemeindetypisierung

Typ	Häufigkeit		F 1 Betriebe Beschäftigte Umsatz Verkaufsfläche	F 2 Umsatz pro: -Betrieb -Beschäftigte -Verkaufsfläche -Einwohner	F 3 Verkaufsfläche pro: -Betrieb -Einwohner
	abs.	rel.(%)			
1	35	14,2			
2	24	9,7		+	
3	2	0,8	+		
4	6	2,4		++	+
5	16	6,5		+	++
6	4	1,6	++	+	++
7	3	1,2	+	++	++
8	4	1,6		+	++
9	153	70,0			

weniger als 3 Einzelhandelsbetriebe
+) Faktorladung >0,3   ++) Ladungsmaximum

Verkaufsfläche der Ladengeschäfte in m²

Kempten: 119 893 m²
Rosenheim: 86 793 m²

45 000
20 000
5 000
450

Quelle: Handels- u. Gaststättenzählung 1979
Entwurf: Th. Polensky
Kartographie: F. Eder u. H. Sladkowski
Institut für Wirtschaftsgeographie
der Universität München, 1984
Vorstand: Prof. Dr. K. Ruppert

Hinsichtlich der zentralörtlichen Zuordnung handelt es sich vor allem um Klein- und Mittelzentren, wobei Bad Wiessee als gemeinsames Mittelzentrum eine Ausnahme darstellt. Allerdings befinden sich unter den Orten dieses Typs auch zahlreiche Gemeinden mit außerordentlich kleinem Einzelhandelsflächenbestand, die keine zentralörtliche Funktion innehaben, wie z.B. Münsing, Iffeldorf, Pratling usw.. Orte dieses Typs weisen i.d.R. eine dem Gebietsdurchschnitt (38) entsprechende Anzahl von Betrieben aus, wobei die Verkaufsfläche pro Betrieb mit 80 m^2 und pro Einwohner mit 0,55 m^2 weit unter dem Gebietsdurchschnitt des deutschen Alpenraums mit 124,3 m^2 und 1 m^2 liegt. Andererseits werden in diesen Orten nahezu die höchsten Umsätze pro Verkaufsfläche mit 8.200 DM/m^2 erzielt, was fast 50% mehr als der Gebietsdurchschnitt von 5.500 DM/m^2 ist. Die Betriebsstruktur des Einzelhandels setzt sich in diesen Gemeinden aus nicht sehr vielen, meist kleineren bis mittleren Läden, mit relativ wenig Personal zusammen. Im Hinblick auf die Verkaufsfläche handelt es sich jedoch um außerordentlich umsatzintensive Geschäfte, was auf eine deutliche Prosperität des Einzelhandels schließen läßt. Für die Beurteilung dieses Typs ist ferner von Bedeutung, daß der Umsatz pro Einwohner mit 4.500 DM nicht nur gegenüber anderen Typen, sondern auch gemessen am Durchschnitt mit 5.400 DM als gering zu bezeichnen ist. Es liegt daher die Vermutung nahe, daß diese Orte eine relativ große Bedeutung als Einzelhandelsstandort für die nicht ortsansässige Bevölkerung (Umlandgemeinden; Fremdenverkehrsgäste) besitzen, worauf die hohen Umsätze pro Verkaufsfläche schließen lassen. Die Einwohner dieser Orte versorgen sich dagegen, zumindest teilweise, in den nahegelegenen höherrangigen Zentren, was in den niedrigen Umsätzen pro Einwohner zum Ausdruck kommt. Diese Vermutung wird in Fremdenverkehrsorten insbesondere dadurch gestützt, daß ihre Branchenstruktur zum Teil erheblich von derjenigen anderer Orte abweicht. Neben den üblichen Geschäften des kurz- und mittelfristigen Bedarfs, haben sich häufig Souvenir- und Geschenkartikelgeschäfte, Antiquitätengeschäfte, Modeboutiquen, Konditoreien etc. niedergelassen, zu deren Kunden in erster Linie Fremdenverkehrsgäste zählen. Von der ortsansässigen Bevölkerung werden diese Geschäfte nur in geringem Umfang frequentiert. Unter aktionsräumlichem Aspekt liefe dies auf ein sich in Etappen vollziehendes Versorgungsverhalten der Bevölkerung hinaus. Jene Teile der Bevölkerung, welche in Orten mit geringerem Tertiätbesatz leben (vgl. Typ 9), versorgen sich nur teilweise am Ort und suchen darüberhinaus jene nähergelegenen Orte auf, die über ein größeres Einzelhandelsangebot verfügen (z.B. Typ 1,3,4). Deren Bevölkerung wiederum versorgt sich zwar bereits zu einem größeren Teil am Ort, fährt aber ihrerseits zum Einkauf bestimmter Produkte in noch besser ausgestattete Orte wie z.B. Typ 6,7,8 usw.

Typ 2: wird im Gegensatz zu Typ 1 sehr stark von den **Kapazitäten** des Einzelhandels geprägt und weist bezüglich dieses Faktors eine starke positive Ladung (> 0,3) auf. Neben dem intensitätsgeprägten Typ 1 kommt er am häufigsten im deutschen Alpenraum vor. Orte dieses Typs liegen, von den Fremdenverkehrsgemeinden Eschenlohe, Aschau und Marquartstein abgesehen, vor allem nördlich der geomorphologischen Alpengrenze. Je größer die Entfernung zum Alpenrand wird, umso zahlreicher tritt diese Art von Versorgungsstandort im Kartenbild in Erscheinung, wobei die Planungsregion Süd-Ost Oberbayern einen deutlichen räumlichen Schwerpunkt darstellt. Die erwähnten Fremdenverkehrsgemeinden verfügen, mit Ausnahme von Bad Aibling, über eine weitaus geringere Infrastrukturausstattung, als jene Gemeinden des ersten Typs. In zentralörtlicher Hinsicht handelt es sich bei diesem Typ vor allem um Kleinzentren. Es befinden sich aber auch einige Unterzentren darunter, sowie die möglichen Mittelzentren Bad Aibling und Trostberg und die gemeinsamen Mittelzentren Peiting und Traunreut. Im Durchschnitt weisen die Gemeinden dieses Typs nicht mehr Betriebe auf, als jene des ersten Typs. Gegenüber jenem zeichnen sie sich aber durch die annähernd dreimal so hohe Verkaufsfläche pro Einwohner (141 m^2) und eine mehr als zweieinhalbfache Verkaufsfläche pro Betrieb (187 m^2) aus. Der Umsatz pro Einwohner liegt mit 4.200 DM ebenfalls deutlich unter dem Gebietsdurchschnitt, aber nur ganz geringfügig unter dem entsprechenden Wert bei Typ 1. Ein gravierender Unterschied zum ersten Typ ergibt sich jedoch mit 3.000 DM/m^2 Umsatz bezüglich der Verkaufsfläche. Dieses spärliche Einzelhandelsergebnis liegt fast 50% unter dem für den deutschen Alpenraum repräsentativen Durchschnitt und stellt lediglich geringfügig mehr als ein Drittel desjenigen Umsatzes dar, der in den Gemeinden des Typs 1 erzielt wird. Diesen Daten zufolge unterscheidet sich die Betriebsstruktur in diesen Gemeinden wesentlich von jener des intensitätsgeprägten Typs. Relativ große Läden, mit einer im Vergleich zu Typ 1 annähernd gleichwertigen personellen Ausstattung, erzielen in Bezug auf die Verkaufsfläche außerordentlich niedrige Umsätze. Der Einzelhandel ist zwar vom Flächenangebot in Relation zur Einwohnerschaft dieser Gemeinden gut repräsentiert, aber es mangelt offenbar an entsprechender Nachfrage, weshalb das Ergebnis in Form des Umsatzes so gering ausfällt. Da die Umsätze pro Einwohner in Typ 1 und 2 annähernd gleich waren, in Gemeinden des ersten Typs aber fast dreimal soviel Umsatz pro Verkaufsflächeneinheit erzielt wurde, liegt die Vermutung nahe, daß Gemeinden des Typs 2 im Gegensatz zu Typ 1 über keinen, insbesondere ihrer zentralörtlichen Funktion entsprechenden Kundeneinzugsbereich aus den Umlandgemeinden verfügen. Dies kann verschiedenartigste Ursachen haben. Einerseits liegen diese Gemeinden fast immer im unmittelbaren Einzugsbereich höherrangiger Zentren, wie dies am Beispiel von Traunstein sehr gut zum Ausdruck kommt, so daß ein entsprechender Kaufkraftabfluß die Folge ist. Andererseits lassen die relativ großen Betriebe in Verbindung mit den kleinen Umsätzen pro Verkaufsfläche darauf schließen, daß diese Gemeinden noch über eine weitgehend traditionelle, d.h. in diesem Zusammenhang flächenintensive Einzelhandelsstruktur verfügen. Der auf dem Einzelhandelssektor generell zu beobachtende strukturelle Wandel hat sich im ländlichen Raum bekanntlich nicht in dem Tempo vollzogen, wie in den stärker urbanisierten Gemeinden. Infolgedessen fehlt es den Gemeinden dieses Typs, die mit der Entwicklung nicht Schritt halten konnten, an entsprechender örtlicher und überörtlicher Nachfrage. In jenen Fällen, in denen es sich dabei um "gemeinsame" Zentren im Sinne der zentralörtlichen Hierarchie handelt, wie z.B. Peiting, Traunstein oder Marquartstein, erscheint vor dem Hintergrund dieser Überlegungen der Verdacht begründet, daß sie ihrer zentralörtlichen Funktion nicht in vollem Umfang gerecht werden. Das gleiche gilt in übertragener Art für die "möglichen" zentralen Orte mittlerer Stufe, wie z.B. Bad Aibling und Trostberg.

Typ 3: stellt im Gegensatz zu den beiden Grundtypen 1 und 2 den ersten Repräsentanten jener Gemeinden dar, die **von 2 Faktoren stark geprägt** werden. Grundsätzlich sind die Gemeinden, die von mehreren Faktoren gleichzeitig bestimmt werden, wesentlich seltener im Alpenraum vertreten, als jene Gemeinden, die nur von einem Faktor geprägt werden. Die mehrfach geprägten Gemeinden treten aber in der Karte (s. S.81) wesentlich stärker in den Vordergrund, weil sie i.d.R. über größere Verkaufsflächen verfügen. Typ 3 wird sowohl von den Bestandsgrößen als auch intensitätsmäßig stark geprägt, was eine teilweise Ähnlichkeit mit Typ 2 zur Folge hat. Es handelt sich dabei um die Gemeinden Füssen und Berchtesgaden, die am Alpenrand bzw. im Alpenraum liegen.[12] Beiden Orten gemeinsam ist die Lage innerhalb des Zollgrenzbezirks in unmittelbarer Nähe bedeutender Grenzübergänge zur Republik

---

[12] In der erwähnten Typisierung aller bayerischen Gemeinden gehört auch Bad Kissingen zu diesem Typ. Mit lediglich drei Fällen stellt dieser Typ eine Einzelerscheinung dar.

Österreich. Dies ist im Zusammenhang mit dem Einzelhandel, wie noch aufgezeigt wird, von besonderer Bedeutung. In beiden Fällen handelt es sich um Mittelzentren, die gleichzeitig eine beachtliche, in etwa gleichrangige Fremdenverkehrsfunktion innehaben. Der Verlust des Kreissitzes bedeutete für diese Orte einen gewissen Zentralitätsverlust. Diese Einbußen werden aber durch die erwähnten Standortvorteile - wie die nachfolgenden Einzelhandelsdaten belegen - weitgehend ausgeglichen.

Der Typ 3 weist mehr als viermal soviel Geschäfte und Beschäftigte auf, als die Typen 1 und 2. Deshalb ist auch die gesamte Verkaufsfläche dieser Orte wesentlich umfangreicher. Die durchschnittliche Verkaufsfläche pro Betrieb ist mit 91 m^2 einerseits nur unwesentlich größer als bei Typ 1, andererseits halb so groß, wie bei Typ 2. Mit einem flächenbezogenen Umsatz von 8.600 DM/m^2 und fast 11.500 DM Umsatz pro Einwohner werden die besten Einzelhandelsergebnisse des deutschen Alpenraums erzielt. Vor allem der hohe Umsatz pro Einwohner, der mehr als doppelt so groß ist, wie der Gebietsdurchschnitt (5.400 DM), unterscheidet diesen Typ ganz wesentlich von den Typen 1 und 2, in denen lediglich 4.500 bzw. 4.200 DM umgesetzt werden. Die Einzelhandelsstruktur dieser Gemeinden wird von zahlreichen kleineren bis mittelgroßen Betrieben mit relativ viel Personal und hohen Umsätzen pro Verkaufsfläche und Einwohner geprägt. Die guten Betriebsergebnisse lassen auf einen stark prosperierenden Einzelhandel schließen und sind auf eine Reihe unterschiedlicher Faktoren zurückzuführen:

- Als **Mittelzentren** verfügen diese Orte über einen entsprechenden **Kundeneinzugsbereich** (Mittelbereich), aus dem Kaufkraft zufließt.

- Als **Fremdenverkehrs- und Naherholungsorte**, deren Namen weit über die Grenzen der Bundesrepublik Deutschland hinaus bekannt sind, ziehen diese Gemeinden **zusätzliche Käuferschichten** an.

- Als quantitativ gut ausgestattete Mittelzentren in unmittelbarer Nähe zu den österreichischen Bundesländern Tirol und Salzburg stellen sie auch **für Kunden aus dem Nachbarland attraktive Einkaufsstandorte** dar. Dies gilt insbesondere für jene Produkte, für die in Österreich 18% Luxussteuer zu entrichten sind, wie z.B. für Film- und Fotogeräte, Unterhaltungselektronik, Pelze, Schmuck etc.

Typ 4 und 5: sind in Gemeinden anzutreffen, die, wie Typ 3, zu jener Gruppe gehören, die **von 2 Faktoren gleichzeitig stark geprägt** werden. Dabei spielt insbesondere immer die Intensität des Einzelhandels eine gewisse Rolle. Bei den Typen 4 und 5 handelt es sich eigentlich um eine Mischung der Typen 1 und 2, wobei der Unterschied darin besteht, daß Typ 4 stärker auf die Intensität hin orientiert ist und Typ 5 stärker auf die Kapazität. Anders ausgedrückt: Typ 4 ähnelt stärker Typ 1 und Typ 5 ist eher vergleichbar mit Typ 2.

Abgesehen von Rottach-Egern und Bischofswiesen befinden sich alle zu den Typen 4 und 5 gehörenden Orte nördlich der geomorphologischen Alpengrenze, wo sie mehr oder weniger dispers verteilt sind. Sie sind insbesondere in jenen Räumen anzutreffen, in denen Gemeinden des Typs 9 sehr stark vorherrschen, wofür Lindenberg, Murnau und Penzberg gute Beispiele sind. Im unmittelbaren Umfeld höherrangiger zentraler Orte sind sie dagegen kaum vertreten. Unter den Typen 4 und 5 gibt es viele "gemeinssame" Mittelzentren, wie z.B. in Immenstadt/Sonthofen, Schongau, Geretsried/Wolfratshausen, Miesbach/Hausham, Rottach-Egern, aber auch "mögliche" Mittelzentren, wie z.B. Lindenberg, Murnau, Penzberg. Sie repräsentieren demnach überwiegend solche Gemeinden, die zwar einen größeren Bedeutungsüberschuß als die Unterzentren haben, aber noch nicht jene Zentralität besitzen, wie sie den Mittelzentren eigen ist. Besonders stark sind ehemalige oder noch bestehende Kreisstädte unter diesen Typen vertreten. Dies gilt für Schongau, Wolfratshausen und Wasserburg, die einen Zentralitätsverlust hinnehmen mußten ebenso, wie für Sonthofen, Marktoberdorf und Miesbach, die heute noch Kreissitze sind. Auch die Tatsache, daß sich die beiden ehemaligen Bergbaugemeinden Penzberg und Hausham, die eine erhebliche wirtschaftsstrukturelle Krise zu bewältigen hatten, unter Typ 5 einreihen, läßt gewisse einzelhandelsstrukturelle Schwächen gegenüber anderen Orten vergleichbarer Größe vermuten.

Typ 4 und 5 ähneln sich weitgehend, was die Ausstattung der Orte mit Einzelhandelsbetrieben und -beschäftigten anlangt. Im Durchschnitt verfügen sie über 70-80 Geschäfte mit ca. 400 Beschäftigten. Ein wesentlicher Unterschied ergibt sich jedoch bei der örtlichen Verkaufsfläche. Mit durchschnittlich 8.000 m^2 ist die Fläche bei Typ 4 nur etwa halb so umfangreich, wie bei Typ 5. Dies hat zur Folge, daß die durchschnittliche Betriebsgröße in Orten des Typs 4 mit 114 m^2 um etwa ein Drittel geringer ausfällt als in Typ 5 mit 184 m^2. Dieser ausgeprägte Unterschied war auch bei den Typen 1 und 2 zu beobachten, mit denen eine gewisse Ähnlichkeit besteht. Die strukturelle Verwandtschaft wird auch durch die Unterschiede bei den Umsätzen pro Verkaufsflächeneinheit unterstrichen. Der stärker intensitätsmäßig geprägte Typ 4 erzielt mit 6.800 DM/m^2 einen um knapp 30% höheren Umsatz als Typ 5 mit 4.600 DM/m^2. Der Unterschied bei den auf die Einwohner bezogenen Umsätzen ist - ähnlich wie bei den Typen 1 und 2 - wesentlich geringer. Der Umsatz pro Einwohner beläuft sich bei Typ 4 auf durchschnittlich 7.700 DM, bei Typ 5 auf 6.700 DM, und liegt damit aber in beiden Fällen deutlich über dem Umsatzniveau von Typ 1 und 2. Dies ist unter anderem auf einen wesentlich größeren Einzugsbereich der mittelgroßen Kreisstädte zurückzuführen. Teilweise kommt darin auch die kaufkräftigere Kundschaft zum Ausdruck, wie dies z.B. in Rottach-Egern zu vermuten ist. Insgesamt handelt es sich bei beiden Typen um Versorgungsstandorte mittlerer Größe. Gemeinden des Typs 4 weisen i.d.R. kleinere Geschäfte aber höhere Umsätze pro Verkaufsfläche (m^2) und Einwohner auf, was auf einen etwas größeren Bedeutungsüberschuß gegenüber Typ 5 schließen läßt. In den Gemeinden des Typs 5 sind die Betriebe durchwegs größer, aber der Umsatz pro Verkaufsfläche (m^2) ist wesentlich geringer und liegt sogar noch um knapp 1.000 DM unter dem Gebietsdurchschnitt des deutschen Alpenraums.

Typ 6,7,8: Die Gemeinden dieser Typengruppe werden **von allen 3 Faktoren stark aufgeladen** (> 0,3). Derjenige Faktor, der die stärkste Ladung aufweist, bestimmt den Typ. Dies ist bei Typ 6 der Bestand bzw. die Ausstattung, bei Typ 7 die Intensität und bei Typ 8 die Kapazität (vgl. Kartenlegende S.81). Die Zahl der zu dieser Gruppe gehörenden Gemeinden nimmt von Süden nach Norden zu. Südlich der geomorphologischen Alpengrenze befinden sich mit Oberstdorf (Typ 7), Garmisch (Typ 6) und Bad Reichenhall (Typ 7) lediglich drei Gemeinden. Neben den beiden möglichen Oberzentren Kempten und Rosenheim, sind es vor allem die Mittelzentren, die zu dieser Typengruppe gehören. Darunter fallen: Lindau, Kaufbeuren, Garmisch, Weilheim, Bad Tölz, Bad Reichenhall und Freilassing, sowie das mögliche Mittelzentrum Oberstdorf und das gemeinsame Mittelzentrum Traunstein. Alle Orte dieser Gruppe stellen demnach höherrangige zentrale Orte dar, was auch durch ihren Einzelhandelsanteil am Gesamtgebiet des deutschen Alpenraums zum Ausdruck kommt. In diesen 11 Gemeinden befinden sich knapp ein Drittel aller Einzelhandelsbetriebe und mehr als 40% der Beschäftigten und Verkaufsflächen. Der Umsatzanteil beläuft sich sogar auf 43%.

Innerhalb dieser Typengruppe dominiert hinsichtlich der Ausstattung mit Einzelhandelseinrichtungen der **Typ 6**, der in allen 3 Planungsregionen mindestens einmal, in der Planungsregion Allgäu sogar zweimal vertreten ist. Er weist mit weitem Abstand zu allen anderen Typen die meisten Betriebe und Beschäftigten und das größte Verkaufsareal auf. Darüberhinaus werden in diesen Orten mit durchschnittl. 420 Mill. DM die höchsten Einzelhandelsumsätze pro Gemeinde erreicht. Insgesamt befinden sich in diesen Gemeinden, gemessen am deutschen Alpenraum, 17% aller Betriebe, knapp 26% der Beschäftigten und Verkaufsflächen und es wird in ihnen 26 % des Umsatzes getätigt. Die durchschnittliche Betriebsgröße liegt mit fast 190 m^2 sehr hoch, und mehr als 7 Beschäftigte pro Betrieb deuten zusätzlich darauf hin, daß hier neben kleineren Betrieben auch mittlere bis großbetriebliche Verkaufsformen (Kaufhäuser, Verbrauchermärkte etc.) anzutreffen sind. Der Umsatz pro Einwohner liegt mit knapp 9.400 DM im Vergleich zu den anderen Typen relativ hoch, aber interessanterweise um ca. 2.000 DM niedriger, als in den stärker intensitätsgeprägten Typen 3 und 7. Daraus läßt sich folgern, daß bei diesen Typen der Kaufkraftzufluß aus den Umlandgemeinden und von den Fremdenverkehrsgästen (vgl. z.B. Füssen und Bad Tölz) im Vergleich zur örtlichen Kaufkraft der Einwohner größer ist, als in den einwohnerstarken Gemeinden des Typ 6. In Verbindung mit der sehr guten Flächenausstattung von fast 1,6 m^2/Einw. (höchster Wert im deutschen Alpenraum), führt dies zu relativ niedrigen Umsätzen pro Verkaufsfläche von 5.618 DM/m^2. Dieser Betrag liegt zwar gut 1.000 DM über dem Gebietsdurchschnitt, aber um 2.000 bis 3.000 DM unter den Umsätzen pro Verkaufsfläche in den Typen 1 und 3.

Im Gegensatz zu Typ 6 verfügt **Typ 7** über eine weitaus geringere Einzelhandelsausstattung, was weniger Geschäfte, Personal und Verkaufsflächen bedeutet. Auch die absoluten Umsatzzahlen fallen erheblich kleiner aus. Zum Typ 7 zählen die Gemeinden Oberstdorf mit den höchsten Übernachtungszahlen des deutschen Alpenraums, Weilheim als Kreisstadt und Bad Tölz als renommierter Kurort und Kreisstadt zugleich. In der Planungsregion Süd-Ost-Oberbayern ist dieser Gemeindetyp überhaupt nicht vertreten. Von den anderen Typen dieser Gruppe (6,8) unterscheidet er sich im wesentlichen durch intensitätsabhängige Merkmale. So weisen diese Orte mit fast 178.000 DM die höchsten Umsätze pro Beschäftigtem aus. Zusammen mit Typ 3 werden in diesen Orten ferner die höchsten Umsätze pro Einwohner von über 11.000 DM erzielt, was einen beachtlichen überörtlichen Kaufkraftzuschuß bedeutet, der bei den beiden Fremdenverkehrsorten Oberstdorf und Bad Tölz zu einem erheblichen Teil auf (Kur) Gäste zurückzuführen sein dürfte, im Fall von Weilheim dagegen nur von den Einwohnern der Umlandgemeinden stammen kann. Obgleich die Ausstattung mit Verkaufsflächen, ebenso wie bei Typ 6, als sehr gut bezeichnet werden kann, liegt der Umsatz pro Verkaufsfläche mit knapp 7.400 DM/m^2 um ca. 1.500 DM über den Werten der beiden anderen Typen dieser Gruppe, was die Attraktivität dieser Orte als Einkaufsstandorte unterstreicht.

Anders als die Typen 6 und 7 treten Orte des **Typs 8** nur im äußersten Westen (Lindau) und im Osten des deutschen Alpenraums auf (Traunstein, Bad Reichenhall und Freilassing). Mit Ausnahme der Kreisstadt Traunstein handelt es sich dabei um Kommunen auf deren Gemeindegebiet sich Zoll- und Grenzstationen zur Republik Österreich befinden. Als Folge steuerrechtlicher Maßnahmen des Nachbarlandes (vgl. Ausführungen zu Typ 3,S.86), kommt es auch in diesen Orten zu grenzüberschreitenden Kaufkraftzuflüssen, welche in den einwohnerbezogenen Umsatzzahlen ihren Niederschlag finden. Bei Lindau und Bad Reichenhall dürften diesbezüglich zusätzliche positive Effekte von den Fremdenverkehrsgästen ausgehen. In diesem Zusammenhang ist es nicht erstaunlich, wenn in den mittelzentralen Gemeinden des

Typs 8 mit über 9.100 DM pro Einwohner gleich hohe Werte erzielt werden, wie in den Orten des Typs 6, zu denen immerhin zwei möglich Oberzentren zählen, obgleich die Einwohnerzahl und die Einzelhandelsausstattung weit unter jener der beiden höherrangigen Zentren liegt. Mit über 1,5 m^2 Verkaufsfläche ist auch dieser Typ etwa gleich gut wie die beiden anderen Typen ausgestattet. Der Einzelhandelsumsatz liegt mit knapp 5.900 DM/m^2 sogar geringfügig höher als bei Typ 6, was für diese relativ kleinen Orte ein beachtliches Ergebnis darstellt.

Typ 9: stellt einen Gemeindetyp dar, in dem **keiner der 3 Faktoren Ladungswerte von >0,3** erreicht hat. Dazu gehören 70% aller Gemeinden des deutschen Alpenraums. Er ist sowohl nördlich, als auch südlich der geomorphologischen Alpengrenze vertreten und liegt mehr oder weniger dispers verteilt über den gesamten Raum. In der überwiegenden Zahl der Fälle handelt es sich um Gemeinden, die keinerlei zentralörtliche Funktion im Sinne der Landesplanung innehaben. Von den zentralen Orten selbst sind die Kleinzentren mit weitem Abstand am stärksten vertreten. Allerdings sind auch einige Unterzentren, wie z.B. Pfronten, Oberammergau, Lengries, Schliersee und Raubling darunter zu finden. Selbst die gemeinsamen Mittelzentren Tegernsee und Gmund reihen sich unter diesen Typ ein. Interessanterweise liegen die unter- und mittelzentralen Orte des Typs 9, mit Ausnahme von Raubling, alle südlich der geomorphologischen Alpengrenze und weisen teilweise sogar eine beachtliche fremdenverkehrswirtschaftliche Bedeutung auf.

Unter gesamtwirtschaftlichen Aspekten stellt dieser Einzelhandelstyp keinen nennenswerten Beitrag zur Versorgung im deutschen Alpenraum dar (vgl. Ausführungen S. 80). Unter räumlichen Gesichtspunkten kommt diesem Typ von Einzelhandelsstandort im Sinne einer landesweiten, flächendeckenden Versorgungsstruktur eine erhebliche orts-, regional- und landesplanerische Bedeutung zu. Wie bereits die Karte erkennen läßt, handelt es sich überwiegend um Gemeinden mit sehr geringen Verkaufsflächen. Die größten Flächen, mit einigen 1.000 m^2, weisen noch jene in den Alpen gelegenen Fremdenverkehrsorte aus, die als Unter- oder Mittelzentren fungieren. Durchschnittlich entfallen auf die Gemeinden des Typs 9 nur halb soviel Einzelhandelsbetriebe wie in Typ 1 und 2 und lediglich ein Drittel der Beschäftigten. Gegenüber allen anderen Orten treten hier die kleinsten Geschäfte mit etwas weniger als 60 m^2 auf, was weit unter dem Gebietsdurchschnitt mit 124 m^2/Betrieb liegt. Außerordentlich klein ist ferner die durchschnittliche Verkaufsfläche mit 0,35 m^2/Einwohner, die für den deutschen Alpenraum bei knapp 1 m^2 liegt. Der durchschnittliche Umsatz beträgt lediglich 2.100 DM/Einwohner, das sind weniger als 60% des Gebietsdurchschnitts. In allen anderen Typen (1-8) setzt der Einzelhandel mindestens das Doppelte pro Einwohner um. Bei den Orten des Typs 9 handelt es sich also um Gemeinden, die i.d.R. einen erheblichen Kaufkraftabfluß in Relation zur Einwohnerschaft zu verzeichnen haben, der insbesondere jenen Typen zu Gute kommt, die sich durch hohe Umsätze auszeichnen, wie z.B. die Typen 3-8. Trotz des hohen Kaufkraftabflusses erzielen die ortsansässigen Einzelhandelsbetriebe mit 5.900 DM/m^2 gute Umsätze pro Flächeneinheit. Dieser Wert liegt sogar um einige 100 DM über dem Gebietsdurchschnitt und ist fast doppelt so hoch, wie bei Typ 2 und übertrifft auch Typ 5 noch um mehr als 25%. Der hohe Kaufkraftabfluß, bei gleichzeitig guten Einzelhandelsumsätzen der ortsansässigen Betriebe, läßt sich auf den generell zu beobachtenden Strukturwandel des tertiären Sektors zurückführen. Diejenigen Betriebe, die vom Markt ausgeschieden sind, haben mit dazu beigetragen, daß die verbleibenden Geschäfte im allgemeinen gute Betriebsergebnisse erzielen, wenn es zu keiner weiteren Verlagerung der Kaufkraftströme kommt. Die allgemeine Situation des Einzelhandels in Gemeinden des Typs 9 erfährt aus diesen Überlegungen heraus eine wesentlich positivere Einschätzung als beispielsweise jene in Typ 2 (vgl. S.83). Hier ist der flächenbezogene Umsatz nur etwa halb so groß, weshalb künftig mit stärkeren strukturellen Wandlungen im Vergleich zu den übrigen Typen zu rechnen ist.

Schlußbetrachtung

Die Multifunktionalität des Alpenraums, der einerseits der ansässigen Bevölkerung zur Ausübung ihrer Grunddaseinsfunktionen, andererseits den Erholungssuchenden als Freizeitraum dient, kommt auch in der unterschiedlichen Struktur der Versorgungsstandorte zum Ausdruck. Die faktoranalytische Gemeindetypisierung mit Hilfe von Einzelhandelsdaten hat gegenüber der herkömmlichen zentralörtlichen Differenzierung nicht nur einen Teil sondern mit Ausnahme der Geheimhaltungsfälle alle Gemeinden einbezogen. Dies führte zu einer besseren Berücksichtigung räumlich funktionaler Aspekte der einzelnen Kommunen. Orte gleicher Zentralität weisen oft eine stark unterschiedliche Einzelhandelscharakteristik auf, die ihren räumlichen Niederschlag in den bestehenden Versorgungsstrukturen findet.

Der deutsche Alpenraum stellt sich demnach was die Einzelhandelsstrukturen betrifft, als ein durchaus nicht homogenes Gebiet dar. Südlich der geomorphologischen Alpengrenze dominieren von wenigen Ausnahmen wie z.B. Oberstdorf, Garmisch, Bad Reichenhall und Berchtesgaden abgesehen, Orte mit relativ niedrigen Umsätzen pro Einwohner, aber hohen Umsätzen pro Verkaufsfläche. Dies ist im wesentlichen auf den Einfluß des Fremdenverkehrs zurückzuführen. Einzelhandelsstandorte mit größerem Kundeneinzugsbereich und einer großen Anzahl von Betrieben und Beschäftigten befinden sich vor allem im Alpenvorland. Hier kommt es in einigen Landkreisen zu deutlichen räumlich-kumulativen Standorteffekten, wie z.B. im Raum Immenstadt/Sonthofen, Weilheim, Bad Tölz, Rosenheim, Traunstein. Dazwischen liegen meist ländliche Gemeinden ohne Fremdenverkehrs- oder Zentralortcharakter.

Die räumliche Differenzierung in Nord-Süd-Richtung läßt in Verbindung mit der Gemeindetypisierung den Schluß zu, daß die im Alpenraum gelegenen Versorgungsstandorte zusammmen mit den am Nordrand gelegenen Gemeinden eine geringere Entwicklungsdynamik aufweisen, wohingegen sich jene bedeutsameren Einzelhandelsstandorte auf der Linie Kempten-Freilassing, insbesondere was Beschäftigte und Umsätze angeht, deutlich besser entfalten.

Summary

Regional retail trade structures in the German Alpine region

The multifunctionalism of the Alpine region can be seen in the way a) it provides for the primary needs of the local population, b) it serves as a recreational area for those seeking relaxation and c) the structure of the supply locations vary. The factor analytical characterization of municipalities using retail trade data has an advantage over the usual method of central-place differentiation in that, with the exception of those cases which must be kept secret, every single municipality is included. This led to allowances being made for the spatial-functional aspects of the individual communities. Places which are equally central often present very differing characters where retail trade is concerned, wherby the latter is spatially expressed in the existing supply structures.

Accordingly the German Alpine region is not a homogeneous area when looking at the retail trade structures. South of the geomorphological alpine border places with relatively low turnover per inhabitant but high turnover per sales space dominate. Exceptions here are for example Oberstdorf, Garmisch, Bad Reichenhall and Berchtesgaden. This is basically due to the influence of tourism. Retail trade locations with larger customer catchment areas and a large number of businesses and employees are mainly to be found in the Alpine Vorland. In some of these rural districts there are clear spatial-cumulative locational effects as for example in the districts Immenstadt/Sonthofen, Weilheim, Bad Tölz, Rosenheim and Traunstein. Between these two are rural municipalities without either tourism or central-place characteristics.

The north-south directed spatial differentiation combined with the municipal characterizations permits the conclusion that those supply locations which are situated in the Alpine region along with those which lie along the norther edge of the region exhibit less development dynamic than those more important retail trade locations along a line drawn between Kempten and Freilassing. These clearly evolve better, especially as far as employees and turnover are concerned.

Résumé

Structures régionales du commerce de détail dans l'espace alpin allemand

Le caractère multifonctionnel de l'espace alpin garantissant d'une part aux populations locales un cadre de vie appropié dans tous les domaines de base (approvisionnement, services, administrations, formation, etc...) et d'autre part offrant les structures nécessaires à la détente et aux loisirs se reflète également dans les différences structurelles des centres d'approvisionnement.

Un classement des communes par types à l'aide d'une analyse factorielle basée sur les chiffres du commerce de détail a permis, au-delà d'une simple différenciation par zones d'attraction, de prendre en compte toutes les communes à exeption de celles non mentionnées dans ce type de statistiques (moins de trois commerces de détail). Ceci a permis une meilleure prise en considération des aspects spacio-fonctionnels de chaque commune. Des localités appartenant à la même zone d'attraction se distinguent souvent par des caractéristiques très différents concernant le commerce de détail, modelant ainsi les structures d'approvisionnement existantes.

L'espace alpin allemand s'avère donc être un territoire absolument pas homogène en ce qui concerne les structures du commerce de détail. Des localités avec des chiffres d'affaire relativement faibles par habitant mais cependant hauts par rapport aux surfaces de vent dominent dans la partie située au sud de la frontière géomorphologique des Alpes à l'exeption de quelques communes comme Oberstdorf, Garmisch, Bad Reichenhall et Berchtesgaden. Ceci est principalement dû à l'activité touristique. Les emplacements de commerces de détail bénéficiant d'un afflux de clientèle plus important et d'un plus grand nombre de commerces ainsi que d'employés se trouvent surtout dans la région des pré-Alpes. Dans certains arrondissements de cette région, la concentration des implantations commerciales fait nettement apparaitre des effets cumulatifs comme par exemple dans les environs de Immenstadt/Sonthofen, Weilheim, Bad Tölz, Rosenheim, Traunstein. Entre ces centres, on trouve le plus souvent des communes rurales sans activités touristiques et sans fonctions attractives.

Une approche différenciée sur un axe Nord-Sud combinée avec un classement des communes par types fait apparaitre une moindre dynamique de développement pour les centres d'approvisionnement situés dans l'espace alpin de même que pour ceux situés sur la bordure Nord de cet espace. Par contre, les centres commerciaux importants situés sur la ligne Kempten-Freilassing se distinguent par un développement bien plus significatif en ce qui concerne le nombre de personnes employées et le chiffre d'affaire.

Literatur

BAYERISCHES STAATSMINISTERIUM FÜR WIRTSCHAFT UND VERKEHR, Bericht über Struktur und Entwicklung des Einzelhandels in Bayern - Einzelhandelsbericht, München 1980.

DANZ, W., Zur sozioökonomischen Entwicklung in den Bayerischen Alpen, in: Schriftenreihe des Alpeninstituts, H.4, München 1975.

GLÖCKNER, H., SCHWARTENBÖCK, M., Ansätze zur Stärkung der Einzelhandelszentralität der Stadt Augsburg, in: Stadtentwicklungsprogramm Augsburg, H.9, Augsburg 1983

GRÄF, P., Funktionale Verflechtungen im deutsch-österreichischen Grenzraum - Grundlagen und mögliche Auswirkungen, in: Verhandlungsband zum 43. Deutschen Geographentag 1981, Wiesbaden 1983, S. 330-334.

HECKL, F.-X., Standorte des Einzelhandels in Bayern - Raumstrukturen im Wandel, in: Münchner Studien zur Sozial- und Wirtschaftsgeographie, Bd.22, Kallmünz 1981.

HEINRITZ, G., KUHN, W., MEYER, G., POPP, H., Verbrauchermärkte im ländlichen Raum. Die Auswirkungen einer Innovation des Einzelhandels auf das Einkaufsverhalten, in: Münchner Geographische Hefte, H.44, München 1979.

KERN, R., Zur Struktur des Bayerischen Einzelhandels - Endgültige Ergebnisse der Handels- und Gaststättenzählung 1979, in: Bayern in Zahlen, H.1, 1982, S. 14-20.

POLENSKY, Th., Räumliche Auswirkungen der Standortverlagerung der SUMA GmbH Einkaufsmarkt & Co. Handels-KG, unveröffentlichtes Gutachten erstellt am Institut für Wirtschaftsgeographie der Universität München; Vorstand Prof. Dr. K. Ruppert, München 1982

DERS., Räumliche Aspekte der Bevölkerungsentwicklung im bayerischen Alpenraum, in: Geographica Slovenica Ljubljana, H.8, 1978, S. 207-213

ROSA, D., Der Einfluß des Fremdenverkehrs auf ausgewählte Branchen des tertiären Sektors im Bayerischen Alpenvorland, WGI-Berichte zur Regionalforschung, Heft 2, München 1970,

RUPPERT, K., Das Tegernseer Tal, in: Münchner Geographische Hefte, Nr. 23, 1962

RUPPERT, K. und MITARBEITER, Planungsgrundlagen für den Bayerischen Alpenraum - Wirtschaftsgeographische Ideenskizze, unveröffentlichtes Gutachten, München 1973

SCHENKHOFF, H.-J., Tendenzen im Einzelhandel, Erfahrungen der Landesplanung in Unterfranken 1976 bis 1982, Regierung von Unterfranken (Hrsg.), Würzburg 1983

WABRA, P., Garmisch-Partenkirchen. Ausgewählte Probleme einer urbanisierten Fremdenverkehrsgemeinde. Diss. München 1978.

Freizeitverhalten und Freizeitinfrastrukturen im deutschen Alpenraum

P. Gräf

Freizeiträume nur innerhalb nationalstaatlicher Grenzen zu diskutieren, kann zu räumlichen Zäsuren führen, wenn die tatsächlichen Verflechtungsräume zwischen Quell- und Zielgebieten durchschnitten werden. Die Betrachtung des deutschen Alpenraums ist in dieser Hinsicht nur ein Segment des insgesamt durch Fremdenverkehr und Naherholung genutzten Alpenraums.

Im Vergleich zu den Teilbereichen Österreichs, der Schweiz, Italiens und Frankreichs muß man berücksichtigen, welchen Stellenwert innerhalb des physischen Potentials der deutsche Alpenraum einnehmen kann. Relativer Flächenanteil der alpinen Bereiche zur Gesamtfläche des Staates, Höhenlage, Relief, Niederschlagsverteilung und Sonnenscheindauer unterscheiden sich stark zwischen den Alpenländern und setzten damit auch unterschiedliche Akzente in der Konkurrenzsituation der Freizeitnutzung[1].

Dynamik des Freizeitraums

Jeder räumliche Begriff ist mit der Frage seiner Abgrenzung verknüpft. Ohne Abgrenzungsfragen zum Selbstzweck werden zu lassen, muß man sich im Alpenraum mit jenen Abgrenzungsvarianten vertraut machen, die die Synthese einer sozialgeographischen Raumgliederung erleichtern können.

Tab. 1: Gliederungsvarianten des deutschen Alpenraums

Funktionaler Bezug	Kriterien	Ausprägungen
Physisch-Geographisch	Geomorphologische Grenze	250 km W - O 20 - 30 km N - S
Administrativ-statistisch	Verwaltungsgrenzen Gebietseinheiten mit Anteil am Alpenraum	2 Regierungsbezirke 10 Landkreise 88 Gemeinden 3 Planungsregionen
Fremdenverkehrswirtschaftlich	Fremdenverkehrsgebiete	13 Gebiete
Sozialgeographische Abgrenzung	Reichweite der Nutzergruppen	Naherholungsräume diff. Fremdenverkehrsgebiete, Räume des sekundären Ausflugsverkehrs

Entwurf: P. Gräf

Der beschränkte Umfang regelmäßig auf Gemeindebasis zum Fremdenverkehr erhobener Daten, das Fehlen einer Naherholungsstatistik und nicht zuletzt die erschwerte Zeitreihenanalyse durch den Wandel der statistischen Erhebungsmethoden (zuletzt 1981 geändert), zwingt zur Anfertigung zahlreicher Fallstudien, von denen exemplarische Fälle in den nachfolgenden Kapiteln aufgenommen wurden.

Einzelne Fremdenverkehrsgebiete des deutschen Alpenraums besitzen eine hohe Persistenz ihrer Freizeitfunktionen. Noch in der zweiten Hälfte des 19. Jahrhundert war es sicher überzogen, bereits von einer "Freizeitfunktion" zu sprechen, da keineswegs alle Sozialschichten eine raumwirksame "Freizeitgestaltung" betreiben konnten. Vielmehr war es der Adel, der auf der Suche nach geeigneten Sommerresidenzen erste Impulse einer Fremdenverkehrsentwicklung im Alpenraum setzte. Beispiele hierzu sind das Tegernseer Tal[2], Schloß Linderhof im Ammergau oder Schloß Neuschwanstein bei Füssen im Allgäu.

Die Verbesserung der Verkehrserschließung durch Straßen- und Eisenbahnbau um die Jahrhundertwende - wenngleich auch in erster Linie zur Verbesserung der Absatzmärkte für Land- und Forstwirtschaft betrieben - brachte auch einen bedeutenden Zuwachs für den Fremdenverkehr. Berchtesgaden beispielsweise verzeichnete bereits 1895 5.342 Gäste und 15.925 Sommerpassanten, die zum Teil aus Paris und St. Petersburg kamen[3]. Auch in der "belle epoque" war die soziale Oberschicht nahezu ausschließlich der Träger des Fremdenverkehrs. Weitere Akzente in der Fremdenverkehrsentwicklung des deutschen Alpenraums setzten 1936 die Olympischen Winterspiele in Garmisch-Partenkirchen. Ferner wurde der Bekanntheitsgrad des deutschen Alpenraums durch die Standorte der Freizeitwohnsitze der politischen und wirtschaftlichen Oberschicht des III. Reiches im Alpenraum (Berchtesgaden, Tegernseer Tal) wesentlich erhöht. In Teilbereichen des Alpenraums hat die Freizeitfunktion ungeachtet politischer und gesellschaftlicher Veränderungen Bestand seit 100 bis 130 Jahren.

Nach den ersten Ansätzen Ende der dreißiger Jahre begann sich nach 1950 der Fremdenverkehr weiter auf der Basis aller Sozialschichten zu entwickeln. Während in den fünfziger Jahren fast nur die Sommersaison von Interesse war, entwickelte sich ab etwa 1960 auch stärker die Wintersaison, nachdem der Skilauf zum Volkssport geworden war.

Mit der Zunahme der Reiseintensität allgemein und der stärkeren Motorisierung der Bevölkerung gewann auch der Naherholungsverkehr rasch an Bedeutung[4]. Gleichzeitig wuchs auch die Konkurrenz der benachbarten Alpenländer sowie die der mediterranen Küstenbereiche gegenüber den Alpen. Trotz dieser vielfältigen Veränderungen des Fremdenverkehrs insgesamt hat sich im deutschen Alpenraum prinzipiell keine Umschichtung der Urlaubsgäste ergeben, lediglich das steigende Durchschnittsalter der Gäste gibt Hinweise auf andere Zielgebiete jugendlicher Urlauber sowie auf das zunehmende Alter der Stammgäste.

Formen der Freizeitnutzung

Die wesentlichen Komponenten der Freizeitnutzung des Alpenraums (ohne das Wohnumfeld der dort ansässigen Bevölkerung zu berücksichtigen) wird durch Naherholer, Urlaubsgäste und Freizeitwohnsitzinhaber geprägt, wobei Überlagerungen sowohl der Nutzungsformen als auch der Funktion eines Raumes zu berücksichtigen sind.

Der Naherholungsverkehr hat sich vornehmlich in den urbanisierten Gebieten seit 1960 rasch entwickelt. Der Ausbreitungsvorgang der Naherholungsbeteiligung schreitet weiter fort. In der Region München beteiligen sich an wetterbegünstigten Wochenenden bereits mehr als 50% der Bevölkerung an Ausflügen. Im Jahresmittel gesehen unternehmen 47% aller Haushalte mindestens einen Ausflug pro Monat (1980)[5]. Der deutsche Alpenraum als Naherholungsraum zum Wandern, Bergsteigen und Skifahren ist von der Lage her für Gäste aus den Regionen Stuttgart und München besonders attraktiv. Die Sogwirkung des Alpenraums führt deshalb in Süddeutschland zu vergleichsweise höheren durchschnittlichen Reichweiten im Naherholungsverkehr als in Bonn, Hamburg oder Frankfurt. Münchner Naherholer legen zu einem knappen Drittel bei Wochenendausflügen zwischen 100 und 250 km zurück, d.h. der Naherholungsraum erstreckt sich weit über den deutschen Alpenraum hinaus bis nach Südtirol.

Tab. 2: Naherholungsräume der Münchner Bevölkerung in den Alpen

Gebiete	Jahreszeitliche Differenzierung in % (Mehrfachnennungen)		
	Sommer	Winter	Frühjahr/Herbst
Garmisch/Mittenwald	8,6	14,0	11,3
Tegernsee/Schliersee/Spitzingsee	14,2	17,3	15,8
Chiemgau	7,3	5,4	6,7
Allgäu/Bodensee	3,8	3,4	3,7
z. Vgl. Österreich	9,8	22,6	13,8

Quelle: Institut für Wirtschaftsgeographie der Universität München 1980
Entwurf: K. Ruppert, P. Gräf, P. Lintner

Die Einzugsbereiche der alpinen Naherholungsräume sind nach den Entfernungen zu den jeweiligen Hauptquellgebieten unterschiedlich frequentiert. Das Allgäu ist stark von Naherholern aus den Räumen Stuttgart/Ulm besucht, während das Werdenfelser Land, Isarwinkel, Tegernsee und Schliersee überwiegend von Naherholern aus der Region München aufgesucht werden. Die räumliche Verteilung der Naherholerströme aus der Region München ist zwischen 1970 und 1980 in unterschiedlichem Maße stabil geblieben. Vor allem im Winter haben sich beachtliche Verlagerungen vom deutschen Alpenraum ins benachbarte Tirol (Skisportler) ergeben. Ursachen der Verlagerung sind die umfangreichere Skiinfrastruktur, höhere Schneesicherheit und teilweise günstigere Preisgestaltung in Österreich.

Nicht wenige Gemeinden in den Naherholungsräumen stehen heute skeptisch dem wachsenden Naherholungsverkehr gegenüber. In manchen Gebieten (z.B. Raum Schliersee-Tegernsee, Raum Füssen, Oberstdorf) hat die Überlagerung von Naherholungsverkehr und Fremdenverkehr zeitweise an Wochenenden Überlastungen der Infrastruktur und Gastronomie gebracht, die den längerfristigen Urlaubsgast zur "Wochenendflucht" in weniger frequentierte Nachbargebiete veranlassen mag. Selbst in einer Zeit stagnierenden Fremdenverkehrs zu Beginn der achziger Jahre wird der ökonomische Effekt des Naherholungsverkehrs meist unterschätzt. 1980 wurden im Durchschnitt jener Münchner Haushalte, die wenigstens einmal im Monat einen Ausflug machten, 67.- DM ausgegeben, davon etwa 60% im Naherholungsgebiet selbst.[6]

Durch den fortschreitenden Urbanisierungsprozeß in den ländlichen Räumen sowie einer weiteren Zunahme sportlicher Aktivitäten (Skilaufen, Surfen, Bergwandern) in allen Bevölkerungsschichten ist auch im deutschen Alpenraum noch mit einer Zunahme des Naherholungsverkehrs zu rechnen.

Die statistische Erfassung des **längerfristigen Reiseverkehrs** ist eine Nivellierung der Vielfalt der Reiseformen. Erfaßt werden u.a. Gästeankünfte und Übernachtungen der Beherbergungsbetiebe mit mehr als 9 Betten (auch bei einer Aufenthaltsdauer unter 5 Tagen). Als Sonderzählung werden in Bayern auch Daten des Fremdenverkehrs in Privatquartieren erhoben, sofern die Gemeinde ein Fremdenverkehrsprädikat besitzt.

Differenzierte Gästegruppen und unterschiedliche Spektren der Infrastrukturausstattung spiegeln die funktionalen Schwerpunkte einzelner FV-Räume wider. Einige Beispiele zeigt Tabelle 3:

Tab. 3: Reiseformen im deutschen Alpenraum

Reiseform	durchschnittliche Aufenthaltsdauer	Beispiele im Alpenraum*
Kurzreise Besichtigungsreise	unter 5 Tage	Berchtesgaden/Königssee Garmisch-Partenkirchen Füssen/Neuschwanstein
Urlaubsreise	5 - 21 Tage (ca.)	Chiemgauer Alpen Leitzachtal Oberallgäu
Kuraufenthalt	über 21 Tage	Bad Reichenhall Bad Wiessee Oberstaufen

* meist ergeben sich Überschneidungen der Reiseformen   Entwurf: P. Gräf

Die Gliederung des deutschen Alpenraums auf Gemeindebasis nach durchschnittlichen Aufenthaltsdauern hat nur Indikatorcharakter, zumal sich noch Verzerrungen des Bildes durch Geschäftsreisen, Kongreßtourismus (Berchtesgaden, Schliersee, Garmisch-Partenkirchen) und den Wochenendausflugsverkehr ergeben können. Wesentlich besser eignet sich zur Gliederung eine Typisierung, die Aufenthaltsdauer, Fremdenverkehrsintensität und Bettenauslastung pro Gemeinde einbezieht. (vgl. Karte 1).[7]

Auf den deutschen Alpenraum enfielen 1981/82 mit 3 Millionen Gästen und knapp 26 Millionen Übernachtungen rund 22% bzw. 45% des Fremdenverkehrsvolumens Bayerns. Vom Volumen der Reisen mit mehr als 4 Übernachtungen in der Bundesrepublik Deutschland sind dem Alpenraum ca. 6% der Gäste und ca. 13% der Übernachtungen zuzurechnen.[8]

Eine Gliederung des Fremdenverkehrs im Alpenraum erlaubt auch die Prädikatisierung der Gemeinden. Von 88 Gemeinden besaßen 70 ein Fremdenverkehrsprädikat (vgl. Tabelle 4):

Tab. 4: Fremdenverkehrsgemeinden im deutschen Alpenraum 1981/82

Gemeindetyp	Anzahl der Gemeinden abs.	%	Ankünfte gesamt abs.	%	Übernachtungen gesamt abs.	%	Übernachtungen i. Privatquartieren in %	Durchschnittl. Aufenthaltsdauer in Tagen
MINERAL- und MOORBÄDER	7	8,0	353.518	11,7	4.390.631	17,0	18,9	12,4
HEILKLIMAT. KURORTE	12	13,6	939.902	31,3	8.239.414	31,9	23,5	8,7
LUFTKURORTE	31	35,2	1.323.666	44,1	10.120.552	39,1	35,6	7,6
ERHOLUNGSORTE	20	22,7	322.789	10,7	2.677.929	10,3	38,9	8,3
ohne Prädikat	18	20,5	63.154	2,2	455.749	1,7	nicht erfaßt	7,3
Summen bzw. Durchschnitte (gewogene)	88	100,0	3.003.029	100,0	25.874.275	100,0	32,5	8,2

Quelle: Bayer. Landesamt für Statistik und Datenverarbeitung
Entwurf und Berechnung: P. Gräf

Karte 1

DEUTSCHER ALPENRAUM

Typisierung der Fremdenverkehrsstruktur 1981

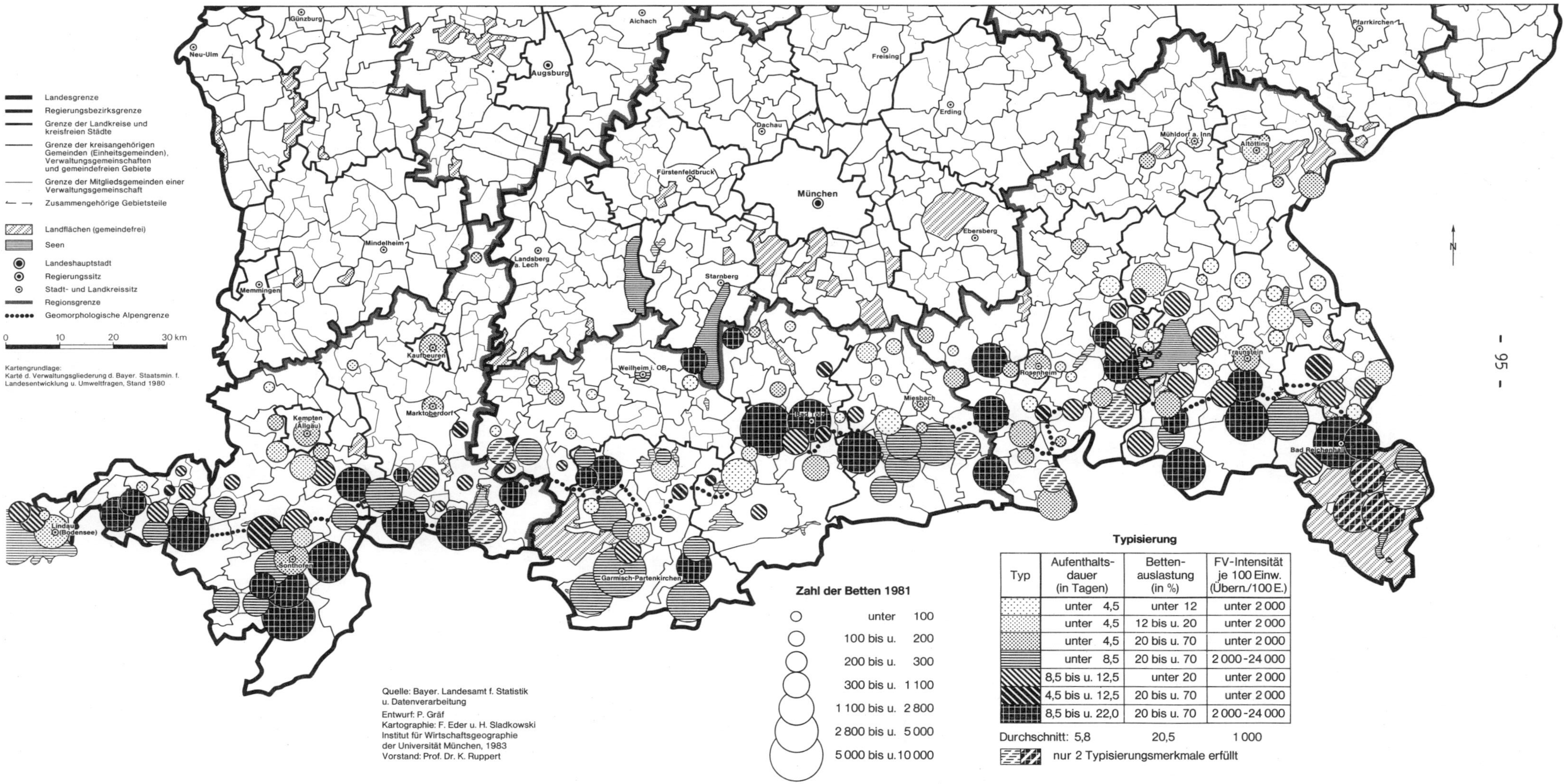
Landesgrenze
Regierungsbezirksgrenze
Grenze der Landkreise und kreisfreien Städte
Grenze der kreisangehörigen Gemeinden (Einheitsgemeinden), Verwaltungsgemeinschaften und gemeindefreien Gebiete
Grenze der Mitgliedsgemeinden einer Verwaltungsgemeinschaft
Zusammengehörige Gebietsteile
Landflächen (gemeindefrei)
Seen
Landeshauptstadt
Regierungssitz
Stadt- und Landkreissitz
Regionsgrenze
Geomorphologische Alpengrenze
0 10 20 30 km
Kartengrundlage:
Karte d. Verwaltungsgliederung d. Bayer. Staatsmin. f. Landesentwicklung u. Umweltfragen, Stand 1980
Neu-Ulm
Günzburg
Augsburg
Aichach
Freising
Erding
Dachau
Fürstenfeldbruck
München
Ebersberg
Mühldorf a. Inn
Altötting
Pfarrkirchen
Mindelheim
Memmingen
Landsberg a. Lech
Starnberg
Kaufbeuren
Weilheim i. OB
Rosenheim
Traunstein
Miesbach
Bad Tölz
Marktoberdorf
Kempten (Allgäu)
Bad Reichenhall
Lindau (Bodensee)
Sonthofen
Garmisch-Partenkirchen
N
Zahl der Betten 1981
unter 100
100 bis u. 200
200 bis u. 300
300 bis u. 1 100
1 100 bis u. 2 800
2 800 bis u. 5 000
5 000 bis u. 10 000
Typisierung

Typ	Aufenthaltsdauer (in Tagen)	Bettenauslastung (in %)	FV-Intensität je 100 Einw. (Übern./100 E.)
	unter 4,5	unter 12	unter 2 000
	unter 4,5	12 bis u. 20	unter 2 000
	unter 4,5	20 bis u. 70	unter 2 000
	unter 8,5	20 bis u. 70	2 000-24 000
	8,5 bis u. 12,5	unter 20	unter 2 000
	4,5 bis u. 12,5	20 bis u. 70	unter 2 000
	8,5 bis u. 22,0	20 bis u. 70	2 000-24 000
Durchschnitt:	5,8	20,5	1 000

nur 2 Typisierungsmerkmale erfüllt

Quelle: Bayer. Landesamt f. Statistik u. Datenverarbeitung
Entwurf: P. Gräf
Kartographie: F. Eder u. H. Sladkowski
Institut für Wirtschaftsgeographie der Universität München, 1983
Vorstand: Prof. Dr. K. Ruppert

Die Gästestrukturen unterscheiden sich sehr stark nach dem Fremdenverkehrstyp der Gemeinde. Die "Übernachtungsmillionäre" Bad Reichenhall und Bad Wiessee (m. E. auch Oberstdorf) haben überwiegend älteres Kurpublikum, an deren Bedürfnissen sich Infrastrukturen und Branchenstruktur des Einzelhandels stark orientieren.

Gemeinden mit ausgesprochenen Besichtigungsattraktionen (vgl. Tab. 3) haben nicht nur geringere durchschnittliche Aufenthaltsdauern, sondern auch - relativ besehen - die höchsten Ausländeranteile bei den Gästen (z.B. Garmisch-Partenkirchen, Festspielort Oberammergau).

Im eigentlichen (geomorphologischen) Alpenraum (vgl. Karte 1) sind mit wenigen Ausnahmen nur zwei Typen vertreten, die beide durch eine Fremdenverkehrs-Intensität von über 2000 gekennzeichnet sind.

Dem Alpenraum sind Gemeinden vorgelagert, die sich überwiegend in der Aufbauphase des Fremdenverkehrs befinden. Vereinzelt sind Kurorte (z.B. Bad Aibling) oder traditionelle Ausflugsorte (z.B. Prien am Chiemsee) schon zu den entwickelten Fremdenverkehrsorten mit entsprechender Infrastruktur zu zählen.

Zu den Kennzeichen der Gemeinden am Beginn der FV-Entwicklung zählt ein relativ hoher Anteil der Fremdenbetten in Privatquartieren (über 25%), eine insgesamt schwächere Frequenz und teilweise noch eine starke Konzentration auf das Sommerhalbjahr (z.B. im Chiemseeraum). Eine gewisse Sonderrolle spielt das Berchtesgadener Land, wo die funktionale Persistenz des Fremdenverkehrsorts einhergeht mit einem vergleichweise späten Wandel der Beherbergungsstruktur. Die Typisierung der Karte 1 unterstreicht auch, wie heterogen die Gemeinden innerhalb einer landschaftsbezogenen Gebietsabgrenzung (z.B. Werdenfelser Land oder Chiemgauer Alpen) sein können.

Die Herkunftsgebiete der Urlaubsgäste zeigen im groben Raster an verschiedenen Orten des Alpenraums eine Dominanz des Quellgebiets Nordrhein-Westfalen (Ruhrgebiet), gefolgt von Hessen. Bayerische Urlauber sind in Südostoberbayern häufiger zu finden als im Allgäu. Bei längerfristigem Aufenthalt sind bei den ausländischen Gästen nur die Länder Holland, Belgien und Dänemark von Bedeutung.

Tab. 5: Herkunft der Gäste - ausgewählte Beispiele im Alpenraum

Herkunftsgebiet	Relativer Anteil in den Gemeinden		
	Berchtesgaden (1980)	Reit im Winkl (1982)	Oberstdorf (1981)
Schleswig-Holstein	2,9	7,4	8,7
Niedersachsen	4,8	18,3	7,4
Nordrhein-Westfalen	34,8	29,1	21,2
Rheinland-Pfalz	4,4	2,3	18,0
Hessen	16,9	12,6	14,1
Baden-Württemberg	9,2	5,7	9,6
Bayern	22,7	12,6	6,7
übrige Bundesländer und Ausland	4,3	12,0	14,3

Quelle: Eigene Erhebungen, Oberstdorf: Jahresbericht 81

Die schichtenspezifische Zusammensetzung der Gäste kann auch in enger räumlicher Nachbarschaft stark schwanken. Beispielsweise ist im Raum Tegernsee-Schliersee-Leitzachtal eine ausgeprägte Differenzierung innerhalb eines Gebietes von 25 km West-Ost-Erstreckung zu finden.[9] (vgl. Tab.6)

Tab. 6: Kleinräumliche Strukturunterschiede Tegernsee-Schliersee-Leitzachtal - 1981 -

Strukturmerkmal	Rottach-Egern (Tegernsee)	Schliersee	Fischbachau (Leitzachtal)
Gästeschwerpunkt	Oberschicht	Mittelschicht	Mittel-/Grundschicht
FV-Intensität pro 100 Einwohner	10.122	9.559	4.752
Anteil der Übernachtungen in Privatquartieren	15%	26%	49%
Campingplatz	nein	ja	ja
Infrastrukturausstattung	vielfältig hochwertig	vielfältig hochwertig	vielfältig, nicht kapitalintensiv
Bodenpreise/m^2	213.-	75.-	42.-

Quelle: Bayerisches Landesamt für Statistik und Datenverarbeitung
Entwurf: P. Gräf

Quintessenz dieser Darstellung ist die Erkenntnis, daß die Gebietsbildung im Fremdenverkehrsraum sich teilweise in sehr kleinen Raumzellen vollzieht, die sich nur schwer zu einem großräumigen Organisations-, Infrastruktur- und Werberaum zusammenfassen lassen.

Die Bedeutung des Besichtigungstourismus stützt sich auf drei Formen:

- Sekundärer Ausflugsverkehr der Urlaubsgäste
- Besichtigungs-Rundreisen
- Naherholungsverkehr

Beispielhaft soll hier das Schloß Neuschwanstein bei Füssen als eines der bekanntesten Ausflugsziele im deutschen Alpenraum dargestellt werden.

Tab. 7: Besucherherkunft im Schloß Neuschwanstein

Bundesrepublik Deutschland (65%)		Ausland (35%)	
Bayern	41,2%	USA	29,3%
Baden-Württemberg	21,3%	Frankreich	12,2%
Hessen	7,1%	Niederlande/Belgien	19,6%
übrige BRD	30,4%	Sonstige	38,9%

Quelle: Ruppert, Lintner, Metz 1982 (Stichprobenerhebung, Sonntag)

Von den Besuchern waren 47% Naherholer, 3% kamen von ihrem Freizeitwohnsitz, die verbleibende Hälfte waren Urlauber.

Welche Rolle Ausflugsziele neben der eigentlichen Attraktivität des Urlaubsstandorts spielen, soll am Beispiel des Fremdenverkehrsraums Berchtesgaden verdeutlicht werden. Hier reicht der Radius der Tagesausflüge (!) bis nach Wien, Nordjugoslawien, Venedig und Südtirol. Der Schwerpunkt der vornehmlich als Bustouren durchgeführten Sekundärausflüge liegt in einem Umkreis von 100 km, überwiegend im Salzburger Land. Die mittleren Altersgruppen

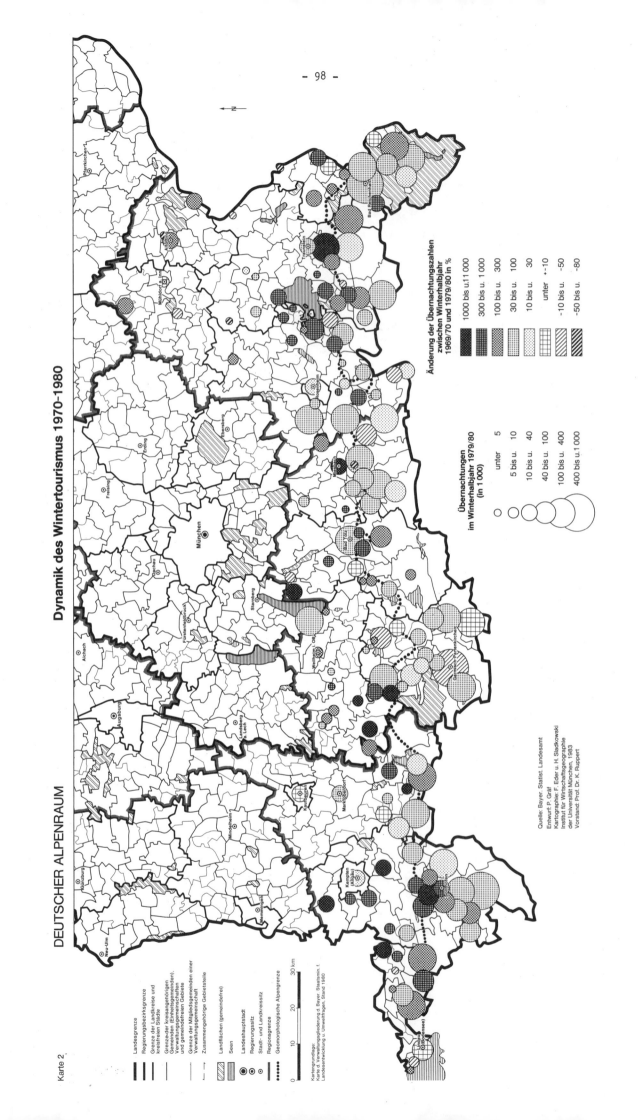

sind bei den Fernausflügen dominierend, im Alter unter 25 und über 50 herrschen Nahziele vor.[10]

Vor allem im oberbayerischen Alpenraum spielt der grenzüberschreitende Ausflugsverkehr eine so große Rolle, daß im deutsch-österreichischen Grenzraum der Alpen inzwischen 20 sogenannte Touristenzonen ausgewiesen wurden, wo innerhalb dieser Gebiete die Grenze ohne Abfertigung überschritten werden kann.[11]

Dynamik des Fremdenverkehrs und die saisonale Differenzierung

Auf die historischen Bezüge der Fremdenverkehrsentwicklung wurde schon zu Beginn verwiesen. Die Phase ausgeprägter Dynamik des Fremdenverkehrs setzte erst nach 1950 ein, wie z.B. in Oberstdorf; (auch Einflüsse von Eingemeindungen sind zu berücksichtigen)

Tab. 8: Fremdenverkehrsentwicklung in Bad Wiessee und Oberstdorf 1950 -1980

Jahr	Bad Wiessee			Oberstdorf		
	Gästeankünfte	Übernachtungen	Bettenkapazität	Gästeankünfte	Übernachtungen	Bettenkap.
1950	21.920	309.383	2.400	39.870	445.380	3.700
1960	47.187	783.609	5.757	117.539	1.297.572	8.800
1970	57.324	908.324	6.083	126.233	1.637.980	10.000
1980	66.790	1.025.962	5.894	196.203	2.255.635	16.398

Quelle: Jahresberichte FVV Oberstdorf, Kuramt Bad Wiessee
Entwurf: P. Gräf

Zu Beginn der achziger Jahre hat sich die Dynamik abgeflacht, teilweise war der Fremdenverkehr rückläufig. Besonders betroffen waren die Kurorte, da dort die Bestimmungen des Kostendämpfungsgesetzes der Sozialversicherungen zu einer starken Einschränkung des Kurbetriebs geführt haben.

In den Jahren zwischen 1970 und 1980 hat sich die eigentliche Entwicklung an den nördlichen Rand des Alpenraums verlagert und auch ins Alpenvorland übergegriffen (z.B. im Chiemsee-Gebiet). (vgl. Karte 2)

Die zunehmende Bedeutung des Wintertourismus im Alpenraum generell hat vor allem dem Allgäu, dem Werdenfelser Land und den Chiemgauer Alpen in den siebziger Jahren Wachstumsimpulse gebracht. Noch 1929 lag in den Regierungsbezirken Oberbayern und Schwaben der Anteil der Übernachtungen im Winterhalbjahr bei 18%. Bis 1982 stieg dieser Anteil auf 36%. In den Zentren des Wintertourismus (Berchtesgaden, Reit i. W., Schliersee/Spitzingsee, Garmisch-Partenkirchen und Oberstdorf) können die Winteranteile auf über 40% ansteigen.[12]

Differenzierter als beim Sommerfremdenverkehr muß im Winterhalbjahr zwischen den Aktivitäten der Gäste unterschieden werden. Gäste in Wintersportorten, die selbst keinen Wintersport betreiben, sind mit 25 - 40% relativ zahlreich. Aber auch unter den Wintersportlern ist das räumliche Verhalten bei Abfahrtsläufern und Skilangläufern sehr unterschiedlich.[13]

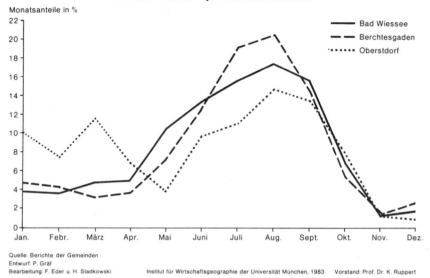

Abb. 1
Saisonale Verteilung der Übernachtungen in ausgewählten Gemeinden des deutschen Alpenraumes 1981/82

Quelle: Berichte der Gemeinden
Entwurf: P. Gräf
Bearbeitung: F. Eder u. H. Sladkowski   Institut für Wirtschaftsgeographie der Universität München, 1983   Vorstand: Prof. Dr. K. Ruppert

Tab. 9: Fremdenverkehrsgemeinden im deutschen Alpenraum 1981/82 - Saisonale Verteilung

Gemeindetyp	Sommerhalbjahr 1981 in %			Tage	Winterhalbjahr 1981/82 in %			Tage
	Ankünfte gesamt	Übern. gesamt	Übern. i. Privatquartieren	Durchschn. Aufenthaltsdauer	Ankünfte gesamt	Übern. gesamt	Übern. i. Privatquartieren	Durchschn. Aufenthaltsdauer
MINERAL- und MOORBÄDER	69,9	70,9	22,8	12,6	30,1	29,1	9,4	12,0
HEILKLIMAT. KURORTE	68,4	66,9	28,2	8,6	31,6	33,1	13,4	9,2
LUFTKURORTE	68,4	70,7	40,7	7,9	31,6	29,3	23,2	7,1
ERHOLUNGSORTE	70,1	73,6	44,7	8,7	29,9	26,4	22,9	7,5
ohne Prädikat	70,2	67,7	n.e.*	7,1	29,8	32,3	n.e.*	8,0

* nicht erfaßt
Quelle: Bayer. Landesamt für Statistik und Datenverarbeitung
Entwurf und Berechnung: P. Gräf

Tabelle 9 und Abbildung 1 sollen die ausgeprägten Unterschiede im Saisonverlauf der Fremdenverkehrsorte verdeutlichen. Eine nur bisaisonale Betrachtung (Tab. 9) läßt zwar die starken Bedeutungsunterschiede der Privatquartiere im Sommer- und Winterhalbjahr erkennen, wesentlich informativer sind aber die charakteristischen Verläufe der monatlichen Anteile der Übernachtungen. Wintersportorte (z.B. Oberstdorf) können einen ausgeglicheneren Jahresverlauf haben als Mineralbadeorte (z.B. Bad Wiessee).

Trotz des raschen Anwachsens der Wintersaison, nicht zuletzt auch durch die Verbreitung des Skilanglaufs weiter gefördert, hat sich die räumliche Konzentration des Fremdenverkehrs als persistentes Raummuster erwiesen. Bei 88 Alpengemeinden konzentrieren sich knapp 90% der Übernachtungen auf etwa 55% der Gemeinden (vgl. Abb. 2). 20% der Gemeinden sind ohne Prädikat, in denen jedoch weniger als 2% der Übernachtungen im Alpenraum gezählt wurden (1981/82 ohne Privatquartiere).

Abb. 2
Relative Verteilung von Übernachtungen und Gästeankünften 1981/82
- Prädikatisierte Gemeinden im deutschen Alpenraum -

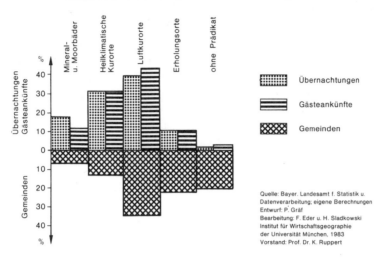

Quelle: Bayer. Landesamt f. Statistik u. Datenverarbeitung; eigene Berechnungen
Entwurf: P. Gräf
Bearbeitung: F. Eder u. H. Sladkowski
Institut für Wirtschaftsgeographie
der Universität München, 1983
Vorstand: Prof. Dr. K. Ruppert

Wandel der Beherbergungsstrukturen

Die Beherbergungskapazität der 88 Alpengemeinden läßt sich im gewerblichen Bereich auf etwa 220.000 Betten (1981) schätzen, wobei die Kapazität der Ferienwohnungen statistisch schwer zu erfassen ist. (vgl. Tab. 10)

Der Anteil der Übernachtungen in Privatquartieren der prädikatisierten Gemeinden des Alpenraums betrug im Sommerhalbjahr 1981 im Durchschnitt 32,5%, jedoch mit starken räumlichen Unterschieden. Noch immer ist ein überdurchschnittlicher Anteil der Privatvermieter ein Kennzeichen für die Aufbauphase des Fremdenverkehrs.

Der hohe Anteil der Hotellerie in den traditionellen Fremdenverkehrsorten läßt jedoch keinen Schluß auf eine zeitgemäße Ausstattung der Häuser und damit ihrer Vermietbarkeit zu. Besonders problematisch wird die Entwicklung zusätzlicher Funktionen (z.B. Kongreßtourismus in Berchtesgaden), wenn gleichzeitig Angebotslücken in der Hotellerie nicht geschlossen werden.

Mitte der siebziger Jahre hat auch im Alpenraum der Boom der Ferienwohnungen eingesetzt. Wachsendes Kostenbewußtsein im Urlaubsbudget vieler Familien und die relative Ungezwungenheit der Beherbergung hat die Nachfrage rasch steigen lassen. 1983 lag das Angebot der Betten in Ferienwohnungen im Alpenraum schon bei 15 - 20 %.[14] Anbieter dieser Wohnungen sind überwiegend die ehemals typischen Vermieter von Privatzimmern (teilweise heute auch Kombination Privatzimmer und Ferienwohnungen). Meist werden pro Eigentümer nur 1-2 Wohnungen angeboten, deren Auslastung in der Regel die der Privatzimmer übersteigt. Eine ertragssteuerlich ungünstigere Behandlung der Ferienwohnungen gegenüber den Einkünften aus Privatzimmervermietung hat die Dynamik etwas abgeschwächt.

Während den Ferienwohnungen bislang in der Literatur nur geringe Aufmerksamkeit geschenkt wurde (Parahotellerie in der Schweiz), war die Diskussion um die Freizeitwohnsitze um so lebhafter. Für den deutschen Alpenraum gibt es seit 1968 keine neuere Erfassung der

Freizeitwohnsitze (Zweitwohnsitze). Nur in wenigen Gemeinden des Alpenraums wird ihr Anteil auf etwas über 20 % der Gebäude bzw. Eigentumswohnungen geschätzt.[15] Meist wird in langfristiger Perspektive unterschätzt, welche Funktionsvielfalt den Freizeitwohnsitzen gerade im Alpenraum zukommt. Sie sind nicht nur Naherholungsstandort und Urlaubsquartier, sondern nicht selten auch ein potentieller Altersruhesitz. Dabei läßt sich z.B. im Tegernseer Tal oder in Berchtesgaden zeigen, daß Vor- und Nachteile der Freizeitwohnsitze aus kommunaler Sicht ausgeglichener sind, als die öffentliche Diskussion vermuten läßt. Neben Infrastrukturkosten und Überfremdungsängsten sind es vor allem die Stimulanz auf das lokale Bodenpreisgefüge, das die Widerstände gegenüber den Freizeitwohnsitzen hat wachsen lassen und in einigen Landkreisen (z.B. Traunstein und Weilheim) zu einer Spaltung und Kontrolle des Bodenmarkts geführt hat.[16]

Tab. 10: Das Beherbergungsgewerbe in den Alpenlandkreisen* 1981/82

Landkreise	Wintersaison 1981/82		Sommersaison 1982	
	Betriebe	Betten	Betriebe	Betten
OBERBAYERN				
Berchtesgadner Land	984	23.588	1.028	24.734
Traunstein	914	21.153	1.034	22.922
Rosenheim	443	13.345	538	14.947
Miesbach	575	16.676	686	18.667
Bad Tölz-Wolfratshausen	274	7.878	313	8.794
Garmisch-Partenkirchen	858	20.945	908	21.852
SCHWABEN				
Ostallgäu	472	13.513	480	13.758
Oberallgäu	1.561	36.387	1.577	37.551
Lindau (Bodensee)	251	8.272	279	9.087

* Die Alpenlandkreise reichen nach Norden über den Alpenraum hinaus./Privatquartiere nicht erfasst.
Quelle: Bayer. Landesamt für Statistik und Datenverarbeitung 1983

Freizeitwohnsitze sind in den achziger Jahren längst kein Privileg der sozialen Oberschicht mehr. Insbesondere die rasche Entwicklung (und bei weitem nicht befriedigte Nachfrage) nach Dauercampinggelegenheiten im oder am Alpenraum unterstreichen diesen Sachverhalt.

Tab. 11: Herkunft der Freizeitwohnsitz-Inhaber und auswärtiger Grundbesitzer
Beispiel: Gemeinde Reit i. Winkl - 1982 (Werte in % der Spaltensumme)

Herkunftsbereich	Haus	Wohnung	unbebautes Grundstück
Berlin	6,2	11,4	2,6
Hamburg/Kiel/Bremen	1,2	10,3	2,6
Hannover/Kassel	4,8	1,1	2,6
Düsseldorf/Ruhrgebiet	10,8	6,9	7,7
Köln/Bonn	7,2	10,4	-,-
Frankfurt/Wiesbaden	9,6	6,9	2,6
Stuttgart	3,6	19,4	5,1
München	31,3	13,8	33,2
Bayern ohne München	25,3	28,8	43,6
	100,0	100,0	100,0

Quelle: Gemeindeverwaltung
Entwurf: P. Gräf

10% der Haushalte in der Region München besitzen bereits einen Freizeitwohnsitz, der weitaus überwiegende Teil davon liegt im Alpenraum. Im Tegernseer Tal ist etwa die Hälfte der Inhaber nicht aus Bayern, sondern meist aus den industriellen Zentren der Bundesrepublik. Ähnlich ist die Struktur in Reit. i. Winkl (vgl. Tab. 11). Die Dauercamper beispielsweise des Leitzachtals dagegen stammen zu 95% aus München und setzen sich überwiegend aus Berufsgruppen der sozialen Mittel- und Grundschicht zusammen.

Entwicklung der Freizeitinfrastrukturen im Alpenraum

Freizeitinfrastrukturen sind ex definitione die Basis für die Ausübung von Freizeitaktivitäten. Einige dieser Einrichtungen haben mehr begleitenden Charakter (Ruhebänke, Wanderwegmarkierungen), andere sind Voraussetzung für bestimmte Aktivitäten (Tennisplätze, Skilift, Hallenbad).

Jahrzehntelang war das Infrastrukturangebot der Fremdenverkehrsgemeinden nicht nur finanziell, sondern auch werbemäßig eine Frage der kommunalen Selbstdarstellung. Die Vorstellung eines gemeindeübergreifenden Fremdenverkehrsraums- und damit auch Infrastrukturraums - war praktisch Illusion. Nach der Phase des Infrastrukturwettbewerbs (ca. 1955 -1975) brachten die zunächst mit verlockenden Landes- und Bundeszuschüssen gebauten Einrichtungen nicht wenige FV-Gemeinden durch rapide wachsende Betriebskosten (Personal, Energie) in finanzielle Bedrängnis, zumal noch bei Überangebot und stagnierender Nachfrage die Auslastung sank. Das Ergebnis des Infrastrukturbooms zeigt sich folgendermaßen:

Tab. 12: Infrastrukturausstattung der Gemeinden im deutschen Alpenraum 1983

69 Gemeinden in Oberbayern bzw. 19 Gemeinden im Allgäu besaßen folgende Einrichtungen (Auswahl) in %:

Einrichtung	Oberbayern	Allgäu	Einrichtung	Oberbayern	Allgäu
Hallenbad	48,3	47,3	Campingplatz	46,6	47,3
Freibad	81,6	78,9	Sessellift/ Bergbahn	40,0	52,6
Tennisplatz	78,1	94,7			
Minigolf	60,0	78,9	Skilifte	81,6	100,0
Rasengolf	13,3	10,5	Loipen	93,3	100,0
Reitgelegenheit	46,6	61,1	Eissportanlage	76,6	52,6

Quelle: Fremdenverkehrsverbände
Entwurf: P. Gräf

Wachsender Kostendruck hat nun manche Gemeinden zur Erkenntnis geführt, daß jenes Reichweitenmuster des sekundären Ausflugsverkehrs mit einem Radius von etwa 20 km stärkere Beachtung erfahren muß. Es entstanden eine Reihe kleingekammerter Fremdenverkehrsräume - eine Art Raumzelle der Infrastruktur -, die meist aus 3-5 Gemeinden bestehen (z.B. Berchtesgadener Land, Chiemgau, Tegernseer Tal). Sinn dieses Verbunds - bei dem die positiven Erfahrungen von Ski-Verbundsystemen Anregung waren - ist die uneingeschränkte Nutzung der Infrastrukturen (kostenlos oder zu Vorzugspreisen) aller zusammengeschlossenen Gemeinden für die dort wohnenden Urlaubsgäste bzw. Einwohner. Inwieweit diese Ansätze Grundlage einer nachfolgenden koordinierten Infrastrukturpolitik der Gemeinden sein kann, bleibt noch offen.

Von erheblicher Bedeutung für die Erschließung des natürlichen Potentials im Alpenraum sind die Seilbahnen und Lifte. Bayern verfügte 1982 über 35 Kabinenbahnen und 62 Sessellifte, die sich zu 90% im Alpenraum befanden. Anfang der sechziger Jahre wurden damit noch knapp 7 Mio. Personen im Alpenraum befördert, 1982 waren es bereits rund 20 Mio. Personen. Hinzu kommt noch die Zahl der Schlepplifte im Wintersport, die auf ca. 500 geschätzt wird, deren Beförderungsleistung jedoch nicht statistisch erfaßt ist. Insgesamt sind Anfang der achtziger Jahre die Beförderungsleistungen der Aufstiegshilfen rückläufig, wobei jedoch die saisonalen Unterschiede im Auslastungsgrad noch zusätzlich zu berücksichtigen sind.

Bei den speziellen Wintersportinfrastrukturen stand seit etwa 1978 die Entwicklung der Loipen im Vordergrund, nachdem die Erschließungsmöglichkeiten mit Seilbahnen und Liften durch landesplanerische Maßnahmen (vgl. Kap. Planung) stark eingeschränkt wurden. Anfang der achtziger Jahre haben sich die Allgäuer Fremdenverkehrsgemeinden generell der Entwicklung des Skilanglaufs mehr zugewandt als jene in Oberbayern. Im Allgäu sind bis 1983 auch ausgeprägte Tendenzen einer räumlich-funktionalen Verflechtung zwischen Alpenraum und Alpenvorland im Wintersport zu beobachten.

Einzelhandel und Gastronomie

Schon zu Beginn der FV-Entwicklung in den fünfziger und sechziger Jahren hat der Fremdenverkehr die Struktur des lokalen Einzelhandels überformt [17]. In extremen Fällen, z.B. im Tegernseer Tal, werden Schuhe, Bekleidung, Schmuck und Lederwaren in einer Qualität und Vielfalt geboten, die einem Oberzentrum entsprechen. Heute wird die Versorgungskapazität der Gemeinde Rottach-Egern mit 5.500 Einwohnern auf rund 30.000 Personen geschätzt[18].

Der Wandel im Versorgungsverhalten der Gäste am Urlaubsort hat für den Lebensmittel-Einzelhandel bei wachsender Selbstversorgung neue Entwicklungschancen gebracht. So hatte z.B. zwischen 1980 und 1982 der Lebensmitteleinzelhandel in Reit i. Winkl Umsatzzuwächse von etwa 20% zu verzeichnen, die ausschließlich von Gästen getätigt wurden. Der übrige fremdenverkehrsbezogene Einzelhandel (z.B. Souvenirs, Trachtenkleidung) hatten eher Umsatzeinbußen zu verzeichnen.

Die Gastronomie sah sich zu Beginn der achziger Jahre vor zwei schwierige Probleme gestellt: Schwund der Gästezahlen und veränderte Nachfrage nach Speisen und Getränken sowie wachsende Schwierigkeiten saisonale Arbeitskräfte zu bekommen. Während die Beschäftigungsmöglichkeit südosteuropäischer Gastarbeiter administrativ eingeschränkt wurde und das traditionelle Arbeitskräfteangebot aus dem benachbarten Österreich schon im eigenen Land absorbiert wurde, mußten zeitweise Saisonarbeitskräfte aus norddeutschen Bundesländern angeworben werden, teilweise sogar auf Arbeitskräfte aus Großbritannien (Berchtesgaden) zurückgegriffen werden.

Planung und Schutzmaßnahmen im Freizeitraum Alpen

Schon Mitte der sechziger Jahre war zu erkennen, daß eine ungezügelte Entwicklungseuphorie in einigen FV-Gemeinden letztlich selbstzerstörerisch auf das Fremdenverkehrspotential wirken mußte. 1972 - im Vorgriff auf das Landesentwicklungsprogramm Bayern von 1976 - wurde der Plan "Erholungslandschaft Alpen" verabschiedet, der parzellenscharf den deutschen Alpenraum in drei Zonen unterschiedlicher Entwicklungsmöglichkeiten einteilt[19].

Darüber hinaus wurden von wirtschaftspolitischer Seite Räume in Bayern ausgewiesen, deren Fremdenverkehr nachhaltig nur noch qualitativ und nicht quantitativ entwickelt werden soll. Ein großer Teil der Alpengemeinden gehört zu dieser Kategorie.[20]

Der Wandel zu einem besseren Verständnis für Schutz von Lebensumwelt und Erholungsressourcen wird einer realitätsfernen Euphorie Grenzen setzen müssen. Ein großer Teil der Bevölkerung im deutschen Alpenraum ist existentiell mit dem Fremdenverkehr verbunden. Es wäre sinnlos, wenn diese "einheimische" Bevölkerung mit weiteren Expansionsvorstellungen ihre Existenzgrundlage aufs Spiel setzen würde. Es wäre aber ebenso sinnlos, durch blinde "Schutzwütigkeit" die wirtschaftliche Existenz des deutschen Alpenraumes zu gefährden, für den es keine tragfähigen Erwerbsalternativen gibt.

Zusammenfassung

Der Fremdenverkehr im deutschen Alpenraum geht bis in die erste Hälfte des 19. Jahrhunderts zurück. Eine alle Schichten der Bevölkerung umfassende Freizeitnutzung für Urlaub und Naherholung setzte als raumbedeutsamer Prozeß nach 1950 ein.

88 Fremdenverkehrsgemeinden (davon 70 prädikatisiert) hatten im FV-Jahr 1981/82 rund 3 Millionen Gäste und 26 Millionen Übernachtungen zu verzeichnen. Die Gäste kommen überwiegend aus den Verdichtungsräumen der Bundesrepublik, ausländische Gäste spielen eine geringe Rolle.

Der Fremdenverkehr ist räumlich stark konzentriert (90% der Übernachtungen in 55% der Gemeinden). Die meisten Gemeinden haben eine Doppelsaison entwickelt, der Winteranteil der Übernachtungen übersteigt kaum 40%.

Die Beherbergungskapazität beträgt ca. 220.000 Betten, wobei der Anteil der Ferienwohnungen bei 15-20% liegt. Ein Drittel der Übernachtungen im Gebietsdurchschnitt entfällt auf Privatquartiere.

Der Anteil der Freizeitwohnsitze am Wohnungsbestand der Gemeinden beträgt 10-20%. Die Eigentümer haben ihren Hauptwohnsitz in den Verdichtungsgebieten der gesamten Bundesrepublik, Schwerpunkt München.

Planungsmaßnahmen versuchen, die Infrastrukturentwicklung räumlich zu steuern und den Akzent auf eine qualitative Entwicklung des Angebots zu legen.

Summary

In the German Alpine Region tourism reaches back to the first part of the 19th century. After 1950 use of the region for leisure-time activities during holidays and weekends, something which applies to all classes of the population, started to become a process of spatial importance.

In the tourist year 1981/82 eighty-eight centres of tourism (70 of them officially recommended) registered about 3 million guests and 26 million overnight stays. The tourists come mainly from the agglomeration centres of the Federal Republic of Germany, whilst tourists from foreign countries play a minor role.

The tourism shows a strong regional concentration (90% of the overnight stays occurring in 55% of the municipalities). Most of the tourist centres have a double season, whereby the percentage of the overnight accomodations in winter remains below 40.

The capacity of accommodation is around 220,000 beds, whereby holiday residences make up 15-20%. A third of the overnight stays (on average for the area) are in private lodgings.

Ten to twenty percent of all dwellings in these municipalities are holiday appartements. The principle domiciles of the proprietors are in the agglomeration centres of the whole of the Federal Republic of Germany, but mainly in Munich.

Planning measures try to steer the development of infrastructure spatially and to emphasize an improvement in the quality of what is offered.

Résumé

Le tourisme dans la région alpine allemande remonte à la première moitié du 19ème siècle. Après 1950, l'utilisation du temps libre par l'ensemble des couches de la population sous forme de périodes de détente sur place pour les habitants de la région et de vacances pour les autres a commencé à devenir un phénomène important.

88 communes touristiques (dont 70 homologuées) ont enregistré pendant l'année touristique 1981/82 en gros 3 millions de clients et 26 millions de nuitées. Les clients viennent surtout des régions à forte densité de la République fédérale d'Allemagne, les hôtes étrangers représentent une minorité.

Le tourisme est fortement concentré dans l'espace (90% des nuitées dans 55% des communes). La plupart des communes ont développé une double saison. La part des nuitées en hiver dépasse à peine 40%.

La capacité d'hébergement se monte à environ 220.000 lits, la part revenant à des appartements de vacances en constituant entre 15 et 20%. Un tiers des nuitées pour la moyenne régionale revient au logement chez l'habitant.

La part des résidences de vacances dans l'inventaire-logement des communes se monte à 10 à 20%. Les propriétaires ont leur résidence principale dans les régions à forte densité de toute la République fédérale d'Allemagne, et en particulier Munich.

On essaie par des mesures de planification de diriger le développement territorial de l'infrastructure et de mettre l'accent sur l'évolution qualitative de l'offre.

Anmerkungen

1) Vgl. Christian Hannss, Das alpine Fremdenverkehrsgewerbe, in: DISP Nr.65, 1982, S.7-14

2) Vgl. Karl Ruppert, Das Tegernseer Tal, in: Münchner Geographische Hefte, Nr. 23, 1962, S. 26

3) Vgl. Helmut Schöner, Berchtesgadener Fremdenverkehrs-Chronik 1871 - 1922, Berchtesgadener Schriftenreihe Nr. 9, Berchtesgaden 1971, S. 9 ff.

4) Vgl. Karl Ruppert und Jörg Maier, Naherholungsraum und Naherholungsverkehr. Geographische Aspekte eines speziellen Freizeitverhaltens, in: Zur Geographie des Freizeitverhaltens, Münchner Studien zur Sozial- und Wirtschaftsgeographie, Band 6, Kallmünz 1970, S. 55 - 77

5) Vgl. Karl Ruppert, Peter Gräf, Peter Lintner, Persistenz und Wandel im Naherholungsverhalten, in: Raumforschung und Raumordnung, Heft 4, 1983, S. 148 f.

6) ebenda, S. 152

7) Vgl. auch erster Typisierungsversuch der Fremdenverkehrsgemeinden im Bayerischen Alpenraum, in: K. Ruppert und Mitarbeiter, Planungsgrundlagen für den Bayerischen Alpenraum - Wirtschaftsgeographische Ideenskizze, München 1973, S. 166 ff.

8) Quellen: Statistisches Jahrbuch für die Bundesrepublik Deutschland 1982, Hrsg. Stat. Bundesamt, Stuttgart 1982.

Statistische Berichte des Bayerischen Landesamtes für Statistik und Datenverarbeitung, Serie G IV 1, der Fremdenverkehr in Bayern im Winterhalbjahr 1981/82 bzw. im Sommerhalbjahr 1982.

9) Vgl. Peter Gräf, Zur Raumrelevanz infrastruktureller Maßnahmen - Kleinräumliche Struktur- und Prozeßanalyse im Landkreis Miesbach, ein Beispiel sozialgeographischer Infrastrukturforschung, in: Münchner Schriften zur Sozial- und Wirtschaftsgeographie, Band 18, Kallmünz 1978, S. 184 ff.

10) Unveröffentlichte Ergebnisse von Raumanalysen im Berchtesgadener Land im Rahmen von Praktika des Instituts für Wirtschaftsgeographie der Universität München unter Leitung von Prof. Dr. K. Ruppert und Mitarbeit von Dr. P. Gräf in den Jahren 1978 und 1979.

11) Vgl. Karl Ruppert, Überregionale Raumordnungsprobleme aus der Sicht Bayerns, in: Berichte zur Raumforschung und Raumplanung, Heft 4, S. 11 - 16

Vgl. Peter Gräf, Funktionale Verflechtungen im deutsch-österreichischen Grenzraum - Grundlagen und mögliche Auswirkungen, in : Verhandlungsband zum 43. Deutschen Geographentag 1981, Wiesbaden 1983, S. 330 - 334

Vgl. Peter Gräf, Wintertourismus und seine spezifischen Infrastrukturen im deutschen Alpenraum, in: Berichte zur deutschen Landeskunde, Heft. 2, 1982, S. 239 - 274

13) Vgl. Peter Gräf, Aktuelle Aspekte des Wintertourismus im deutschen Alpenraum, in II. Internationale Konferenz über Fremdenverkehr, Banska Bystrica 1983, Sammelband, S. 20 - 26

14) Auskünfte des Fremdenverkehrsverbandes Oberbayern 1983

Ergebnisse des Fremdenverkehrspraktikums "Leitzachtal-Schliersee" unter Leitung von Prof. Dr. K. Ruppert und Mitarbeit von Dr. P. Gräf, 1983

15) Vgl. Karl Ruppert, Der Freizeitwohnsitz, Geographisches Faktum und landesplanerisches Problem, in: Geographische Aspekte der Freizeitwohnsitze, WGI-Berichte zur Regionalforschung, Heft 11, München 1973, S. 11 ff.

Vgl. Karl Ruppert, Grundtendenzen freizeitorientierter Raumstruktur, in: Geographische Rundschau, Heft 4, 1980, S. 184

16) Vgl. Peter Gräf, Freizeitwohnsitze und Kommunalpolitik, Aktuelle Aspekte aus sozialgeographischer Sicht, in: Archiv für Kommunalwissenschaften, 1981, 1. HJ-Band, S. 92 ff.

17) Vgl. Dirk Rosa, Der Einfluß des Fremdenverkehrs auf ausgewählte Branchen des tertiären Sektors im Bayerischen Alpenvorland, WGI-Berichte zur Regionalforschung, Heft 2, München 1970, S. 75 ff.

18) Auskünfte der Gemeinde Rottach-Egern 1983

19) vgl. Landesentwicklungsprogramm Bayern, Hrsg. Bayerische Staatsregierung, München 1976

20) Vgl. Fremdenverkehrsförderungsprogramm 1978, Hrsg. Bayerische Staatsregierung, München 1978.

Deutsche und italienische Gäste in Südtirol.
Der Einfluß nationalitätenspezifischer Strukturen und raum-zeitlicher Verhaltensmuster auf die Fremdenverkehrsentwicklung, dargestellt am Beispiel des Ritten.

D.Uthoff

Die italienische Provinz Bozen, im deutschen Sprachraum traditionell Südtirol genannt, gehört zu den am stärksten frequentierten Freizeit- und Erholungsräumen der Alpen. Einer einheimischen Bevölkerung von rund 430.000 Einwohnern (Volkszählung Oktober 1981) standen im Jahr 1982 knapp 2,8 Mill. Gäste mit 20,5 Mill. Übernachtungen gegenüber. Die Fremdenverkehrsintensität von 48 Übernachtungen pro Einwohner umreißt die hohe wirtschaftliche Bedeutung des Fremdenverkehrs für die gesamte Provinz. Längerfristiger Erholungsverkehr, während der Wintermonate in der Ausprägungsform des Wintersportverkehrs, dominiert ganzjährig und bildet mit einer Konzentration von 50% aller Übernachtungen in den Monaten Juli, August und September eine deutliche Saisonspitze aus. Die durchschnittliche Aufenthaltsdauer schwankte 1982 zwischen 4,1 Tagen im November und 9,2 Tagen im August bei einem Jahresmittel von 7,4 Tagen.

Die Gäste Südtirols kommen überwiegend aus der Bundesrepublik Deutschland. Deutsche stellten 1982 mit 13,9 Mill. Übernachtungen 67,7% des Fremdenverkehrsvolumens. Auf italienische Gäste gingen 22,1% der Nächtigungen zurück, rund 4,5 Mill. Österreicher (3,5%), Schweizer (1,6%), Niederländer (1,4%) und Belgier (1,4%) besetzen die folgenden Ränge. Rund 90% aller Übernachtungen entfallen auf Deutsche und Italiener. Räumliche und zeitliche Präferenzen der Gäste aus diesen Herkunftsländern bestimmen die Entwicklung und die Anordnungsmuster der touristischen Nachfrage in Südtirol.

Im Freizeitverhalten deutscher und italienischer Gäste bestehen deutliche Unterschiede (SCHLIETER 1968, S.8), die in der Wahl der Urlaubszeiten am augenfälligsten werden. 36,4% der Nächtigungen von **Inländern** wurden 1982 im August registriert, der landesüblichen Sommerurlaubszeit, dem Ferragosto. Auf die Monate Juli und August konzentrieren sich mehr als die Hälfte des inländischen Fremdenverkehrsvolumens. In den Wintermonaten Dezember bis März hat sich in den letzten Jahren eine zweite Saison herausgebildet, die 30% der Übernachtungen italienischer Gäste an sich bindet.

Weit wichtiger als dieser sekundäre Gipfel ist für die Kapazitätsauslastung und die Rentabilität der Fremdenverkehrswirtschaft Südtirols die **Auslandsnachfrage**, die einen ganz anders gearteten Jahresgang aufweist. Gäste aus der Bundesrepublik Deutschland, die rund 87% der Ausländernächtigungen stellen, verteilen sich relativ gleichmäßig über das Jahr. Sie bauen in den Monaten April bis Oktober eine breit angelegte Saisonkurve auf, die zwar ebenfalls im August ihr Maximum erreicht, der aber die extreme Nachfragekonzentration auf die Augustwochen fehlt.

Als Maß der **Ausgeglichenheit des Jahresganges der Übernachtungszahlen** läßt sich der auf der Basis der Monatswerte errechnete Variabilitätskoeffizient $v^{1)}$ (relative Variabilität) verwenden (UTHOFF 1976, S. 624).

---

1) Variabilitätskoeffizient= $\dfrac{\text{Standardabweichung}}{\text{arithmetisches Mittel}}$ \qquad $v = \dfrac{s}{x}$

Bei Gleichverteilung der Übernachtungen auf alle Monate des Jahres erreicht er den Wert 0 und bei Konzentration der gesamten Nachfrage auf nur **einen** Monat den Wert 3,464. Je niedriger der Zahlenwert für v ist, um so ausgeglichener ist der Jahresgang der Nächtigungen.

Die Schwankungen der monatlichen Übernachtungszahlen über das Jahr 1982 zeigen für die wichtigsten Nachfragegruppen markante Unterschiede.

alle Gäste	v = 0,67
Gäste aus Italien	v = 1,15
Gäste aus der Bundesrepublik Deutschland	v = 0,62

Insgesamt gilt für Südtirol ein relativ ausgeglichener Jahresgang. Diese Tatsache beruht jedoch fast ausschließlich auf den zeitlichen Urlaubspräferenzen deutscher Gäste, die breit über das Jahr streuen. Sie gleichen die saisonale Zuspitzung in der jährlichen Nachfragekurve der Inländer nahezu vollständig aus. Die Zahl der Übernachtungen deutscher Gäste überstieg jene der Inländer erstmals 1959. LEIDLMAIR hat mehrfach auf diesen **Umschwung** hingewiesen (u.a. 1978, S. 46/47; 1976, S. 422) und die starke Belebung des Fremdenverkehrs in Südtirol auf die damit verbundene bessere Auslastung und erhöhte Rentabilität zurückgeführt. In der Tat läßt sich eine direkte Proportionalität zwischen dem Anteil deutscher Gäste und der Ausgeglichenheit des Jahresganges feststellen, die diese These voll bestätigt.

Neben dem Umfang der Nachfrage ist daher deren Zusammensetzung nach den Hauptkomponenten deutscher und italienischer Besucher für die Fremdenverkehrswirtschaft Südtirols von großer Bedeutung.

Tab. 1: Verhältnis der Übernachtungszahlen italienischer und deutscher Gäste in Südtirol

Jahr	Italiener	:	Deutsche
1950	1	:	0,03
1955	1	:	0,40
1960	1	:	1,21
1965	1	:	2,40
1970	1	:	2,98
1975	1	:	3,28
1978	1	:	4,57
1979	1	:	4,94
1980	1	:	4,46
1981	1	:	3,63
1982	1	:	3,07

Quelle: berechnet nach Fremdenverkehrsstatistik der Ente Provinziale per il Turismo Bolzano

Bis einschließlich 1980 ist die Zahl der Nächtigungen deutscher Gäste in Südtirol ständig gestiegen. Die mit hoher Arbeitslosigkeit verbundene wirtschaftliche Rezession in der Bundesrepublik hat seither die Gästezahlen und die mittlere Aufenthaltsdauer leicht zurückgehen lassen. Dieser Nachfrageeinbruch bei deutschen Gästen wurde durch einen ungewöhnlich starken Anstieg der Inlandsnachfrage mehr als ausgeglichen. Die Übernachtungen von Italienern nahmen von 1978 bis 1982 um 1,8 Mill. - knapp 68% - zu. Das Verhältnis der Übernachtungszahlen von Gästen aus den beiden Hauptherkunftsländern änderte sich unter dem Einfluß dieser Entwicklung seit 1979 sehr rasch.

Den unterschiedlichen Verhaltensmustern deutscher und italienischer Gäste entsprechend tritt mit diesem Wandel in der Gästezusammensetzung erneut eine Veränderung im Jahresgang auf. Die Schwankungen im Verlauf des Jahres nehmen zu. Der Jahresgang verliert als Folge der wachsenden aber zeitlich konzentrierten Inlandsnachfrage an Ausgeglichenheit. Die Zahlenwerte des Variabilitätskoeffizienten spiegeln diese Tendenz quantitativ. Die relative Variabilität ist von 1980 bis 1982 leicht gestiegen.

$$1980 \quad v = 0,61$$
$$1982 \quad v = 0,67$$

In größerem Umfang als je zuvor stoßen heute in Südtirol zwei große Gästegruppen mit unterschiedlichem räumlichen und zeitlichen Urlaubsverhalten, mit verschiedenartigen Erwartungen und Raumansprüchen aufeinander. Auch im Fremdenverkehrsbereich ist Südtirol ein Raum "wo der Norden dem Süden begegnet" (DÖRRENHAUS 1959), häufig jedoch zeitlich versetzt.

Die Kenntnis der Struktur und der räumlichen Komponenten des Freizeitverhaltens deutscher und italienischer Gäste ist für die Grundlagenforschung in der Sozial- und Fremdenverkehrsgeographie ebenso von Interesse wie für eine regionsspezifische Fremdenverkehrsentwicklungsplanung und die Gestaltung des touristischen Angebots. Entsprechende Aussagen lassen sich jedoch nur durch Primärerhebungen gewinnen.

Fallstudie Ritten

Zur empirischen Analyse von Gästestruktur und Raumverhalten deutscher und italienischer Urlauber in Südtirol wurden im Sommer und Herbst 1980 (Juli bis September) in den Fraktionen der Gemeinde Ritten 876 Interviews von Besuchern dieses Freizeitraumes durchgeführt.[2]
Kriterien für die Auswahl des Untersuchungsgebietes waren:

- eigenständiger, klar begrenzter Freizeitraum
- Dominanz des Urlaubsreiseverkehrs

    Südtirol 1980: mittlere Aufenthaltsdauer 7,5 Tage
    Ritten   1980: mittlere Aufenthaltsdauer 9,3 Tage

- hoher Anteil italienischer Gäste

    Südtirol 1980: 16% der Übernachtungen
    Ritten   1980: 28% der Übernachtungen

- dem Provinzdurchschnitt entsprechende Fremdenverkehrsintensität

    Südtirol 1980: 47 Übernachtungen pro Einwohner
    Ritten   1980: 43 Übernachtungen pro Einwohner

- dem Provinzdurchschnitt entsprechende Nachfrageentwicklung

    Südtirol 1970 - 1980 : + 98%
    Ritten   1970 - 1980 : + 88%

Die Auswahl der Interviewpartner erfolgte willkürlich, da bis auf die Staatsangehörigkeit keine Strukturdaten über die Gesamtheit der Gäste bekannt waren. Befragt wurden Besucher, die den Ritten als Freizeit- und Erholungsraum aufgesucht hatten, unabhängig von der Länge des Aufenthalts. Interviewstandorte waren die Ortszentren sowie sechs stark frequentierte

---
[2] Die mehrsprachigen Interviews wurden freundlicherweise von Frau Dr. Dorothea Profunser aus Klobenstein/Ritten durchgeführt. Die EDV-Bearbeitung des umfangreichen Datenmaterials hat Herr Dipl.Geogr. Peter Spehs/Mainz auf der Basis des SPSS Programmsystems übernommen, in der Dateneingabe unterstützt durch studentische Hilfskräfte des Geogr. Inst. der Univ. Mainz. Erhebung und Auswertung der Daten wurden durch eine Sachbeihilfe der DFG ermöglicht, für die ich an dieser Stelle herzlich danke.

Ausflugsziele. Folgende Besuchergruppen wurden erfaßt:

        Urlaubsgäste des Ritten

        Tagesgäste im sekundären Ausflugsverkehr
        (Urlaubsgäste anderer Gebiete, die den Ritten auf einem Tagesausflug besucht haben)

        Tagesgäste im Naherholungsverkehr

        Inhaber von Freizeitwohnsitzen

Tab. 2: Befragungsumfang der Gästeerhebung Ritten 1980

Aufenthaltsart	Anzahl der Interviews			
	Inländer	Deutsche	sonstige Ausländer	Gesamt
Urlaubsverkehr	161	301	47	509
Sek. Ausflugsverkehr	14	212	43	269
Naherholungsverkehr	55	-	3	58
Freizeitwohnen	37	-	-	37
Insgesamt	267	513	93	873

Die Gäste im Naherholungsverkehr kamen mit Ausnahme weniger Österreicher aus Südtirol selbst, wobei Angehörige der italienischen Sprachgruppe leicht überwogen.

Die interviewten Inhaber von Zweitwohnsitzen waren ebenfalls ausschließlich Inländer. Sie stammten zu 90% aus Südtirol. Die übrigen wohnten in der Provinz Trient. Die Südtiroler gehörten zu zwei Dritteln der deutschen Sprachgruppe an, die damit unter den Inhabern von Zweitwohnsitzen überproportional vertreten war. Sie bewahren die Position des Ritten als traditionsreichstes Sommerfrischengebiet Südtirols.

Für einen Vergleich von Struktur und Raumverhalten deutscher und italienischer Gäste sind Naherholungsverkehr und Sommerfrische nicht geeignet, da Besucher aus der Bundesrepublik Deutschland bis auf wenige Ausnahmen an diesen Aufenthaltsarten nicht beteiligt sind. In die weitere Auswertung wird daher nur der Urlaubsreiseverkehr einbezogen. Dabei werden neben den Urlaubern, die auf dem Ritten wohnen, auch jene berücksichtigt, die den Ritten kurzzeitig aufsuchen, aber ihr Urlaubsquartier außerhalb des Untersuchungsraumes haben (sekundärer Ausflugsverkehr).

Den 509 Interviews von Ritten-Urlaubern entsprechen unter Einschluß der Familien- oder Gruppenmitglieder 1258 Personen. Während des Befragungszeitraumes Juli bis September 1980 waren auf dem Ritten 11971 Gäste registriert. Die Befragung hat 10,5% der anwesenden Urlaubsgäste erfaßt. Das Verhältnis von Italienern zu Deutschen in der Stichprobe (1:1,9) kommt der durch die Fremdenverkehrsstatistik gespiegelten Realität (1:2,0, Juli bis September) sehr nahe. Die gute Repräsentanz der Befragung beim Merkmal Staatsangehörigkeit läßt auch bei anderen Erhebungsmerkmalen eine hohe Repräsentativität der Erhebung erwarten.

Landschaftlicher Rahmen

Als Ritten wird der Talsporn zwischen Eisack- und Sarntal (Talfer) bezeichnet. Er bildet als breiter, **mittelgebirgsartiger Bergrücken** mit einer mittleren Höhenlage von rund 1200 m

(Siedlungsraum zwischen 900 und 1300 m) den Südostflügel der **Sarntaler Alpen**, die das Sarntal hufeisenförmig umschließen. Auf drei Seiten ist der Ritten durch steile Abbrüche mit markanten Porphyrwänden begrenzt - zum Bozener Talkessel im Süden und den cañonartig eingeschnittenen Tälern von Talfer im Westen und Eisack im Osten. Nur im Norden geht das Untersuchungsgebiet fließend in das weite Almgebiet von Barbian und Villanders über und erreicht dort Höhen um 2000 m.

Die für den umrissenen Raum geltende Regionalbezeichnung "Ritten" deckt sich weitgehend mit der Gemeinde Ritten, die als Untersuchungsraum gewählt wurde. Sie umfaßt auf 111,5 km^2 Fläche zehn Fraktionen mit Siedlungsverdichtungen innerhalb eines weiten Streusiedlungsgebietes. Die jüngste Volkszählung vom 25. Oktober 1981 wies 5.382 Einwohner im Gemeindegebiet nach, von denen sich nur knapp 2,0% zur italienischen Sprachgruppe bekannt hatten. Wichtigste Siedlungskerne sind Klobenstein als Gemeindehauptort (1062 Einw.), Unterinn (1043 Einw.) und Oberbozen (893 Einw.).

Landschaftlich entspricht der Ritten einem sanft geformten Mittelgebirge, einem Hügelland mit altem Relief (DÖRRENHAUS 1966, S. 1), über dessen Hochflächen in weiten, offenen Rodungsarealen die Einzelhöfe der späten deutschen Kolonisation gestreut liegen. Wald, überwiegend der edaphischen Trockenheit angepaßte Kiefernbestände, lichte Lärchenwiesen und Offenland, auch heute noch teilweise mit Getreidebau, durchdringen sich abwechslungsreich. Zum Landschaftsbild gehört unzertrennbar der unvergleichliche Rundblick, in mittlerer Distanz nahezu überall auf die Westflanke der Dolomiten und von den Aussichtswarten Rittner Horn (2260 m) und Schwarzseespitze (2070 m) auf ein weites Alpenpanorama, das von der Brenta über Ötztaler, Stubaier und Zillertaler Alpen bis zu den Hohen Tauern reicht.

Fremdenverkehrsentwicklung

Der Fremdenverkehr kann am Ritten auf eine sehr lange Entwicklung zurückblicken. Bereits um 1550 kamen die ersten Bozener Adels- und Kaufmannsfamilien zur **"Sommerfrische"** auf den Ritten und bauten dort ihre Sommersitze (EYRL 1924/25). Diese Tradition ist bis heute ungebrochen, wie die Befragungsergebnisse bei den Zweitwohnsitzinhabern aus Südtirol zeigen konnten. Sie wird inzwischen auch von zugewanderten, wohlhabenden Italienern adaptiert.

Der Bau einer **Zahnradbahn** von Bozen nach Oberbozen - 1966 abgelöst durch eine Großkabinen-Seilbahn - brach 1907 diese in Isolation gewachsene Exklusivität auf und erschloß den Ritten einem breiteren Publikum. Viele der heutigen Hotels stammen noch aus dieser Frühphase des Fremdenverkehrs.

Die jüngste Umschichtung brachte der **Straßenbau**, der den Ritten für den Massentourismus öffnete. Die Analysen zur sozialen Schichtung und das Ausbildungsniveau der Gäste belegen jedoch deutlich, daß sich noch heute in der Gästestruktur ein Rest der einstigen Exklusivität spiegelt. Unabhängig von der Nationalität bilden Oberschicht und obere Mittelschicht die dominierende Gästegruppe.

Seit Öffnung des Ritten durch den 1969 abgeschlossenen Bau der Panoramastraße Bozen - Klobenstein stieg nach einer nahezu zwanzigjährigen Stagnationsphase (1950 bis 1968) das

Volumen des Fremdenverkehrs von 102.000 Übernachtungen auf 247.000 Nächtigungen in 1982. Dieses Ergebnis im längerfristigen Erholungsverkehr wurde von 26.600 Gästen erzielt, von denen 31% aus Italien und 62% aus der Bundesrepublik Deutschland kamen. Die Inlandsnachfrage wies auf dem Ritten in den letzten Jahren deutlich höhere Steigerungsraten auf als die Auslandsnachfrage. Die sich derzeit in ganz Südtirol durchsetzende Tendenz zu einer vorwiegend **dualen Nachfragestruktur** hat sich auf dem Ritten bereits früher vollzogen. Das Nebeneinander deutscher und italienischer Gäste ist eine langjährig gefestigte Tatsache, die jedoch kaum zu einem Miteinander geführt hat.

Der Bau der Erschließungsstraße induzierte einen neuen Ausbaustoß im Beherbergungsgewerbe, ähnlich wie einst die Zahnradbahn. Kurz vor Straßenfertigstellung setzte ein bis heute ungebrochener Ausbau des Unterkunftsangebotes ein, dem ab 1968 ein starker Nachfrageschub folgte. Die **junge Fremdenverkehrsentwicklung** auf dem Ritten erweist sich vor allem als **Funktion der zunehmenden Verkehrserschließung**, die zeitlich mit einem allgemeinen Nachfragedruck auf Südtirol aus den Hauptherkunftsländern Bundesrepublik Deutschland und Italien zusammenfiel. Da Inländer in stärkerem Umfang mit dem PKW anreisen als Gäste aus Deutschland, förderte die Öffnung des Ritten für den Straßenverkehr vorrangig den Inlandsfremdenverkehr.

Die Verkehrsanbindung des Ritten und seine innere Verkehrserschließung werden von Italienern deutlich positiver bewertet als von deutschen Gästen. Sie benutzen den PKW auch während des Urlaubs häufiger als Deutsche. 16% der Besucher aus dem Inland fahren täglich oder sogar mehrmals täglich mit dem eigenen PKW. Bei Urlaubern aus der Bundesrepublik trifft das nur für knapp 10% zu. Italiener sprechen sich in stärkerem Maße als Deutsche für einen weiteren Ausbau des Straßennetzes aus, während diese in einem weit höheren Prozentsatz als Inländer den Ritten als übererschlossen beurteilen (23,2% !). Unterschiede in den Mobilitätsansprüchen und der Verkehrsteilnahme bei deutschen und italienischen Gästen sind unabweisbar. Ausbaumaßnahmen kommen vor allem der Inlandsnachfrage sehr entgegen. Dem nationalitätenspezifischen Freizeitverhalten entsprechend führen Angebotsveränderungen nicht nur zu quantitativen Veränderungen der Nachfrage sondern auch zu Wandlungen in ihrer Zusammensetzung.

Die Gästestruktur

In der Gästestruktur bestehen einerseits deutliche Unterschiede zwischen deutschen und italienischen Urlaubern andererseits aber auch Parallelen.

Die Differenzen sind am klarsten im Altersaufbau und in der Gruppenzusammensetzung ausgeprägt. Das Durchschnittsalter italienischer Urlauber liegt bei 41 Jahren, das der deutschen bei 49 Jahren. Noch divergenter zeigt sich die **Altersstruktur** in der Alterspyramide (Abb. 1a links). Bei den Inländern sind alle Altersstufen mit Ausnahme der Zwanzig- bis Dreißigjährigen nahezu gleichmäßig besetzt. Kinder, Jugendliche und Alte sind gegenüber der Altersgliederung deutscher Gäste überproportional vertreten. In diesem Altersaufbau spiegelt sich der starke familiäre Zusammenhalt innerhalb der Gästegruppen und letztlich Reste der Sommerfrischentradition Südtirols bzw. der "villeggiatura" des romanischen Italien. Familien mit Kindern sind bei Inländern viel häufiger unter den Besuchern vertreten (37,7%) als unter deutschen Gästen (20,0%). Die mittlere **Gruppengröße** liegt bei

Italienern daher auch mit 2,8 Personen über dem Durchschnittswert deutscher Urlaubergruppen (2,4), die sich überwiegend aus Ehepaaren ohne Anhang (49%) in mittleren bis hohen Altersklassen zusammensetzen.

Auf verändertem Altersniveau, das der höheren Mobilität entspricht, zeigen die Tagesgäste im **sekundären Ausflugsverkehr** ein ähnliches Bild (Abb. 1a rechts). Bei Italienern liegt das Durchschnittsalter bei 38 Jahren, die mittlere Gruppengröße bei 2,8 Personen. Familien mit Kindern stellen 43% der Besucher. Deutsche Ausflügler aus anderen Urlaubsorten erreichen ein Durchschnittsalter von 44 Jahren. Die mittlere Gruppengröße liegt bei 2,7 Personen, und am stärksten vertreten sind mit einem Anteil von 42% wiederum die Ehepaare.

Im sozialen Gefüge gibt es kaum einen Unterschied zwischen den Nationalitäten. Das **Ausbildungsniveau** der Rittner Urlaubsgäste ist hoch. Jeweils 41% der befragten Italiener und Deutschen verfügten über einen Fachhochschul- bzw. Universitätsabschluß. Nur die Gäste aus Südtirol blieben im Ausbildungsstand zurück. Von ihnen erreichten 25% das entsprechende Qualifikationsniveau.

Lehrer aller Schulstufen, kaufmännische Angestellte, selbständige Kaufleute, Ingenieure und Ärzte waren unabhängig von der Nationalität der Besucher unter den Urlaubern die am häufigsten vertretenen **Berufe**. Sie stellten 33% der interviewten Personen. Unter den im Erwerbsleben stehenden Gästen dominierten nach der **Stellung im Beruf** leitende Angestellte und Beamte des gehobenen oder höheren Dienstes (Deutsche: 42%; Italiener: 49%) und Selbständige (Deutsche: 25%; Italiener: 31%).

Ausbildungsniveau, Berufsangaben und berufliche Stellung erlauben eine Zuordnung der Besucher zu fünf **sozialen Gruppen** (Abb. 1b links). Nach der Gruppenzugehörigkeit gehören 45% der deutschen und 44% der italienischen Gäste zur Obergruppe. Hoher sozialer Status ist nationalitätenunabhängig ein gemeinsames Zeichen der Urlauber auf dem Ritten.

Die Tagesgäste im **sekundären Ausflugsverkehr** zeigen eine stark abweichende Zusammensetzung, die ebenfalls wieder Parallelen zwischen Deutschen und Italienern aufweist (Abb. 1b rechts). Die Mittelgruppe dominiert. Italienische Teilnehmer am sekundären Ausflugsverkehr haben jedoch eine leicht höhere soziale Stellung als deutsche. Das ist verständlich, da die Beteiligung an dieser mobilen Freizeitaktivität unter Italienern insgesamt sehr gering ist, während sie bei Deutschen ein allgemein praktiziertes Raumverhalten im Urlaub darstellt.

Ausbildungsstand, Berufsverteilung und berufliche Stellung liegen bei den Rittner Gästen im sekundären Ausflugsverkehr ebenfalls deutlich unter dem Standard der Urlauber. Da die Tagesgäste aus 49 der 116 Gemeinden Südtirols kommen, repräsentieren sie näherungsweise die Gästestruktur der Provinz.

Abb. 1
DEUTSCHE UND ITALIENISCHE GÄSTE AUF DEM RITTEN
STRUKTURMERKMALE UND RAUMBEWERTUNG

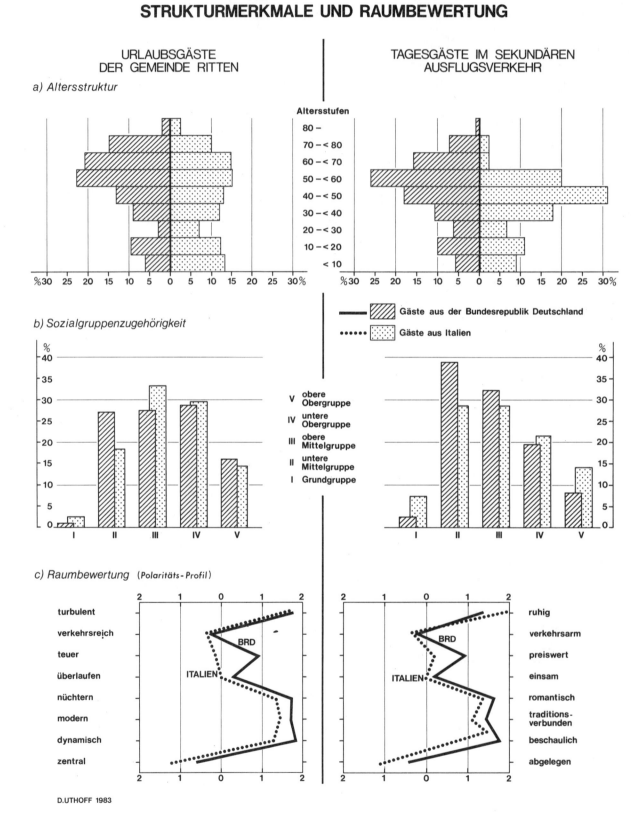

D. UTHOFF 1983

Erst in der Gegenüberstellung (Abb. 1b) wird die soziale Sonderstellung des längerfristigen Erholungsverkehrs auf dem Ritten herausgehoben, die durch die Sommersitze wirtschaftlich und kulturell führender Schichten Südtirols und die Zweitwohnsitze bekannter Persönlichkeiten aus Süddeutschland imageprägend verstärkt wird. Trotz der Erschließung für breite Nachfragergruppen ist in der sozioökonomischen Struktur der Langzeitgäste, unabhängig von ihrer Nationalität, noch eine **überproportionale Vertretung statushoher Gruppen** nachweisbar, die allerdings mit Ausnahme aufwendiger Sommersitze kaum im Raum selbst spürbar wird, sondern sich erst in der Analyse erschließt.

Trotz soziostruktureller Ähnlichkeit der italienischen und deutschen Gäste variieren die **Urlaubsausgaben** beider Besuchergruppen. Die Tagesausgaben der Italiener liegen bei 43.- DM, die der Deutschen bei 60.- DM pro Person. Die Ursachen für diesen Unterschied finden sich in der Altersstruktur und der Gruppenzusammensetzung der Urlauber. Unter den deutschen Gästen sind die Altersgruppen, die über relativ hohe Einkommensteile verfügen, stark besetzt. Es kann daher kaum verwundern, daß trotz ähnlicher sozialer Schichtung und ähnlichem Qualifikationsniveau die ausländischen Besucher wesentlich höhere Primärumsätze erzeugen.

Raumbewertung

Die **Eigenschaften,** die dem Ritten von deutschen und italienischen Gästen zugeschrieben werden, wurden bei den Interviews im semantischen Raum zwischen zwei polaren Attributen auf einer fünfgliedrigen Rangordnungsskala gemessen. Die Attribut-Paare und die Polaritätsprofile sind in Abb. 1c wiedergegeben. Deutsche Urlauber assoziieren mit dem Ritten vor allem Begriffe wie beschaulich, ruhig, romantisch und traditionsverbunden. Auch für die Italiener sind diese Eigenschaften raumprägend. Sie messen ihnen jedoch ein geringeres Gewicht zu. Das gilt in gleicher Weise für die Urlauber und Teilnehmer des sekundären Ausflugsverkehrs. Beide Gruppen stufen den Ritten eher zentral als abgelegen ein, wobei der Verkehrslage entsprechend die Italiener diesem Attribut besonders hohe Bedeutung verleihen. Bedenklich ist, daß Inländer wie Ausländer den Ritten eher verkehrsreich als verkehrsarm einschätzen. Das Gebiet wird zwar noch nicht als überlaufen empfunden aber auch keinesfalls als einsam. Die Tatsache, daß Inländer den Ritten eher als verkehrsreich und überlaufen ansehen ist der Mentalität dieser Gästegruppe entsprechend nicht ohne weitere Prüfung negativ zu werten. In der Einschätzung des Preisgefüges empfinden Deutsche den Ritten als weitaus preiswerter als Inlandsgäste.

Die Gästeassoziationen variieren bei den einzelnen Attibut-Paaren nur unwesentlich zwischen den Urlaubern des Gebietes und den Besuchern im Tagesausflugsverkehr. Eine weitgehend positive und stabile Raumbewertung stellt sich bereits bei kurzen Besuchen auf dem Ritten ein.

Wenn auch in den Grundzügen der Raumeinschätzung keine grundsätzlichen Gegensätze zwischen Inländern und deutschen Gästen spürbar werden, so haben die Besucher beider Nationalitäten dennoch unterschiedliche **Gründe für die Gebietswahl.** Für Italiener sind Ruhe und Klima (41%), Landschaft (32%) und Erreichbarkeit (13%) entscheidend. Bei den Deutschen folgen auf Landschaft (37%), Ruhe und Klima (33%) und die Ausflugsmöglichkeiten (12%).

Diese nationalspezifischen Präferenzen kristallisierten sich auch bei der Frage nach den besonderen Attraktionselementen des Ritten heraus.

Tab. 3: Attraktionselemente des Ritten in der Einschätzung deutscher und italienischer Urlaubsgäste (Auswahl)

Attraktionselemente	Nennungen in %	
	Deutsche	Italiener
Landschaft	29	29
Wandermöglichkeiten	24	17
Ruhe	15	27
freundliche Bevölkerung	11	4
Klima	10	17
Sonstige	11	6

In der differenzierten Raumbewertung spiegeln sich bereits Unterschiede im Freizeitverhalten, das bei den Inländern stärker ruheorientiert, dagegen bei den Deutschen eher aktivitätsbezogen ist.

Räumliche Aspekte differenzierten Freizeitverhaltens

In der Wahl der **Urlaubsorte** und **Urlaubsquartiere** gibt es klare Unterschiede nach Herkunftsländern, die jedoch durch den Wechsel im Saisonablauf teilweise verwischt werden. Italiener neigen zu einer stärkeren Konzentration auf einzelne Orte, vor allem auf die Fraktionszentren mit reicher Infrastruktur, Klobenstein und Oberbozen, während deutsche Gäste nach Maßgabe des Angebots über den Gesamtraum gestreut sind.

Die Konzentrationstendenz spiegelt sich auch in der Bevorzugung größerer Hotels durch italienische Gäste und in der geringeren Rolle, die Pensionen und Privatquartiere für sie als Unterkunftsarten spielen. Südtiroler machen darin eine Ausnahme. In Anlehnung an die Sommerfrischentradition bevorzugen sie Ferienwohnungen und Privatquartiere.

Tab. 4: Quartierwahl der Urlaubsgäste auf dem Ritten

Unterkunft	Nennungen in %		
	Deutsche	Südtiroler	übrige Italiener
Hotel	34	14	43
Pension	42	16	29
Privatquartier	12	26	9
Bauernhof	4	7	2
Ferienwohnung	7	30	15
Ferienhaus	1	7	2

Unabhängig von der Nationalität sind **Wanderungen** und **Spaziergänge** die **dominierenden Freizeitbeschäftigungen** auf dem Ritten. Reichweite und Dauer dieser Aktivität schwanken jedoch nationalitätenspezifisch. Während Italiener bei einer Wanderung im Mittel nur 2 Stunden und 11 Minuten unterwegs sind, beträgt der mittlere Zeitaufwand bei Gästen aus der Bundesrepublik 4 Stunden und 14 Minuten. Besucher aus Italien bewegen sich überwiegend in einem engen zeitlichen und räumlichen Rahmen um ihren Urlaubsort, während die ausländischen Gäste ein wesentlich weiteres Aktionsfeld ausbilden, das nahezu den gesamten Ritten umfaßt.

Deutsche Gäste geben rund 10% ihres Urlaubsbudgets außerhalb des Ritten aus, Italiener dagegen nur knapp 4%. Auch innerhalb des Freizeitraumes Ritten streuen ausländische Besucher ihre Ausgaben räumlich breiter als es Gäste aus dem Inland tun. Die fremdenverkehrsbedingten Primärumsätze sind bei inländischen Besuchern nahezu vollständig an den Urlaubsort gebunden. Deutsche Gäste führen mit ihren unmittelbaren Urlaubsausgaben zu einem stärkeren **Regionaleffekt** innerhalb des Freizeitraumes und darüber hinaus.

Deutsche Urlauber suchten im Durchschnitt auf dem Ritten 3,7 entferntere Ziele auf und außerhalb des Gebietes 1,9 Ziele in insgesamt 48 Gemeinden. Die Beteiligungsquote am **sekundären Ausflugsverkehr** betrug bei ihen 61%, die mittlere Reichweite 57 km. Bei im ganzen längerer Aufenthaltsdauer fuhren Italiener mit einer Beteiligungsquote von nur 38% im Durchschnitt vom Ritten aus 1,1 Ziele in insgesamt 32 Gemeinden an. Die mittlere Reichweite erreichte 53 km. Auf dem Ritten selbst ist ihr Aktionsraum ebenfalls enger, die Zahl der Interaktionen kleiner und die Verknüpfung weniger intensiv.

Die gleichen Unterschiede in der Beteiligung und Reichweite des sekundären Ausflugverkehrs weist der **Ritten als Zielgebiet** für Urlauber aus anderen Gemeinden auf. Das Verhältnis von 14 italienischen zu 212 befragten deutschen Gästen zeigt die ungleiche Teilnahme an dieser Freizeitaktivität. Die mittlere Distanz zwischen Quell- und Zielgebiet betrug bei Inländern 31 km, bei Deutschen 42 km, variiert damit ebenfalls nationalitätenspezifisch.

Das Freizeitverhalten der **italienischen Urlauber** ist zeitlich und räumlich durch eine starke **Konzentration** gekennzeichnet. Sie sind trotz hohen Motorisierungsgrades und häufiger Fahrzeugbenutzung eng an den Urlaubsstandort gebunden und sind vornehmlich Gäste des Ortes. Als solche stellen sie auch relativ hohe Ansprüche an die Freizeitinfrastruktur, Freizeiteinrichtungen, Gastronomie und Unterhaltungsmöglichkeiten.

Deutsche Urlauber sind dagegen in viel stärkerem Maße Gäste des gesamten Freizeitraumes. Sie streuen mit ihrer Quartierwahl über das Gesamtgebiet und bilden mit ihren Freizeitaktivitäten einen **weiten Aktionsraum** aus. Das Anspruchsniveau an die Freizeitinfrastruktur ist deutlich niedriger. Der Natur- und Landschaftsbezug dieser Gästegruppe ist auf dem Ritten ausgesprochen stark.

Zeitliche Aspekte differenzierten Freizeitverhaltens

Der Jahresgang der Übernachtungen zeigt auf dem Ritten eine deutliche Saisongliederung mit einem Augustmaximum. Die Saison kann von Mai bis Oktober einschließlich angesetzt werden. In diese Zeit fielen 1982 86% aller Übernachtungen.
Italienische Gäste konzentrieren sich nahezu ausschließlich auf Juli und August. Die beiden Monate verzeichnen 64% aller Inländernächtigungen, dagegen nur 35% der Übernachtungen deutscher Urlauber. Diese verteilen sich ohne scharfe Saisonzuspitzung über die Monate Juni bis Oktober mit einem leichten Herbstmaximum. Selbst April und Mai erreichen bereits eine beachtenswerte Ausländernachfrage.

Der Variabilitätskoeffizient als Meßziffer bestätigt diese drastischen Unterschiede im Jahresgang für 1982 (vgl. S.109).

alle Gäste	$v = 1,00$
Gäste aus Italien	$v = 1,44$
Gäste aus der Bundesrepublik Deutschland	$v = 0,88$

Während vor allem die Besucher aus der Bundesrepublik gegenwärtig die Basisnachfrage stellen, bringen die Italiener die sommerlichen Nachfragespitzen. Idealtypisch gesehen sind die Italiener Sommergäste, die Deutschen Herbst- bzw. Ganzjahresgäste (mit Ausnahme des Winters). Diese Tendenz bestätigt die Erhebung der jahreszeitlichen Präferenzen für einen Ritten-Urlaub, deren Ergebnis in Abb. 2 in einem Verknüpfungsbaum wiedergegeben ist. Dank der Bevorzugung unterschiedlicher Aufenthaltszeiten durch Italiener und Ausländer kann der Ritten eine wirtschaftlich günstige breite Saison erreichen. Wegen des Fehlens einer sekundären Saisonspitze weist der Jahresgang insgesamt nicht die für Südtirol typische Ausgeglichenheit auf.

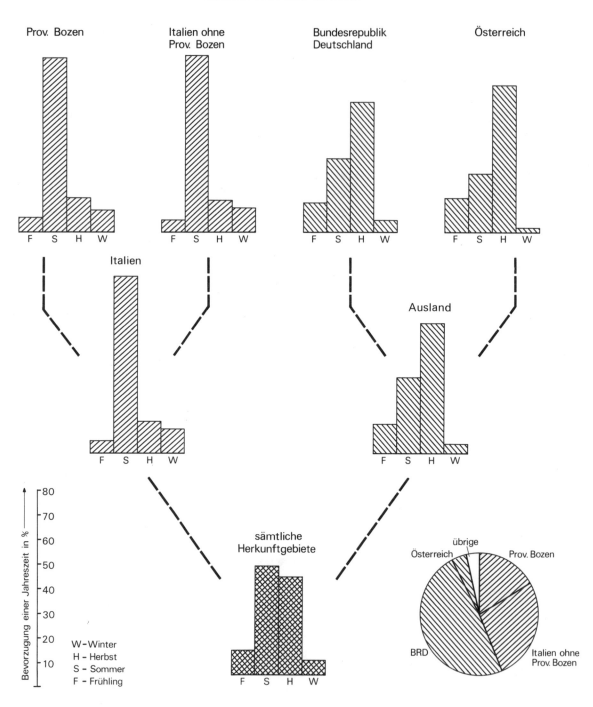

Abb. 2

JAHRESZEITLICHE PRÄFERENZEN FÜR RITTEN-AUFENTHALTE NACH HERKUNFTSGEBIETEN DER GÄSTE

Quelle: Gästebefragung Ritten 1980

D. UTHOFF 1983

Folgerungen für die Fremdenverkehrsentwicklung

Die jüngsten Nachfrageänderungen - Rückgang der Übernachtungszahlen deutscher Besucher und Anstieg der Inlandsnachfrage - die sich auf dem Ritten und mit leichter Verzögerung auch in den Provinzwerten für Südtirol abzeichnen, verlangen eine differenzierte Bewertung. Auf dem Ritten hat die seit Mitte der 70er Jahre bewußt gestützte Steigerung des Inländerfremdenverkehrs einen starken Einbruch der Übernachtungszahlen, wie er nach dem Rückgang der deutschen Nachfrage 1981 in Südtirol allgemein spürbar wurde, verhindern können. Die für die Provinz Bozen überproportional starke Orientierung auf italienische Gäste hat sich auf dem Ritten als Möglichkeit des **Risikoausgleichs** bewährt.

Unter fremdenverkehrs- und regionalwirtschaftlichem Aspekt ist diese Entwicklung nicht nur positiv zu beurteilen. Dem unterschiedlichen raum-zeitlichen Freizeitverhalten von Deutschen und Italienern und der sozioökonomischen Struktur dieser Gruppen entsprechend führt die derzeit ablaufende Nachfrageumschichtung

- zu einer erneuten Saisonzuspitzung,
- zu einem Rückgang der Einnahmen in der Fremdenverkehrswirtschaft,
- zur Verringerung der breiten regionalen Streuung von Gästeausgaben und
- zu einer verstärkten räumlichen Konzentration der Besucher, die
- zu erhöhten landschaftlichen Belastungen und Überlastungseffekten überleiten kann.

Plakativ ausgedrückt bedeutet bei den augenblicklichen Verhaltensmustern eine Zunahme italienischer Gäste räumliche und zeitliche Konzentration der Nachfrage, während eine Steigerung bei deutschen Urlaubern räumlich und zeitlich breiter gestreute Effekte auslöst.

Langfristig wird es dennoch für den Ritten und in ähnlicher Weise für andere Freizeiträume mit multinationalem Gästepotential zweckmäßiger sein, unter dem Aspekt des Risikoausgleichs bewußt die Nachfrage aus unterschiedlichen Herkunftsländern zu stärken. Voraussetzung für eine auf dieses Ziel gerichtete Angebotsgestaltung ist die Berücksichtigung des in Raum und Zeit nationalitätenspezifisch differenzierten Freizeitverhaltens und der unterschiedlichen Gästestruktur. Die verschiedenen Erwartungen und Ansprüche erhöhen jedoch den Aufwand für ein auf multinationale Nachfragestrukturen ausgerichtetes Angebot. Innerhalb ausgedehnter Freizeiträume ist daher auch über Gemeindegrenzen hinweg eine zielgruppenorientierte räumliche Arbeitsteilung anzustreben, die den Infrastrukturaufwand in Grenzen hält, eine spezifische Angebotsgestaltung und ein konfliktfreies Nebeneinander von Nachfragergruppen unterschiedlicher Struktur und unterschiedlichen Verhaltens ermöglicht.

Zusammenfassung:

Die touristische Nachfrage in Südtirol (Prov. Bozen, Italien) ist bei insgesamt multinationaler Zusammensetzung durch die Dominanz deutscher Gäste gekennzeichnet. Gegenwärtig steigt der Inländeranteil stark. Daraus entwickelt sich eine duale Nachfragestruktur. Die nach Herkunftsländern variierende Zusammensetzung der Gäste und deren räumliche und zeitliche Präferenzen nehmen Einfluß auf die Entwicklng, Anordnungsmuster, saisonale Gliederung und Ertragslage des Fremdenverkehrs. Jüngste Verschiebungen der Anteile deutscher und italienischer Besucher konnten das deutlich machen.
In einer Fallstudie in dem traditionsreichen Fremdenverkehrsgebiet Ritten, das heute über einen vergleichsweise hohen Anteil italienischer Gäste verfügt, werden Struktur, Raumbewertung und Aufenthaltsmotive, Freizeitaktivitäten und Raumverhalten, Ausgaben und An-

spruchsniveau sowie innergebietliche und zwischengebietliche Interaktionen der deutschen und italienischen Gäste in einer 10% Besucherstichprobe empirisch analysiert. Trotz hoher Identität in der sozioökonomischen Struktur beider Gästegruppen können deutliche nationalitätenspezifische Unterschiede in den räumlichen und zeitlichen Komponenten des Reise- und Erholungsverhaltens nachgewiesen werden. Konzentration in Raum und Zeit ist typisch für italienische Gäste und führt überwiegend zu zeitlich gebündelten lokalen Effekten, während deutsche Gäste räumlich und zeitlich breiter gestreute Effekte auslösen. Kenntnisse der nationalitätenspezifischen Nachfragestrukturen und Verhaltensmuster können Grundlagen und Entscheidungshilfen für die Fremdenverkehrsentwicklungspolitik und Angebotsgestaltung abgeben, werden jedoch erst in den Anfängen genutzt.

Literatur

AUFSCHNAITER, A.v. (1982): Der Ritten und seine Bahn, Bozen.

DÖRRENHAUS, F. (1959): Wo der Norden dem Süden begegnet. Südtirol. Bozen.

DERS. (1966): Der Ritten und seine Erdpyramiden. Kölner Geogr. Arbeiten, H. 17, S. 1 - 16.

EYRL, G. (1924/25): Beiträge zu einer geschichtlichen Darstellung der Entwicklung der Sommerfrisch-Ansiedlungen auf dem Ritten. Der Schlern, Jg. 5 (1924), S. 52-58, 87-93, 155-158, 285-287 und Jg. 6 (1925), S. 86-88, 183-186.

ISTITUTO CENTRALE DI STATISTICA (1982): Primi risultati provinciali e comunali sulla popolazione e sulle abitazioni. 12. censimento generale della popolazione. Rom.

LOBIS, A. (1976/77): Il turismo sull'Altopiano del Renon. Diss. Bologna.

MAHLKNECHT, B. (1980^2): Ritten. Südtiroler Gebietsführer, Bd. 12, Bozen.

MAYR, W. (1959): Der Ritten. Eine volkswirtschaftliche und volkskundliche Studie. Diss. Innsbruck.

LEIDLMAIR, A. (1976): Wirtschaftsräumlicher und sozialgeographischer Strukturwandel in Ost- und Südtirol. Österreich in Geschichte und Literatur mit Geographie, Jg. 20, H.6, 1976, S. 410 - 425.

DERS. (1978): Tirol auf dem Wege von der Agrar- zur Erholungslandschaft. Mitt. d. Österr. Geogr. Gesellschaft, Bd. 120, I, S. 38-53.

SCHLIETER, E. (1968): Viareggio. Die geographischen Auswirkungen des Fremdenverkehrs auf die Seebäder an der nordtoskanischen Küste. Marburger Geogr. Schriften, H.33.

UTHOFF, D. (1976): Ferienzentren in der Bundesrepublik Deutschland. Wirtschafts- und sozialgeographische Analyse einer neuen Form des Angebots im Freizeitraum. Tagungsber. u. wiss. Abhandlungen, 40 Dt. Geographentag Innsbruck, S. 612-628. Wiesbaden.

DERS.: Ansätze zur äußeren Abgrenzung und inneren Gliederung von Freizeiträumen dargestellt am Beispiel des Harzes. Veröff. d. Akad. f. Raumforschung und Landesplanung, Forschungs- und Sietzungsberichte, Bd. 132, S. 73-102, Hannover.

Statistische Unterlagen stellten zur Verfügung:

Autonome Provinz Bozen, Assessorat für Fremdenverkehr, Amt für Beherbergungswesen, Bozen.
Fremdenverkehrsamt Ritten, Klobenstein.
Gemeinde Ritten, Klobenstein.
Landesfremdenverkehrsamt, Bozen.

Industrieräumliche Verflechtungen und Standortsituation der Industrie im Alpenraum

H. Gebhardt

Kulturgeographische Untersuchungen im Alpenraum beschäftigen sich bevorzugt mit Fragen der Landnutzung in verschiedenen Stockwerken des Hochgebirges oder mit Problemen der Bevölkerungsentwicklung und -migration, in jüngster Zeit natürlich verstärkt mit der Fremdenverkehrswirtschaft und Aspekten einer übergeordneten Raumordnungspolitik.[1] Die industrieräumliche Entwicklung geriet weitaus seltener in den Blick wissenschaftlichen Interesses[2], sieht man von zahlreichen wirtschaftsgeographischen Regionalmonographien ab, die auch die Industrie behandeln. Länderübergreifende vergleichende Studien industrieräumlicher Zusammenhänge fehlen hingegen fast völlig.

Dieses Forschungsdefizit ist sicher auch auf die Tatsache zurückzuführen, daß sich industriegeographische Arbeiten bis in die jüngste Vergangenheit fast ausschließlich mit den großen Verdichtungsräumen beschäftigten (in der Bundesrepublik Deutschland z.B. GROTZ, 1971; VON ROHR, 1971; THÜRAUF, 1975). Erst seit wenigen Jahren hat sich das wissenschaftliche Interesse verstärkt den Problemen der Industrieentwicklung in Peripher- oder Grenzräumen zugewandt (z.B. SCHAMP, 1981; SCHICKHOFF, 1981; WEBER, 1981), wie ja die Kulturgeographie insgesamt in jüngerer Zeit verstärkt den ländlichen Raum als Forschungsgebiet entdeckt hat.

Geändert haben sich auch die Problemstellungen. Standen zu Zeiten der Hochkonjunktur Fragen der Industrieansiedlung (Zweigwerkgründungen, Betriebsverlagerungen ...) im Vordergrund, so interessieren seit den Konjunktureinbrüchen 1973 und 1975/76 verstärkt die Persistenzbedingungen bestehender Unternehmen unter ungünstigen ökonomischen Rahmenbedingungen.

Die Industrie im A l p e n r a u m ist eine Industrie im wirtschaftlichen Peripherraum. Neben eng standortgebundenen, d.h. rohstoff- oder energieorientierten Branchen[3] entstanden nach dem Zweiten Weltkrieg vor allem Filialbetriebe außeralpiner Unternehmen. In der Hochkonjunkturphase der fünfziger und sechziger Jahre gingen viele Unternehmen auf Standortsuche für ihre Zweigwerke auch in abgelegenere Seitentäler mit ihrem unausgeschöpften Arbeitskräftepotential. Unterstützt wurde diese Entwicklung durch eine aktive Industrialisierungspolitik einzelner Bundesländer (Kantone, Provinzen).[4]

Gegenwärtig spielen in den Alpen wie überall Neuansiedlungen natürlich kaum mehr eine Rolle. Die Institutionen der Wirtschaftsförderung sind meist vollauf damit beschäftigt, den status quo zu erhalten und die Betriebe bei Anpassungsmaßnahmen an die veränderte konjunkturelle Situation zu unterstützen.

Im folgenden werden einige zentrale Struktur- und Standortprobleme der alpenländischen Industrie an Beispielen aus Alpenregionen Österreichs, Italiens und der Schweiz näher beleuchtet.[5] Das empirische Datenmaterial wurde in Industriebefragungen und Erhebungen gewonnen, die zwischen 1980 und 1982 im Alpenrheingebiet (Vorarlberg, St. Gallen, Liechtenstein, Graubünden), in den Kantonen Wallis und Tessin sowie in Nord- und Südtirol durchgeführt wurden.[6]

1. INDUSTRIESTRUKTUR

Trotz der jungen und differenzierten Wirtschaftsentwicklung der Nachkriegszeit sind viele Regionen im Alpenraum nach wie vor durch strukturelle Einseitigkeiten ihrer Industrie gekennzeichnet.

Dies gilt vor allem für die B r a n c h e n s t r u k t u r . Tab. 1 zeigt, daß abgesehen von der jungen Industrie im St. Gallischen Rheintal und der Tiroler Industrie mit ihrer spezifischen Entwicklung in allen übrigen Beispielgebieten einseitig eine Branchengruppe dominiert. Meist handelt es sich um innovationsschwache und strukturell krisenanfällige Branchen.

Besonders problematisch sind hier bekanntlich die Textilregionen. Dazu gehört der Kanton Tessin mit seinen vielen Kleinbetrieben der Bekleidungsbranche sowie Vorarlberg mit seiner historisch überkommenen Textilindustrie, in der immer noch über 50% aller gewerblichen Arbeitnehmer beschäftigt sind.

Tab. 1: Industriebeschäftigte nach Branchen in Beispielregionen des Alpenraumes 1979 (in %)

Gebiet	Chemie/ Kunstst.	Steine/ Erden	Metall- erzeug.	Masch./ Fahrz.	Sonst. Metall	Holz/ Papier	Druck/ Graphik	Textil	Beklei- dung	Nahrung/ Genußm.	Sonst. Branchen
TESSIN	4,2	2,0	5,3	14,7	13,5	3,2	2,2	4,9	36,7	6,0	7,3
WALLIS	40,1	1,7	14,9	10,2	15,6	4,6	2,7	0,4	2,0	4,4	3,4
ST.GALLEN (Rheintal)	5,3	2,6	0,0	36,8	10,2	9,7	3,1	21,0	9,5	0,7	1,1
GRAUBÜNDEN (Rheintal)	38,0	5,9	1,3	13,6	4,2	7,1	4,6	3,9	2,9	14,8	3,7
LIECHTENSTEIN	4,7	10,5	8,8	53,0	5,4	5,8	1,1	3,1	1,3	6,3	0,0
VORARLBERG	2,0	1,1	2,8	12,4	10,9	5,1	0,1	52,6	6,5	5,7	0,8
TIROL	7,7	13,3	18,9	--15,8--		9,2	4,9	11,7	5,7	9,9	2,9
SÜDTIROL	6,3	3,2	17,0	--42,1--		12,0	3,1	--8,0--		7,8	0,5

Quellen: Schweizer Kantone: Industriestatistik der Schweiz 1979
Liechtenstein: Unterlagen und Informationen der Industriekammer
Vorarlberg: Betriebslisten der Kammer für gewerbliche Wirtschaft, Sektion Industrie
Tirol: Betriebslisten der Kammer für Arbeiter und Angestellte für Tirol
Südtirol: Angaben von PIXNER, 1983, errechnet auf der Basis von Betriebslisten der wechselseitigen Krankenkasse Bozen.

Einbezogen wurden Betriebe des produzierenden Gewerbes (ohne Bergbau, Energieversorgung und Baugewerbe) mit 20 und mehr Beschäftigten.

In den Kantonen Wallis und Graubünden dominiert die chemische Industrie, in Südtirol die Metallbranche. Hier wird jedoch die Industriestruktur sehr stark von einigen wenigen Großunternehmen bestimmt.

Solche unausgewogenen B e t r i e b s g r ö ß e n s t r u k t u r e n prägen die meisten Untersuchungsgebiete. Neben einzelnen herausragenden Großunternehmen finden wir in der Regel nur noch Kleinbetriebe, während leistungsfähige Mittelbetriebe fast völlig fehlen.

Tab. 2: Betriebe nach Betriebsgrößenklassen in Regionen der Alpen 1979

Region	Betriebsgrößenklasse			
	21 - 50 B.	51 - 100 B.	101 - 200 B.	201 u. mehr B.
Vorarlberg	104 (43 %)	66 (27 %)	31 (13 %)	41 (17 %)
Tessin	166 (56 %)	83 (28 %)	36 (12 %)*	12 (4 %)*
Südtirol	131 (60 %)	55 (25 %)	25 (12 %)*	7 (3 %)*

*: 101 - 250 B. und 251 und mehr B.
Quelle: Kammer der gewerblichen Wirtschaft (Vorarlberg)
Industriestatistik der Schweiz (Tessin)
PIXNER, 1983 (Südtirol)

Einseitigkeiten und Ungleichgewichte ergeben sich auch bei den B e s c h ä f t i g t e n - s t r u k t u r e n. Neben hohen Frauenanteilen in den Textilregionen sind hier vor allem die beträchtlichen Ausländer- und Grenzgängeranteile in den Schweizer Randkantonen zu nennen. Unterschiede in der Beschäftigungssituation, im Lohnniveau und in den Sozialleistungen zwischen der Schweiz und ihren Nachbarn (Italien, Österreich) führten dazu, daß z.B. in der Tessiner Industrie 50% Grenzgänger arbeiten, bei einem Ausländeranteil insgesamt von 72,6 % (1978).

Zwar lassen sich positive Effekte des Grenzgängertums nicht verkennen. So wird der Arbeitsmarkt flexibler, d.h. konjunkturelle Schwierigkeiten schlagen aufgrund des "Grenzgängerpuffers" nicht sofort auf die regionale Beschäftigtensituation durch. Andererseits sind auf Grenzgänger ausgerichtete Betriebe meist sehr krisenanfällig, da es sich in der Regel um einfache, arbeitsintensive Produktionen handelt. Unterdurchschnittliche Produktivität und geringe Investitionsbereitschaft der Unternehmer schaffen ein hohes Stillegungsrisiko.[7]

Tab. 3: Ausländer und Grenzgänger in Schweizer Kantonen (in % der Industriebeschäftigten) 1978

Branche	St. Gallen		Tessin		Wallis		Graubünden	
	Ausl.	Grenzg.	Ausl.	Grenzg.	Ausl.	Grenzg.	Ausl.	Grenzg.
Textil/ Bekleidung	52,0	19,4	87,3	70,4	50,8	3,3	43,5	9,2
Eisen/ Metall	34,1	16,0	67,5	42,2	20,2	2,0	26,0	3,6
Insgesamt	39,5	16,9	72,6	50,3	19,4	3,5	27,2	2,6

Quelle: Industriestatistik der Schweiz 1978

2. INDUSTRIERÄUMLICHE VERFLECHTUNGEN

2.1. Zweigwerkindustrialisierung

Charakteristisch für die Industriestruktur vieler Regionen in den Alpen ist ein hoher Anteil an unselbständigen Zweigbetrieben und Tochterunternehmen, also an Unternehmen ohne eigene Entscheidungsfreiheit, meist ohne kaufmännische Abteilungen wie Einkauf, Vertrieb, Buchhaltung ... Die Stammbetriebe liegen überwiegend außerhalb des Alpenbogens, im Schweizer Mittelland, in Deutschland oder Norditalien.[8]

Besonders ausgeprägt sind Zweigbetriebsverflechtungen in den südlich des Alpenhauptkamms gelegenen Beispielregionen, im Kanton Tessin und in Südtirol.

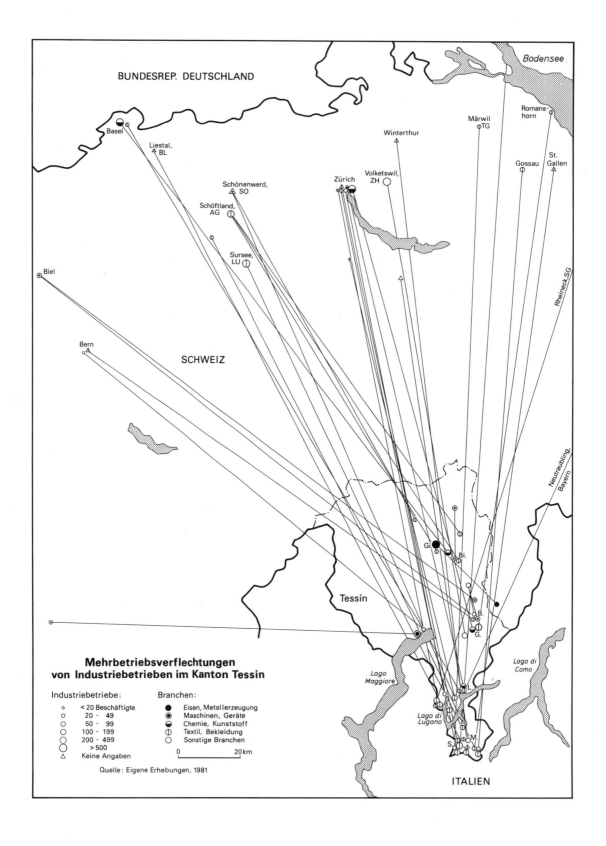

Im Tessin wird vor allem die in Grenznähe konzentrierte Bekleidungsindustrie häufig von einem Stammhaus im Schweizer Mittelland gesteuert (s. Karte). Wesentliches Standortmotiv ist hier natürlich, daß billige italienische Grenzgängerinnen beschäftigt werden können.

Südtirol wurde in den sechziger Jahren vor allem für ausländische Investoren aus der Bundesrepublik und der Schweiz interessant. In diesen Ländern machte sich zu Beginn der sechziger Jahre bereits ein erheblicher Arbeitskräftemangel bemerkbar (Beginn der Gastarbeiteranwerbungen) und Südtirol mit seinem Arbeitskräftepotential und den damals niedrigen Lohnkosten wurde zu einem interessanten Standort innerhalb der EWG.[99]

Diese Beispiele ließen sich fortsetzen. Die Gründe für Standortspaltungen sind prinzipiell dieselben, die MIKUS (1979) in seiner Untersuchung industrieller Verbundsysteme für Südwestdeutschland und die Schweiz herausgearbeitet hat.

Tab. 4: Gründe für die Standortwahl bei Zweigbetrieben im Alpenrheingebiet

Entwicklung der Mehrbetriebsstruktur		Gründe für die Standortspaltung (Mehrfachnennungen möglich)	
- Übernahme eines fremden Unternehmens:	8	- Arbeitskräftereserven:	37
- Auslagerung eines Teils d. Produktion:	13	- günstige Absatzmöglichkeiten:	10
- Neuanlage einer Produktionsstätte:	22	- Ansiedlungshilfen, steuerliche Gründe:	8
		- niedrige Lohnkosten:	6
		- sonstige Gründe:	28

Quelle: Eigene Erhebungen 1980

In Tab. 4 lassen sich Ansiedlungsmotive von Mehrbetriebsunternehmen im Alpenrheingebiet, die zwischen 1970 und 1980 eine Standortentscheidung zu treffen hatten, ablesen. An der Spitze steht die Hoffnung auf ein unausgeschöpftes Arbeitskräftereservoir, gefolgt vom Faktor Absatzmöglichkeiten sowie steuerliche Gründe und Ansiedlungshilfen. Darüberhinaus spielen im Gebirge auch zufallsgebundene und individuelle Gründe eine ganz entscheidende Rolle.

Die Zweigwerkindustrialisierung wird in der Literatur meist negativ beurteilt. Hauptkritikpunkte sind die große Konjunkturempfindlichkeit und die ungünstige Qualifikationsstruktur der Arbeitsplätze. Dem halten MIKUS (1979; 1982) und ELSASSER (1982) zu Recht entgegen, daß vielfach andere Möglichkeiten zur Schaffung nichttouristischer Arbeitsplätze gar nicht bestehen. Nur Zweigbetriebe etablierter Firmen besitzen in der Regel das nötige Kapital zur Finanzierung von Auf- und Ausbauvorhaben im Berggebiet. Auch sollte der arbeitsmarktpolitische Effekt solcher Gründungen nicht unterschätzt werden. "Schon wenige industriell-gewerbliche Arbeitsplätze und Ausbildungsmöglichkeiten leisten (...) einen wichtigen Beitrag zu einem breiteren Arbeitsplatz- und Ausbildungsspektrum." (ELSASSER, 1982, S. 261).

Auf der anderen Seite darf nicht übersehen werden, daß einige Standortvorteile, die Standortspaltungen in den fünfziger und sechziger Jahren begünstigten, inzwischen weggefallen sind. Hierzu gehören Arbeitskräftereserven und niedrige Lohnkosten im Berggebiet ebenso wie zeitweilige Absatzvorteile für ausländische Investoren aufgrund zollpolitischer Bestimmungen (EWG vs. EFTA-Markt). Generell sind Zweigbetriebe meist wenig in ihrer jeweiligen Standortregion verwurzelt. Qualifizierte Arbeitskräfte sind oft ortsfremd, Unternehmensentscheidungen werden nach den Interessen einer weit entfernten Konzernzentrale getroffen, nicht nach regionalwirtschaftlichen Gesichtspunkten.

2.2 Bezugs- und Absatzverflechtungen

Jeder Industriebetrieb ist eingebunden in ein Netz vielfältiger Material- und Dienstleistungsverflechtungen (Inputs) sowie Absatzbeziehungen (Outputs). Reichweite und räumliche Orientierung solcher Verflechtungen zeigen an, in welchem Maße ein Betrieb in die regionale Wirtschaft integriert ist. Nahbereichsorientierte Unternehmen stimulieren indirekt die Wirtschaftsentwicklung in der Standortregion, indem sie über die ursprünglich geschaffenen Arbeitsplätze hinaus zusätzliche regionale Wachstumsimpulse auslösen, weitere Betriebe anziehen, einen differenzierten Arbeitsmarkt aufbauen, während fernorientierte Betriebe weitgehend unabhängig von regionalen Wirtschaftsabläufen existieren.

Abb.1 zeigt, daß die Material- und Absatzverflechtungen der Betriebe in Bergregionen überwiegend an der jeweiligen Standortregion vorbeilaufen und auf außeralpine Räume gerichtet sind.[10] Fast nie bezieht ein Betrieb seine Zulieferungen in nennenswertem Maße aus der näheren Umgebung, nur selten werden die Produkte im Nahbereich abgesetzt. Allenfalls Kleinbetriebe ausgewählter Branchen (Holz- und Druckindustrie, Nahrungsmittelerzeugung, mit der Bauindustrie verflochtene Branchen) weichen hiervon ab.

> Im Falle der Schweizer Bergregionen Wallis, Tessin und Graubünden bestehen Zulieferverflechtungen überwiegend aus anderen Regionen der Schweiz (Schweizer Mittelland), während im Alpenrheingebiet wie auch in Südtirol die Einsatzprodukte vorwiegend aus dem benachbarten Ausland (Italien, BRD) oder aus dem sonstigen Europa stammen. Besonders deutlich wird dies im österreichischen Bundesland Vorarlberg, das wirtschaftsräumlich weitgehend vom übrigen Österreich abgekoppelt ist.

> Etwas stärker nahorientiert sind bei manchen Branchen die Absatzbeziehungen. Wenigstens ein Teil der Produktion wird auch in der Standortregion abgesetzt. Insgesamt dominieren jedoch auch hier weiträumige Verflechtungen.

Es wird deutlich, daß die überwiegende Fernorientierung der Kauf- und Absatzbeziehungen gerade der größeren Industriebetriebe kaum Multiplikatoreffekte für die Gesamtwirtschaft der Bergregionen bewirkt.

3. STANDORTPROBLEME

Das Gebirge als wirtschaftlicher Peripherraum bietet ungünstigere Standortvoraussetzungen für Industriebetriebe als die grossen Verdichtungsräume im Alpenvorland. Insbesondere dürften hinsichtlich der Verkehrserschließung, der Transportkosten und der Absatzmöglichkeiten Standortnachteile erwartet werden.

Die Standortbeurteilung der befragten Betriebe (Abb. 2) zeigt hier aber ein durchaus differenziertes Bild und rückt einige zunächst weniger beachtete Aspekte der Sondersituation im Gebirge in den Vordergrund.[11]

Auffallend ist, daß manche im Hochgebirgsraum erwartete Standortnachteile von den Betrieben offensichtlich als weniger gravierend empfunden werden.

So wird das zur Verfügung stehende B e t r i e b s a r e a l   im Schnitt als befriedigend bis gut eingeschätzt; auch die Beurteilung der V e r k e h r s a n b i n d u n g und der V e r k e h r s l a g e   widerlegt das Vorurteil, daß hierin ein zentrales

Abb. 1

Räumliche Orientierung von Zuliefer- und Absatzverflechtungen im Alpenraum (nur Berggebiete im engeren Sinn)

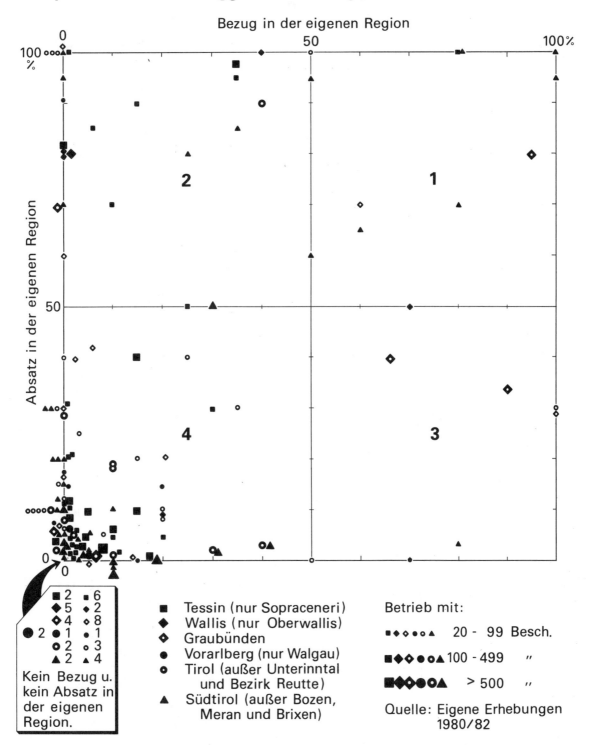

Abb. 2

Standortbeurteilung von Industriebetrieben in den Alpen
Regionen

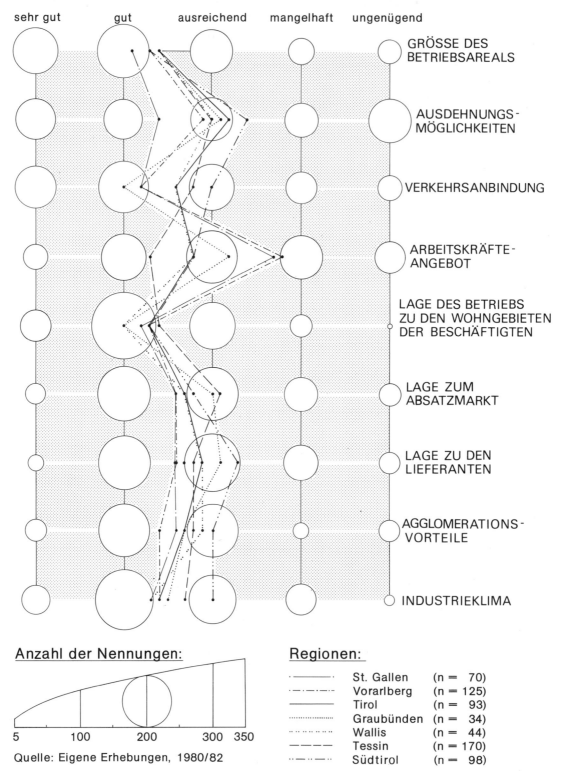

Standortproblem der Alpenregion gesehen werden muß. Hierfür ist natürlich vor allem die Tatsache verantwortlich, daß in den letzten Jahrzehnten in vielen Teilen der Alpen das Schnellstraßennetz verstärkt ausgebaut wurde. Etwas aus dem Rahmen fallen bezeichnenderweise nur Tessin und Südtirol mit ihrer derzeit noch problematischen Straßenanbindung nach Norden (Gotthardstrecke; Straßenverbindung über den Reschenpaß). Insgesamt wird jedoch deutlich, daß Transportkosten und in der Regel auch Transportentfernungen von den Betrieben nicht als gravierender Standortnachteil empfunden werden.

Auch die früher oft problematischen Pendlerbeziehungen (Lage des Betriebs zu den Wohngebieten der Beschäftigten) scheinen heute nur noch in Einzelfällen zum Problem zu werden. In der Bewertung dieses Faktors streuen die Antworten auch sehr wenig.

Als wichtige Engpaßfaktoren werden jedoch mangelnde Ausdehnungsmöglichkeiten und, selbst zu Zeiten flauer bis schlechter Konjunktur, während der die Erhebungen durchgeführt wurden, der Arbeitsmarkt gesehen.

3.1. Arbeitsmarkt

Abgesehen vom Kanton Tessin mit seiner spezifischen Beschäftigtenstruktur liegen die betrieblichen Bewertungen des Faktors Arbeitskräfteangebot sehr ungünstig, bei Werten zwischen ausreichend und mangelhaft.

Zum Problem wird dabei weniger das rein quantitative Arbeitskräfteangebot, wenngleich natürlich die Konkurrenz auf dem Arbeitsmarkt durch das Baugewerbe oder die Fremdenverkehrswirtschaft eine wichtige Rolle spielen kann. Schwierig ist es für die Betriebe vor allem, den Bedarf an qualifizierten Kräften wie Facharbeiter, mittleres Verwaltungspersonal oder Hochschulabsolventen zu decken. Regionsfremde sind kaum für eine Tätigkeit im Gebirge zu gewinnen.[12]

Die Gründe hierfür liegen auf der Hand: Fehlende Aus- und Weiterbildungsmöglichkeiten in überwiegend auf andere Wirtschaftssektoren ausgerichteten Regionen, fehlende Möglichkeiten des beruflichen Aufstiegs oder des Arbeitsplatzwechsels aufgrund des kleinen Arbeitsmarktes, schließlich auch Mängel der öffentlichen Infrastruktur und damit der Wohnattraktivität mancher Regionen. Im Einzelfall mögen auch Mentalitäts- und Sprachprobleme hinzukommen. All diese Faktoren können durch Standortpositiva wie einen hohen Freizeitwert im Gebirge... offensichtlich nicht aufgewogen werden.

Die Schaffung bzw. Verbesserung von beruflichen Ausbildungsmöglichkeiten steht meist auch an erster Stelle der Wunschlisten der Betriebe; allerdings ergeben sich angesichts der topographischen Situation im Gebirge und der Bevölkerungsdichten oft Schwierigkeiten, ein genügend breites Angebot aufzubauen und aufrechtzuerhalten.

Solche Engpässe auf dem Arbeitsmarkt haben natürlich Auswirkungen auf die Art und Qualität der Produktion und damit auf die mittel- und langfristigen Überlebenschancen der Unternehmen. Notwendige Produkt- und Verfahrensinnovationen, die gerade in der gegenwärtigen Konjunktursituation dringlich wären, um die Produktionsstätten rentabel zu halten, stoßen aufgrund des engen und einseitigen Arbeitsmarktes rasch an ihre Grenzen. Ohne solche

Umstellungen werden aber gerade viele ursprünglich nur für einfache Montagearbeiten konzipierte Zweigwerke im Gebirge kaum überlebensfähig sein.

3.2. Ausdehnungsmöglichkeiten, Flächennutzungskonkurrenzen

Die negative Bewertung der räumlichen Entwicklungsmöglichkeiten durch einen Teil der Betriebe[13] steht in einem gewissen Gegensatz zu den tatsächlichen Flächenbilanzen in den Beispielregionen. In allen Untersuchungsgebieten sind in den Flächenwidmungs- oder Zonenplänen erheblich mehr Reserveflächen für Industriebetriebe ausgewiesen, als die Unternehmen bei meiner Umfrage als Ergänzungsbedarf in den nächsten 5 Jahren geltend machten.

Allerdings sind die von der Planung ausgewiesenen Flächen oft gar nicht für Industriebetriebe geeignet. Viele Gemeinden bieten kleine bis kleinste Areale an, die schon aus topographischen Gründen nicht in Frage kommen und zudem besitzrechtlich meist stark zersplittert sind.[14]

Große zusammenhängende Talsohlenflächen hingegen sind in allen alpinen Räumen Mangelware, da sich hier auf kleiner Fläche nahezu alle Daseinsfunktionen konzentrieren. So umfassen in Südtirol die Talflächen unter 1600 m nur 6,1% der Gesamtfläche des Landes. Auf diesen Arealen konzentrieren sich jedoch 85% der Wohnsiedlungen, 90% der landwirtschaftlichen Wertschöpfung und gar 95% der gewerblichen Wertschöpfung.[15]

In allen Alpenregionen kommt es daher zu erheblichen Flächennutzungskonkurrenzen im Bereich der größeren Täler. Verkehrsträger, Infrastruktureinrichtungen der Fremdenverkehrswirtschaft, Wohnungsbau, eine oft intensive Tallandwirtschaft und schließlich die gewerbliche Wirtschaft treten in Konkurrenz um den knappen, nicht vermehrbaren Boden. Flächengreifende Industrieanlagen finden hier oft kaum mehr einen geeigneten Platz, umsomehr als sie durch Lärm und Immissionen mitunter auch benachbarte Nutzungen tangieren, optisch Ortsbilder beeinträchtigen etc.

3.3. Agglomerationsferne der Betriebe

Die betrieblichen Bewertungen der Faktoren "Lage zu den Lieferanten" und "Lage zum Absatzmarkt" liegen bei ausreichend oder besser, wobei die Werte in den einzelnen Regionen natürlich differieren. Erwartungsgemäß schneiden vor allem die südlich des Alpenhauptkamms liegenden Regionen (Tessin, Südtirol) sowie die wenig industrialisierten Bergregionen (Graubünden) etwas schlechter ab.

Bei persönlichen Betriebsbesuchen werden allerdings häufig eine Reihe von "Deglomerationsnachteilen" genannt, die in der summarischen Darstellung betrieblicher Standortbeurteilungen nicht so deutlich werden.

Im Gebirge fehlen oft vor- und nachgeordnete Dienstleistungsunternehmen (diverse Serviceleistungen, Marketing...), auf die viele Industriebetrieb angewiesen sind. Aufgrund der räumlichen und auch "psychologischen" Entfernung zu den außeralpinen Wirtschaftszentren ist es zudem schwierig, Kontakte zu Kunden zu knüpfen und aufrechtzuerhalten. Von Nachteil ist auch das "Image" von Gebirgsbetrieben draußen, ihre vermeintlich geringere Leistungsfähigkeit.

Ein spezifisches Problem der Agglomerationsferne wird gerade zu Zeiten schleppender Konjunktur evident: die Schwierigkeit vor allem kleiner und mittlerer Betriebe, notwendige Innovationen[16] durchzuführen.

>So betreiben, wie in einer vom Industriellenverband der Provinz Bozen-Südtirol in Auftrag gegebenen Studie ermittelt wurde [17], 70% der Unternehmen in Südtirol keine eigene Forschung und Entwicklung, nur rund 17% haben eigene Patente angemeldet. 40% der Unternehmen haben in den letzten 5 Jahren ihr Produktionsprogramm nicht verändert. Der Diversifikationsgrad der Produktion ist in der Regel gering.
>
>Auch für Tirol wird in einer Studie der Kammer der gewerblichen Wirtschaft [18] eine einseitige Produktionsausrichtung und geringe Forschungsintensität konstatiert. Über die Hälfte der Unternehmen erzielt mit nur 1-2 Produkten 80% des Produktionswertes; nur 25% der Betriebe sind überwiegend auf Auslandsmärkten vertreten.
>
>Für die Schweizer Kantone Graubünden und Wallis konstatiert ELSASSER (1982, S. 130) zwar eine relativ hohe Innovationsintensität, aber wenig "wissenschaftliche" Innovations- und Kreativitätsmethoden.

Auf dem Feld der Innovationsberatung, d.h. der Unterstützung der Unternehmen bei technologischen, organisatorischen und den Markt betreffenden Problemen liegt daher sicher eine wichtige Aufgabe der regionalen Wirtschaftsförderung in Bergregionen (Vgl. ELSASSER, 1982, S. 131 ff).

4. ZUSAMMENFASSUNG: MÖGLICHKEITEN UND GRENZEN INDUSTRIELLER ENTWICKLUNG IM ALPENRAUM

Die Industrie im Alpenraum ist, wie die empirischen Untersuchungsergebnisse gezeigt haben, durch einige Strukturmerkmale und Standortprobleme charakterisiert, die auch für andere wirtschaftliche Peripherräume charakteristisch sind:

1. In vielen Regionen bestehen einseitige Branchen- und Betriebsgrößenstrukturen. Vielfach stehen singulären Großunternehmen vor allem Kleinbetriebe gegenüber, während Mittelbetriebe weitgehend fehlen. In manchen Gebieten dominieren wachstumsgehemmte Branchen (Textil-, Holzindustrie) sehr stark.

2. Die überwiegende Fernorientierung der Außenbeziehungen vieler Unternehmen hat kaum anregende Effekte für die regionale Wirtschaftsentwicklung. Dies gilt vor allem für größere Unternehmen und unselbständige Zweigwerke, bei denen neben der Abhängigkeit von außeralpinen Entscheidungszentren auch eine gewisse Standortunsicherheit hinzukommt.

3. Wesentliche Engpaßfaktoren der industrieräumlichen Entwicklung bilden einseitige und begrenzte Arbeitsmärkte, Flächenprobleme und Standortnachteile aufgrund der Agglomerationsferne der Betriebe.

4. Den genannten Struktur- und Standortmängeln stehen indes auch einige Standortpositiva im Gebirge gegenüber. So verliert mit dem Bedeutungsrückgang der Transportkosten als Standortfaktor die periphere Lage im Gebirge an Gewicht. Seit einigen Jahren nehmen Faktoren der Wohn- und Freizeitgunst im Standortkalkül der Unternehmen eine wachsende Stelle ein. Möglicherweise wird es aus solchen Gründen in Zukunft leichter werden, gebietsfremde qualifizierte Arbeitskräfte anzuwerben.

Trotz relativ ungünstiger Standortvoraussetzungen industrieller Entwicklung im Gebirge wird die Notwendigkeit einer gezielten Förderung und Weiterentwicklung der Industrie in vielen Alpenländern zunehmend erkannt. Nicht zuletzt aufgrund der Tatsache, daß Grenzen und Probleme der klassischen "Wachstumsbranchen" im Alpenraum, der Fremdenverkehrswirtschaft und des Baugewerbes, zunehmend deutlich werden, rückt die Industrie wieder etwas mehr ins Zentrum des regionalwirtschaftlichen Interesses. Viele Bergregionen haben in den letzten Jahren Gesetze und Förderinstrumente zur Unterstützung der industriellen Entwicklung geschaffen.

Natürlich müssen die Grenzen industrieller Entwicklungsmöglichkeiten in den Alpen klar gesehen werden. Die Industrie wird hier sicher immer nur eine ergänzende, keine dominante Rolle spielen können. Aber angesichts einer Grünlandwirtschaft, die mit Absatzproblemen zu kämpfen hat und eines Tourismus, der in manchen Regionen die Erholungsfunktion bereits in Frage stellt, lohnt es sich, auch über Entwicklungsmöglichkeiten im sekundären Wirtschaftssektor nachzudenken. Mittel- und längerfristige Entwicklungschancen haben im Peripherraum Alpen allerdings sicher nur ausgewählte Branchen und Betriebstypen. Zu denken ist hier vor allem an:[19]

1. Branchen mit Bezug und Absatzmöglichkeiten auch im Nahbereich. An nicht wachstumsgehemmte Branchen sind hier vor allem die Nahrungsmittel- und die Baustoffindustrie zu nennen, ferner einige eng mit der Fremdenverkehrsweitschaft verbundene Produktionszweige. Interessant sind dabei wohl weniger Betriebe mit voll mechanisiert ablaufenden Produktionsvorgängen (Molkereien, Getränkeabfüllung) als vielmehr arbeitsintensive Zweige.

2. Zweigbetriebe größerer Konzerne mit eigenständiger Verwaltung und innovativer Produktion, die dennoch wenigstens bei Produktionsbeginn nur einen geringen Bedarf an Facharbeitern, Akademikern, leitenden Angestellten haben. In Filialen größerer Konzerne bestehen wohl auch am ehesten die Möglichkeiten, nach und nach Arbeitskräfte selbst zu schulen bzw. auszubilden.

3. Standortgebundene, auf die Verarbeitung regional vorkommender Rohmaterialien ausgerichtete Branchen (z.B. holzverarbeitende Industrie, Natursteinindustrie) (vgl. SCHWARZ, 1980). In der Regel handelt es sich dabei allerdings um wachstumsgehemmte, wenig arbeitsintensive Produktionen, die größenordnungsmäßig sicher keine wichtige Rolle spielen können.

4. Eng mit anderen Wirtschaftsbereichen verflochtene Branchen (z.B. Verarbeitung landwirtschaftlicher Produkte; mit dem Tourismus verflochtene Branchen).

Prinzipiell kann davon ausgegangen werden, daß insbesondere Klein- und Mittelbetriebe dann relativ günstige Standortvoraussetzungen vorfinden, wenn sie:

- wenig flächenintensiv sind,
- eine große Arbeitsintensität bei mittel bis gering qualifizierten Tätigkeiten aufweisen,
- wenig externe Serviceleistungen und Dienste benötigen,
- keine besonderen Ansprüche an Infrastruktureinrichtungen und -dienste stellen.

Auf jeden Fall wird sich, bei Andauern der derzeitigen ökonomischen Rahmenbedingungen, die Regionalpolitik der Alpenländer darauf einstellen müssen, daß es mit kurzfristigen Starthilfen zur Ansiedlung von Industriebetrieben nicht mehr getan ist. Staatliche Fördermaßnahmen müssen vielmehr darauf ausgerichtet sein, einen Ausgleich dauernder Standortnachteile im Gebirge zu erreichen.

Summary

The industrial structure and the location factors of industry in the Alps can be compared with the situation in other peripherical regions.
The following aspects are typical:

1. A high percentage of branch industries with headquarters outside the Alps. The multiplicator effects of this type of industries are slight, they normally don't attract other plants or influence other sectors of economy.

2. Nearly no intra-regional industrial linkages (material and information exchange). Raw materials normally are coming from extra-regional suppliers, the main markets are outside the Alps.

3. The main bottleneck factors of industrial development are to be found in small and ill-balanced labour-markets (a lack of skilled workers), in the availability of land and in the lack of agglomeration effects.

4. Apart from some isolated big firms there are especially small industries, no medium-sized ones. Typical for the industrial structure in Alpine valleys is a lack of growth industries.

However, increasing attention should be paid to non-tourist development in the Alps. The traditional agriculture as well as the tourism in it's present form cannot solve the economic and social problems there. Of course it should be considered that only special branches and types of industries are suitable for mountain regions:

- plants with special location factors
- industries with products which can be sold within the Alpine region
- branch industries of big firms with an independent administration and innovative products
- plants with mutual relationships to other sectors of economy.

Anmerkungen

1) Siehe zu Themen und Schwerpunkten kulturgeographischer Forschung im Hochgebirgsraum GRÖTZBACH (1980) und UHLIG (1981) bzw. die auf den Alpenraum bezogenen Sammelbände und Darstellungen von DANZ (1970), LEIBUNDGUT ET AL. (1972), ENGSTFELD/RÖDER (Hrsg., 1979), LICHTENBERGER (1979), FURRER (1980) und andere.

2) An länderübergreifenden Arbeiten zur Industrie im Alpenraum liegen kurze Darstellungen vor von KOPP (1968/69), REBOUD (1975) und STRASSOLDO (1975).

3) Prinzipiell lassen sich 3 Hauptphasen der Industrieentwicklung im Alpenraum unterscheiden:

a) Im 19. Jahrhundert entstanden vorwiegend rohstofforientierte Betriebe wie die metallerzeugende und -verarbeitende Industrie in der Steiermark oder auch die einst verbreitete gewerbliche Holzbearbeitung. Alt ist auch die arbeitsintensive, aus dem Heimgewerbe hervorgegangene Textilindustrie in der Ostschweiz, die sich als Innovation nach Osten bis Tirol ausbreitete.

b) Mit der Jahrhundertwende wurde die Erzeugung von Hydroenergie zum wesentlichen Standortfaktor. Da der elektrische Strom beim damaligen Stand der Technik im Nahbereich verwendet werden mußte, entwickelten sich bevorzugt in den Westalpen (Rhônetal, franz. Alpentäler) Betriebe der Elektrochemie und der Elektrometallurgie.

c) Eine dritte Phase setzte in den fünfziger und sechziger Jahren mit der Zweigwerkindustrialisierung auch kleinerer Längs- und Quertäler ein.

4) Bekannte Beispiele sind die Industriepolitik im Schweizer Kanton Wallis nach dem Zweiten Weltkrieg (siehe ROH, 1976) oder die Fördermaßnahmen industrieller Entwicklung in Südtirol (siehe PIXNER, 1983).

5) Der Deutschen Forschungsgemeinschaft habe ich für die finanzielle Unterstützung der Untersuchungen zu danken.

6) In enger Zusammenarbeit mit staatlichen Stellen und Organisationen der Wirtschaft wurden alle Industriebetriebe mit 20 und mehr Beschäftigten in eine Fragebogenaktion einbezogen. Insgesamt liegen 635 auswertbare Bogen vor. Rund 90 Unternehmen wurden persönlich aufgesucht, um in einem Gespräch mit einem Mitglied der Firmenleitung ergänzende Informationen zu sammeln.

7) Im Rahmen des Nationalen Forschungsprogramms "Regionalprobleme der Schweiz" beschäftigte sich ein Projekt speziell mit Grenzregionen, darunter eine Gruppe von Wissenschaftlern aus Bellinzona mit Problemen des Grenzgängertums im Kanton Tessin (RATTI ET Al., 1981).

8) Einige Abbildungen zur Zweigwerkverflechtung im Alpenraum konnten aus drucktechnischen Gründen dieser Publikation nicht beigegeben werden. Beispiele von Zweigwerkverflechtungen ausgewählter Branchen in einigen Regionen der Schweiz gibt MIKUS (1979).

9) Siehe zur Industrieentwicklung in Südtirol, insbes. zu Auslandsgründungen seit den fünfziger Jahren PIXNER (1983, S. 38 ff).

10) Die Betriebe waren im Rahmen einer schriftlichen Umfrage gebeten worden, die wichtigsten Rohstoffe, Halbfertigteile und Fertigprodukte, die sie für ihre Produktion benötigen, zu benennen und deren räumliche Herkunft nach einer Reihe von Gebietskategorien aufzuschlüsseln. Ähnlich wurde mit den Absatzgebieten verfahren. In Abb. 1 sind nur die Berggebiete im engeren Sinne dargestellt.

11) Die Unternehmen waren gebeten worden, ihren Betriebsstandort in bezug auf 10 Standortfaktoren auf einer Skala zwischen sehr gut (in hohem Maße vorhanden, positiv für den Betrieb) bis ungenügend (nicht vorhanden, unzureichend für den Betrieb) zu bewerten. Abb. 2 gibt das arithmetische Mittel der Bewertungen sowie die Streuung in graphischer Form wieder.

12) Siehe zum Problem peripherer Arbeitsmärkte die ebenfalls im Rahmen des National. Forschungsprogramms "Regionalprobleme der Schweiz" entstandene Studie von GERHEUSER/MANGOLD (1982).

13) Die breite Streuung der Antworten macht deutlich, daß einer Reihe von Unternehmen mit ausreichenden Flächenreserven oder von Betrieben, bei denen dank fehlender Expansionsabsicht der Faktor Ausdehnungsmöglichkeiten nicht zum Problem wird, Unternehmen gegenüberstehen, die sehr stark unter fehlenden Expansionsmöglichkeiten leiden.

14) Z.B. wurden im Schweizer Kanton Graubünden 1978 von 22 Gemeinden freie Reserveflächen für Gewerbe und Industrie in einer Größenordnung von rund 300 ha angeboten. Nur in 6 Gemeinden existierten jedoch Areale mit einer Mindestgröße von 10 ha, nur in 4 Gemeinden befanden sich Flächen dieser Größenordnung im Besitz der öffentlichen Hand (nach: UNTERSUCHUNG ÜBER DIE INDUSTRIELANDRESERVEN IM KANTON GRAUBÜNDEN, 1978)

15) Angaben nach: LANDESENTWICKLUNGSPROGRAMM I und II. (1980).

16) Unter dem Begriff "Innovation" werden in diesem Zusammenhang verstanden:

- Prozess- bzw. Verfahrensinnovationen mit dem Ziel der Erhöhung der Produktivität
- Produktinnovationen
- Innovationen im organisatorischen Bereich.

Siehe zu Innovationsproblemen in Peripherräumen BOCKELMANN/WINDELBERG (1982), speziell zu Beispielregionen in der Schweiz ABT/BELLWALD/ZURSCHMITTEN (1981).

17) Zentrum für Technologie und Management (Bearb.): Strukturuntersuchung der Südtiroler Industrie. 2 Bände. - Bozen 1980/81 (vervielf.)

18) Kammer der gewerblichen Wirtschaft für Tirol (Hrsg.): Echte Innovationsprobleme in Tirols produzierender Wirtschaft. Zusammenfassung. - o.O., o.J. (1980) (masch.-schriftl.).

19) Siehe zur Situation der Industrie in Peripherregionen unter veränderten wirtschaftlichen Rahmenbedingungen STÖHR, 1981.

Literatur

ABT, R./BELLWALD, A./ZURSCHMITTEN, K.: Entwicklungsengpässe und Innovationsverhalten bestehender Betriebe im Berggebiet.- Bern 1982 (= Nat. Forschungsprogramm " Regionalprobleme der Schweiz", Arbeitsbericht 21).

AUTONOME PROVINZ BOZEN-SÜDTIROL (HRSG.): Landesentwicklungsprogramm I und II. 1980-1981-1982. - Bozen 1980.

BOCKELMANN, K./WINDELBERG, J.: Aktive und reaktive Unternehmen in Peripherräumen. - In: Informationen zur Raumentwicklung, 1982, H.6/7, S. 521 - 530.

DANZ, W.: Aspekte einer Raumordnung in den Alpen. - München 1970 (=WGI-Berichte zur Regionalforschung 1).

DEPARTEMENT DES INNERN UND DER VOLKSWIRTSCHAFT (HRSG.): Untersuchung über die Industrielandreserven im Kanton Graubünden. - Chur 1978.

ELSASSER, H.: Räumliche Aspekte der Industrie in der Schweiz.- In: Mitteilungen der Österr. Geogr. Ges., Bd. 119, 1977, S. 163 - 182.

ELSASSER, H. ET AL.: Nicht-touristische Entwicklungsmöglichkeiten im Berggebiet.- Zürich 1982 (=Schriftenreihe zur Orts-, Regional- und Landesplanung, Nr. 29).

FURRER, G.: Die Zukunft der Alpen - der aktuelle Kulturlandschaftswandel der Nachkriegszeit. - In: Jentsch, Ch./Liedtke, H. (Hrsg.): Höhengrenzen in Hochgebirgen. - Saarbrücken 1980 (=Arb. aus dem Geogr. Institut der Universität des Saarlandes, Bd. 29), S. 367 - 381.

GANSER, K.: Strategische Überlegungen zur Entwicklung des Alpenraumes. - In: Informationen zur Raumentwicklung, 1978, H. 10, S. 779 - 801.

GERHEUSER, F./MANGOLD, H.: Periphere Arbeitsmärkte für mittlere Kader in der Zentrenhierarchie. - Bern 1982 (=Nat. Forschungsprogramm "Regionalprobleme der Schweiz", Arbeitsbericht 26).

GROTZ, R.: Das räumliche Verhalten von Industriebetrieben in Abhängigkeit von Größe und Standortraum. - In: Gaebe, W./Hottes, K.H. (Hrsg.): Methoden und Feldforschung in der Industriegeographie. - Mannheim 1980 (=Mannh. Geogr. Arb. H. 7), S.

DERS.: Entwicklungsstruktur und Dynamik im Wirtschaftsraum Stuttgart. Eine industriegeographische Untersuchung. - Stuttgart 1971 (=Stuttg. Geogr. Studien, Bd. 82).

GRÖTZBACH, E.: Das Hochgebirge als menschlicher Lebensraum.- München 1982 (=Eichstätter Hochschulreden 33).

KOPP, H.: Industrialisierungsvorgänge in den Alpen. - In: Mitteilungen der Fränk. Geogr. Ges. 15/16, 1968/69, S. 471 - 489.

LEIBUNDGUT, H. ET Al.: Die wirtschaftliche Lage im zentraleuropäischen Alpengebiet. Beitrag zum Problem der regionalwirtschaftlichen Förderungspolitik. - Zürich 1972 (=Arbeitsber. zur Orts-, Regional- und Landesplanung, Nr. 19).

LICHTENBERGER, E.: Die Sukzession von der Agrar- zur Freizeitgesellschaft in den Hochgebirgen Europas. - In: Fragen geographischer Forschung (Leidlmair-Festschrift). - Innsbruck 1979 (=Innsbr. Geogr. Studien, Bd. 5), S. 401 - 436.

MEIER, R./ELSASSER, H.: Die Industriepolitik im Wallis. - In: DISP, Nr.53, 1979 S. 35-41.

MIKUS, W.: Industrielle Verbundsysteme. Studien zur räumlichen Organisation der Industrie am Beispiel von Mehrwerksunternehmen in Südwestdeutschland, der Schweiz und Oberitalien. - Heidelberg 1979 (=Heidelberger Geogr. Arb., H. 57).

DERS.: Zur Bedeutung der Zweigwerkindustrialisierung. - In: DISP, Nr. 66, 1982, S. 30-34.

PIXNER, A.: Die Industrie in Südtirol. Standorte und Entwicklung seit dem Zweiten Weltkrieg. - Innsbruck 1983 (= Innsbrucker Geograph. Studien, Bd. 9)

RATTI, R. ET AL.: Ricerca sugli effetti socio-economici della frontiera: il caso del frontalierato nel cantone Ticino. - In: Biucchi, B./Gaudard, G. (ed.): Régions frontalières.- Saint Saphorin 1981, S. 21 - 82.

REBOUD, L.: Le développement industriel dans les Alpes. - In: Bassetti, P. et al. (ed.): L'Alpi e l'Europa. Vol. III. - Bari 1975, S. 223 - 255.

RÖDER, CH./ENGSTFELD, P. (HRSG.): Probleme der Alpenregion. Beiträge aus Wissenschaft, Politik und Verwaltung. - München o.J. (1977).

ROH, H.: Les résultats de la nouvelle politique Valaisanne d'industrialisation de 1951 a 1976. - Sion 1976.

ROHR, H.G. VON: Industriestandortverlagerungen im Hamburger Raum. - Hamburg 1971 (=Hamb. Geogr. Studien, H. 25).

RUPPERT, K.: Raumstrukturen in den Alpen - Thesen zur Bevölkerungs- und Siedlungsentwicklung. - In: Geogr. Rundschau, 1982, H. 9, S. 386 - 388.

SCHAMP, E.W.: Persistenz der Industrie im Mittelgebirge am Beispiel des märkischen Sauerlandes. - Köln 1981 (= Kölner Forsch. zur Wirtschafts- und Sozialgeographie, Bd. XXIX).

SCHICKHOFF, I.: Räumliches Verhalten in den Einkaufs- und Verkaufsbeziehungen von Industriebetrieben. - In: Ostheider, M./Steiner, D. (Hrsg.): Theorie und quantitative Methodik in der Geographie. - Zürich 1981 (=Züricher Geogr. Schriften, H. 1), S. 249-268.

SCHWARZ, H.: Das Natursteingewerbe - Ergänzung zu den Arbeitsplätzen im Tourismus im Berggebiet. - In: DISP, Nr. 58, 1980, S. 20 - 25.

STÖHR, W.: Alternative Strategien für die integrierte Entwicklung peripherer Gebiete bei abgeschwächtem Wirtschaftswachstum. - In: DISP, Nr. 61, 1981, S. 5 - 8.

STRASSOLDO, M.: L'industrializzazione nelle regioni centro-orientali. - In: Bassetti, P. et al. (ed.): L'Alpi e l'Europa. Vol. III.- Bari 1975, S. 257 - S. 360.

THÜRAUF, G.: Industriestandorte in der Region München. - München 1975 (=Münchner Stud. zur Sozial- u. Wirtschaftsgeographie, 16).

UHLIG, H.: Gedanken zur Entwicklung der vergleichenden Hochgebirgsforschung. - In: Wirtschaftliche Aspekte der Raumentwicklung in außereuropäischen Hochgebirgen. - Frankfurt 1971 (=Frankf. wirtschafts- u. sozialgeogr. Schriften, H. 36), S. 7 - 19.

WEBER, J.: Der Unternehmer als Entscheidungsträger regionaler Arbeitsmärkte. - Bayreuth 1981 (Bayreuther Geowiss. Arb. 2).

Schwermetallgehalte in Sedimentbohrkernen aus dem Walchensee und dem Kochelsee
(Bayerische Alpen) als Indikatoren für Veränderungen im Einzugsgebiet

G. MICHLER u. P. SCHRAMEL

1. Fragestellung und Problematik der Ergebnisinterpretation

Die Sedimentationsräume sind nach ZÜLLIG (1956) die "Kehrichtdeponien des Stoffumsatzes". Daher können durch die Untersuchung von Seesedimenten - aufgrund deren hohen Alters im Vergleich zur Zivilisationsgeschichte - das Ausmaß, die Verteilung und die Herkunft von zivilisatorischen Belastungen unserer Umwelt durch Schwermetalle seit deren Verwendung und Erzeugung durch den Menschen im Einzugsgebiet des jeweiligen Sees bzw. bei atmosphärischem Eintrag auch in weiterem Umkreis erstaunlich gut aufgezeigt werden. Das Institut für Geographie der Universität München (Lehrstuhl Prof. Dr. F. Wilhelm) hat zu diesem Zweck in bislang 30 südbayerischen Seen bis zu 6 m lange Sediment-Bohrkerne entnommen, die z.T. im unteren Bereich bis zu 13000 Jahre altes Sediment aus dem Spätglazial enthalten, und u.a. auf den Gehalt an Schwermetallen (Cu, Cr, Fe, Mn, Zn, Cd, Pb, Ti) untersucht (ICP-AES u. AAS aus Königswasseraufschluß nach SCHRAMEL 1982) wurden. Die Kenntnis dieses frühen, präzivilisatorischen Schwermetalleintrags (natürliche Schwermetallsedimentation oder "background") ist erforderlich, um die Rate und das Ausmaß der heutigen, zivilisatorisch bedingten, erhöhten Schwermetallakkumulation erfassen und bewerten zu können, gibt es doch auf der Erdoberfläche kaum noch "unbelastete" Stoffe.

Die vom Institut f. Geographie durchgeführten Untersuchungen über den Gehalt an Schwermetallen in Sedimenten südbayerischer Binnengewässer haben zum Ziel:

a. die Entwicklung der anthropogenen Schwermetall"pollution" im Wasserkörper, im Einzugsgebiet oder durch atmosphärischen Eintrag für einen längeren Zeitraum zu erfassen, soweit sie sich in Sedimenten widerspiegeln.

b. historische und gegebenenfalls präzivilisatorische Eingriffe des Menschen in das Wirkungsgefüge des hydrologischen Systems bzw. des Einzugsgebiets (z.B. Rodungen mit anschließend erhöhter Erosionsrate) u.a. auch anhand der Schwermetallsedimentation zu erfassen und zu beschreiben

c. natürliche Veränderungen klimatischer, hydrologischer, geomorphologischer oder biogener Art im Einzugsgebiet bzw. im See selbst aus der Sedimentation von Schwermetallen zu erkennen.

Sicherlich ist es sehr schwierig, anthropogene Schwermetall"pollution" von den in b und c beschriebenen Phänomenen zu trennen. Die sedimentierten anorganischen Partikel setzen sich aus Schwebpartikeln aus dem Einzugsgebiet (Calcit, Dolomit, Schichtsilikate, Quarz u.a.) und aus dem Wasserkörper ausgefällten Stoffen (z.B. Calcit) zusammen. Die sedimentierten organischen Partikel stammen von terrestrischem biogenen Material (z.B. Huminstoffe) oder von aquatischen Organismen (z.B. Plankton). Jede Veränderung natürlicher oder anthropogener Art in den Anteilen führt in der Regel auch zu mehr oder minder großen Veränderungen im Schwermetallgehalt der Sedimente. Insbesondere die Fähigkeit der Organismen, Schwermetalle selektiv - und zudem je nach Art verschieden stark - anzureichern, erschwert die Interpretation von Schwermetalluntersuchungen von Seesedimenten. Anreicherungen um das 10fache gegenüber den Schwermetallgehalten im freien Wasser sind keine Seltenheit. Diese Anreicherungsfaktoren sind jedoch weit geringer im Vergleich zum anorganischen, geochemischen Milieu des Einzugsgebietes, so daß bei gleichzeitiger Sedimentation von anorganischen Partikeln und Organismenresten letztere zwar Schwermetalle gegenüber dem Gehalt im freien Wasser angereichert, doch gegenüber den anorganischen Sedimentpartikeln durchaus angereichert haben können.

Eine Zunahme von Schwermetallen in oberen Sedimentschichten kann daher nur dann als ein anthropogen verursachter, zusätzlicher Schwermetalleintrag in das Ökosystem gewertet werden, wenn folgende Minimalvoraussetzungen für den Sedimentationszeitraum erfüllt werden:

a. Die Anteile von organischer und anorganischer Sedimentation bleiben konstant.

b. Die mineralischen Bestandteile der anorganischen Sedimentation bleiben konstant (z.B. Karbongehalt, Ca/Mg-Verhältnis als Ausdruck des Calcit-Dolomit-Verhältnisses, Quarzgehalt).

c. Die Artenzusammensetzung der (sedimentierten) Organismen bleibt hinreichend konstant.

Diese letzte Voraussetzung ist (möglicherweise !) nur mit hohem Aufwand an biochemischer Analytik überprüfbar und wird durch eine regional vergleichende Analyse ersetzt:

d. Sind derartige Schwermetallanreicherungen in Sedimenten vieler Seen festzustellen und korreliert das Ausmaß der Anreicherung mit der in etwa bekannten Schwermetallfreisetzung im Einzugsgebiet, so wäre eine selektive Schwermetallanreicherung durch Verschiebungen bei der Artenzusammensetzung der Organismen überzufällig.

2. Daten zur Morphometrie und Hydrographie von Walchen- und Kochelsee

Der Walchensee - eine tektonisch vorgeprägte Ausschürfung des pleistozänen Isargletschers im Hauptdolomit der Bayerischen Kalkalpen - ist mit 16,3 km^2 Fläche der größte und mit 192 m Tiefe nach dem Königssee auch der zweittiefste deutsche Alpensee. Dieser Gebirgssee ist nahezu von allen Seiten von Bergen eingerahmt. Bis auf wenige Bereiche begleiten Steilhänge die Ufer. Geschlossene Wälder reichen von den Bergrücken bis an das Wasser hinunter und bestimmen das Bild der Walchenseelandschaft.

Der Kochelsee bedeckt eine Fläche von 5,95 km^2 und weist eine größte Tiefe von 67 m auf. Er wird im Süden von der steilen Kulisse der Kocheler Berge eingefaßt. Im Norden grenzt er

Karte 1

Die anthropogenen Veränderungen im Einzugsgebiet von Walchensee und Kochelsee seit 1923

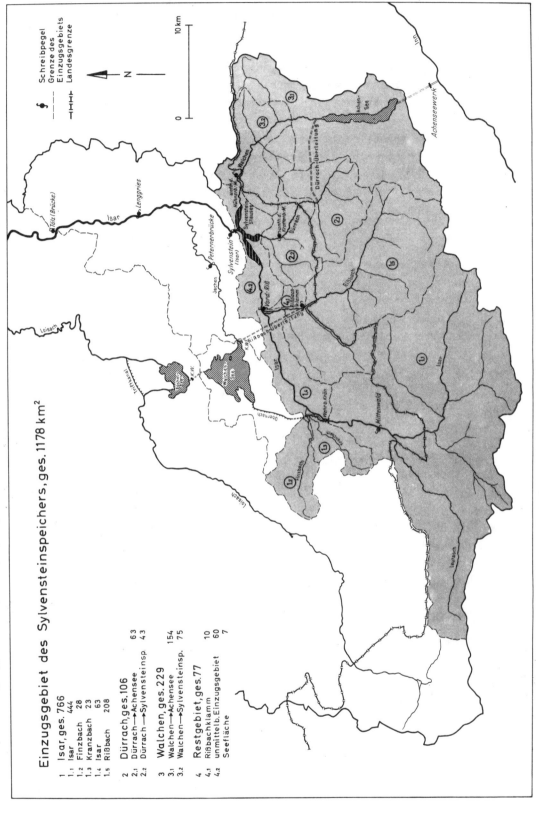

an den sogenannten Rohrsee, ein weiträumiges Verlandungsgebiet mit großen Schilfwäldern von nahezu 2,9 km² Ausdehnung. Im NW des Sees mündet bei Schlehdorf die Loisach in den See und verläßt diesen wieder im Nordosten bei Kochel.

Einen gravierenden Eingriff in die gesamte Hydrographie von Walchen- und Kochelsee stellte das 1924 fertiggestellte Walchensee-Kraftwerk dar. Der Grundgedanke des Walchenseekraftwerkes liegt in der Nutzung des Höhenunterschiedes von 203 m zwischen dem Walchensee (802 m) und dem knapp 2 km nördlich vorgelagerten und durch den Kesselberg getrennten Kochelsee (599 m). Durch den im Dezember 1918 begonnenen und am 24.1.1924 fertiggestellten Bau des Walchenseekraftwerks und der Isarüberleitung wurde das Einzugsgebiet des Walchensees schlagartig von 74 km² (das war nur 4,5 mal die Seefläche) auf 560 km² vergrößert. Dem See wurden durch die Isarzuleitung im Mittel 13 m³/s künstlich zugeführt. Mit der zusätzlichen Überleitung des Rißbachs im Jahre 1949 konnte die Leistung des Walchenseekraftwerks um 50% gesteigert (von 22000 KW auf 33000 KW) werden. Das Einzugsgebiet vergrößerte sich um weitere 210 km² auf insgesamt 783 km². Heute fließen im Mittel 23 m³/s durch die Turbinen des Walchenseekraftwerks. Der erhöhte Durchsatz von Wasser im Walchensee läßt sich an der um das 7,5 fache verkürzten Austauschzeit des Seewassers ersehen und zeigt sich auch in der deutlich verringerten Intensität der temperaturbedingten Sommerstagnation.

Der Walchensee, der nach THIENEMANN (1928) wegen seiner großen Tiefe und dem mächtigen Hypolimnion zu den morphometrisch oligotrophen Seen zählt, erhält durch die starke Wasserzufuhr von 23 m³/s aus relativ dicht besiedelten Gebieten (Seefeld, Leutasch, Scharnitz, Mittenwald) eine beträchtliche Menge an Nährstoffen und Abfallstoffen zugeführt, die seine Trophielage vom oligotrophen Zustand zunehmend zu mesotrophen Verhältnissen (STEINBERG 1978) veränderte.

Den Kochelsee durchfließen die Loisach (23 m³/s) und - seit 1924 - das Triebwasser des Walchenseekraftwerkes (ebenfalls 23 m³/s). Die erheblichen Zuflüsse bewirken, daß der Kochelsee heute den schnellsten natürlichen Wasseraustausch (1,5 Monate !) aller natürlichen Seen in Bayern aufweist. Trotz dieser günstigen Voraussetzungen (der überwiegende Anteil der Nährstoffe wird mit dem Seeablauf wieder abgegeben) ist der Kochelsee als eutroph zu bezeichnen. Dies ist eine Folge der belasteten Loisach aus dem Raum Garmisch-Partenkirchen, Eschenlohe und Murnau. Besonders durch das Triebwasser des Walchenseekraftwerkes wird der Wasserkörper des Kochelsees kräftig durchmischt, - was - wie schon F. ZORELL 1956 nachgewiesen hat - im Temperaturverhalten und im O2-Gehalt seinen Niederschlag findet. So ist die Oberflächentemperatur in der Regel niedriger als im 203 m höher gelegenen Walchensee, doch im Tiefenbereich treten die höchsten Temperaturen aller Seen in Bayern auf.

3. Kernentnahme

Im Walchensee wurden am 26. und 27.9.1979 an drei Stellen jeweils ein ca. 500 cm langer Sedimentkern entnommen:

Kern 1 im Obernacher Winkel (d.h. in jener Bucht, in der die Isarüberleitung in den See mündet

Karte 2
Übersichtskarte von Walchensee und Kochelsee
mit den Sedimentkernentnahmestellen

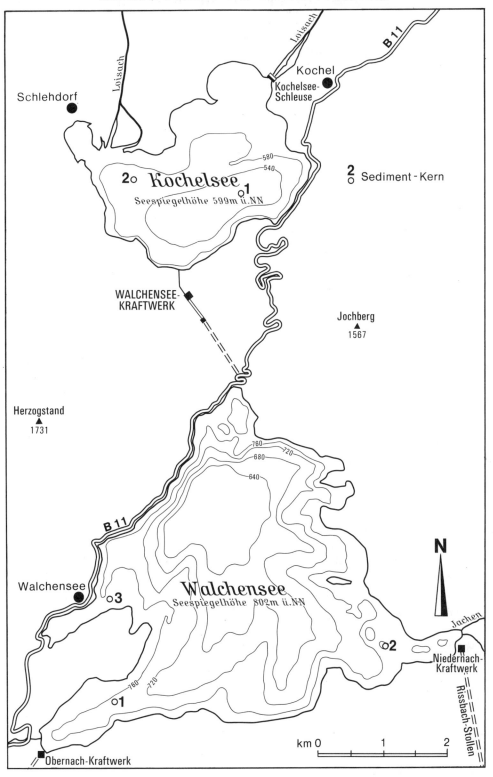

Kern 2 im Niedernacher Winkel (wo der Rißbach dem See zugeleitet wird)

Kern 3 in der Walchenseer Bucht (wo keine künstlichen Zuleitungen unmittelbar einwirken)

Im Kochelsee wurden 2 Kerne entnommen:

Kern 1 an der tiefsten Stelle

Kern 2 nahe der Loisach Mündung

4. Probenahme und Analyse

Mit einem von der DFG zur Verfügung gestellten Großrammkolbenlot (mehrfach modifiziert) nach ZÜLLIG konnten vom Institut für Geographie der Universität München bislang in 30 südbayerischen und alpinen Seen bis zu 6 m lange Bohrkerne entnommen werden. Die in einem PVC-Rohr eingeschlossenen Bohrkerne von 3,5 cm Durchmesser wurden halbiert, die Proben im gewünschten Abstand von 1 (oben) und 5 cm (unten) aus der Kernmitte entnommen, getrocknet und gemahlen. Für die Schwermetallanalyse wurden jeweils ca. 0,3 g Sediment 15 min lang bei 130°C in Königswasser aufgeschlossen und anschließen auf ihren Gehalt an Schwermetallen (Cd, Pb, Cu, Zn, Mn, Fe, Ni, Cr, Ti, V) und Erdalkalimetallen (Ca, Mg) atomabsorptionsspektrometrisch (Landesamt f. Wasserwirtschaft München) oder über ICP-AES (Gesellschaft f. Strahlen- u. Umeltforschung, Dr. P. Schramel, Neuherberg b. München) bestimmt.

5. Analysenergebnisse von Kern 1 (Walchensee, Obernacher Bucht)

5.1 Phosphor

Im ältesten Teil des Sedimentkerns herrscht eine sehr gleichmäßige Phosphatablagerung um den natürlichen Background von ca. 115 µg/g Trockensubstanz (Abb.1). Bis 143 cm Tiefe steigt der Gesamtphosphatgehalt auf 986 µg/g Trockensubstanz an (das 9fache des Backgrounds !). Das Maximum tritt bei 97 cm mit 2211 µg/g Trockensubstanz auf. Danach nimmt die Phosphorkonzentration wieder bis auf 425 µg/g Trockensubstanz ab. Von Probe 15,5 - 17 cm mit 199 µg/g Trockensubstanz erhöht sich die Gesamt-P-Konzentration - ähnlich dem Pigmentgehalt - um mehr als das 3fache auf 667 µg/g Trockensubstanz. Diese starke Anreicherungsstufe fällt nach den Ergebnissen der Cs-137-Datierung (siehe Abb.2) in das Jahr 1957 (HÄMMERLE 1980). In dieser Zeit dürfte die Primärproduktion durch Entrophierung rasch zugenommen haben, da ebenso der Pigmentgehalt und der Glühverlust ab diesem Zeitpunkt erheblich zunehmen. Im wesentlichen dürfte diese Zunahme des Gesamt-Phosphors auf den verstärkten Gebrauch polyphosphathaltiger Waschmittel zurückzuführen sein. So betrug 1954 am Bodensee der Anteil der Polyphosphate aus Waschmitteln nur 2% der Gesamt-P-Zufuhr (MÜLLER 1978). Die übrige P-Zufuhr setzte sich vorwiegend aus Düngemittel-Phosphor und Fäkal-Phosphor zusammen. 1974 erreichten die Polyphosphate bereits einen Anteil von 59%

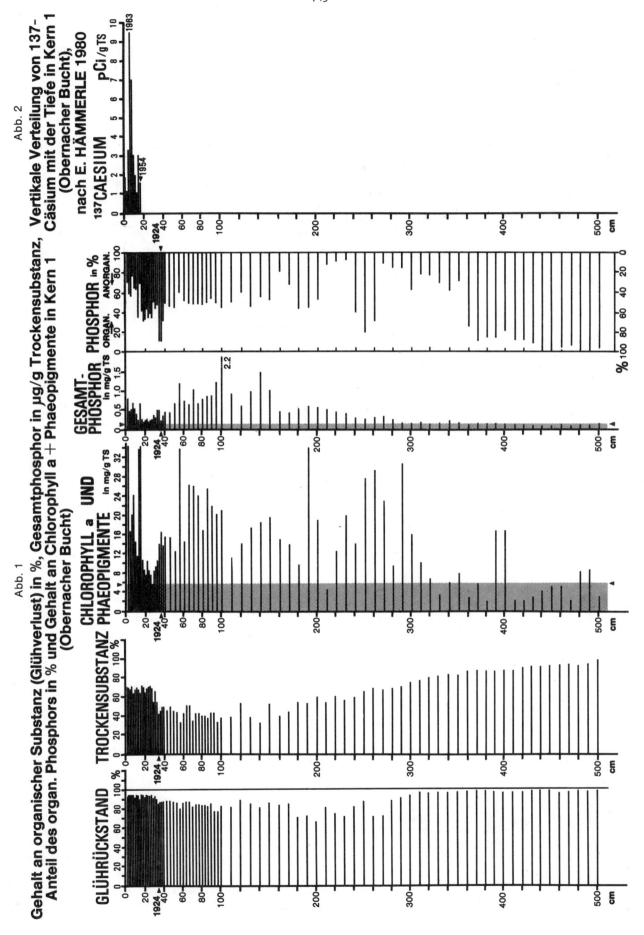

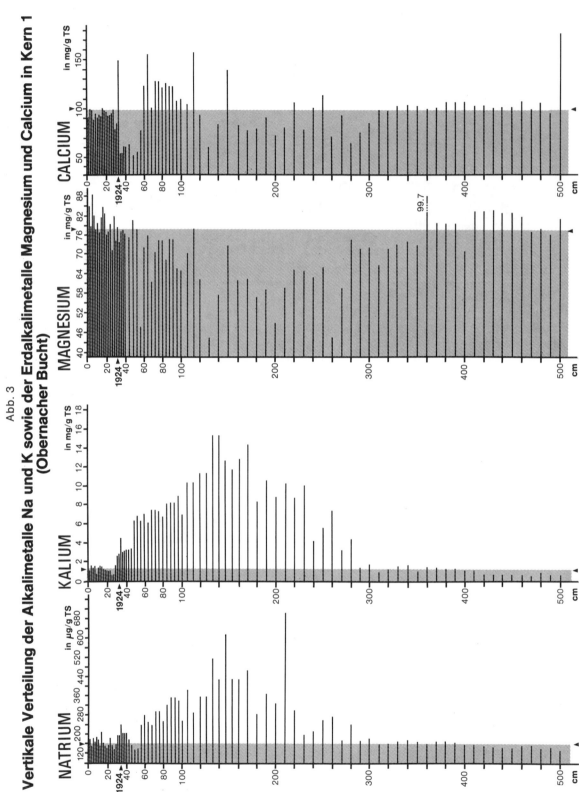

Abb. 3
Vertikale Verteilung der Alkalimetalle Na und K sowie der Erdalkalimetalle Magnesium und Calcium in Kern 1 (Obernacher Bucht)

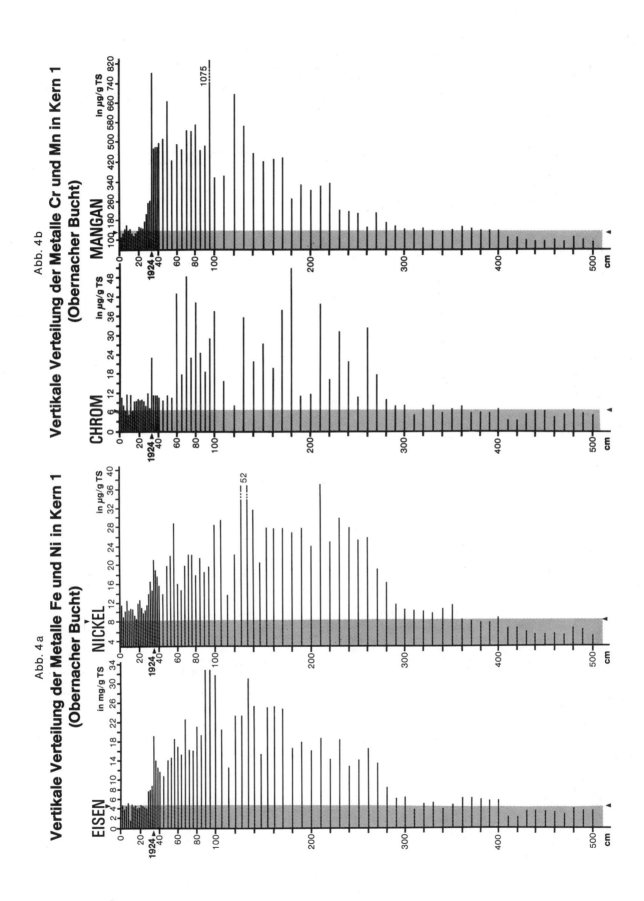

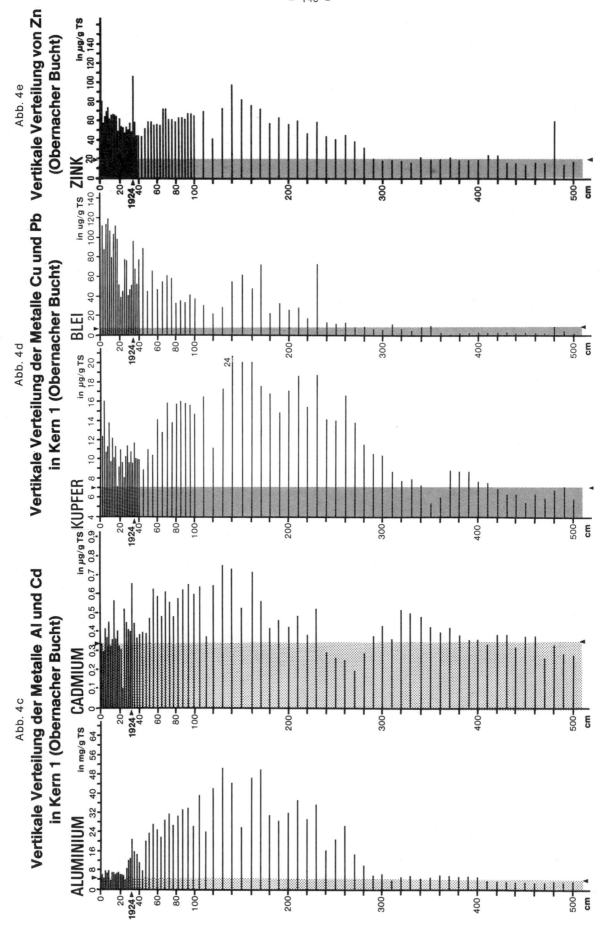

Tab. 1: Vergleich der durchschnittlichen Schwermetallgehalte in Gesteinen (geochemischer Standard) mit den natürlichen background-Werten ausgewählter Seen; Angaben in µg/g Trockensubstanz

	Cd	Pb	Cu	Zn	Ni	Cr	Mn	Fe
Tongestein	0,2	20	45	95	68	90	850	47200
Basalt	0,2	6	87	105	130	170	1500	86500
Granit	0,13	19	30	60	15	22	540	29600
Karbonatgestein	0,04	9	4	20	20	11	1100	3800
Ammersee-background	0,23	12	19	40	35	13	750	13000
Gr. Ostersee - "	0,1	8	30	20			100	1000
Waschsee- "	0,2	10	40	40			100	1500
Gr. Arbersee- "								
Alpsee- "		60	50	100			500	20000
Alatsee- "		40	40	100			200	5000
Wörthsee- "	0,25	15	30	50		15	100	10000
Wesslinger See- "	0,3	25	40	30	30	10-15	100- 400	11000
Riegsee- "	0,9-10	150	45	90	30	30	300-1600	12000
Walchensee-K2 "	18	25	25	45	17	50	100	4000
Walchensee-K3 "	5	10	35	50	40	30	200	20000
Walchensee-K1 "	0,3	5-55	5-18	20-60	5-25	5-35	100	3000
Kochelsee- K1 "	1-6	50		50	40	35	600	17000
Kochelsee- K2 "	1	50	40	50	30	10	400	12000

Tab. 2: Maximal- und Minimalkonzentration in ppm der Trockensubstanz sowie der Igeo-Wert in ausgewählten Seen Südbayerns

See	Cu			Pb			Cr			Cd			Zn		
	Max	Min	Igeo	Max	Min	Igeo	Max	Min	Igeo	Max	Min	Igeo	Max	Min	Igeo
Ammersee	60	20	1,0	30	12	0,7	22	14	0,06	1,5	0,21	2,2	800	50	3,4
Wörthsee	65	40	0,1	125	18	2,2	22	7	0,5	1,2	0,95	1,4	340	50	2,2
Pilsensee				46	5	2,5	19	3	2,1	0,1	0,01	1,5	55	13	1,5
Walchensee	24	6,9	1,2	11,5	1	3,8	43	6	2,2	0,6	0,34	0,1	105	18	1,9
Kochelsee				310	50	2,0							480	50	2,6
Gr. Ostersee	33	30	-0,4	60	8	2,3				0,5	0,10	1,6	30	20	0
Fohnsee	36	27	-0,2	49	14	1,2				0,9	0,20	1,5	125	30	1,5
Waschsee	81	42	0,4	68	12	1,9				1,4	0,30	1,6	520	100	1,8
Herrensee	28	32	-0,7	80	3	4,1				0,6	0,30	0,3	60	100	-1,3
Sengsee	50	30	0,2	44	11	1,4				1,2	0,30	1,4	110	30	1,3
Gr. Arbersee	27	32	-0,8	52	8	2,1	0,3	0,4	-0,9	0,4	0,28	-0	82	70	-0,2
Weßlinger See	70	60	-0,4	244	23	2,8	13	20	-1,2	1,7	0,50	1,1	308	27	2,9
Höllensteinsee	80	"	0,7	155	"	3,7	80	"	3,3	5,9	"	3,8	420	"	2,0
Speichersee	420	x	3,8	2100	x	6,8	830	x	5,3	100	x	8,2	2500	x	5,0
Ausgl-Weiher	123	x	2,1	609	x	5,0				31	x	6,4	259	x	2,1
Isar/Eching	203	x	2,8	685	x	5,2				30	x	6,4	243	x	2,0
N.-aichbach	142	x	2,3	1950	x	6,7				23	x	6,0	765	x	3,6

" Background aus Gr. Arbersee, da der Schwarze Regen im Gr. Arbersee entspringt
x Background Ammersee, da Backgroundwerte aus dem Isarbereich bislang fehlen

Igeo = < 0 praktisch unbelastet
      0-1 unbelastet - mäßig belastet
      1-2 mäßig belastet
      2-3 mäßig - stark belastet
      3-4 stark belastet
      4-5 stark - übermäßig belastet
      > 5 übermäßig belastet

des zugeführten Gesamt-P. Auch im Walchensee steigt die P-Konzentration zur Sedimentoberfläche hin rasch an. In 0-1 cm Tiefe wurden 774 µg/g Trockensubstanz ermittelt (das 4fache der Zeit vor 1954 und das 7fache des Backgrounds). Diese Zunahme wird noch gravierender, wenn man die "mineralische Verdünnung" durch die um rund das 10fache erhöhte Sedimentation nach 1924 berücksichtigt. Multipliziert man 774 µg/g Gesamtphosphor mit dem Faktor 10, um den die Sedimentationsrate erhöht worden ist, ergibt sich ein um das 67fache erhöhter Eintrag von Gesamtphosphor gegenüber dem natürlichen Background von 115 µg/g Trockensubstanz! Wenngleich diese Kalkulation mit vielen Annahmen und Unsicherheiten behaftet ist, läßt sich doch aus dem Sediment eine um ein Vielfaches erhöhte Zufuhr von Gesamtphosphor in den See in jüngerer Zeit ableiten. Unterstützt wird diese Aussage durch eine Ermittlung des organisch gebundenen Phosphors am Gesamtphosphor. Während im älteren Teil des Sedimentkerns der Anteil des org-P unter 20% des Gesamtphosphors bleibt, steigt sein Anteil nach oben auf ca. 70% und macht ab 150 cm Tiefe rund 45% des Gesamt-P aus. Nach der Isarüberleitung (1924, in 32 cm Tiefe) sinkt der Anteil des org. P um ca. 10% auf rund 35% des Gesamt-P ab. In 15,5-17,0 cm Tiefe werden nur 31 % org. P gemessen, doch bereits in 12,5-14,0 cm Tiefe ist der Anteil des org-P bereits auf knapp 70% gestiegen. Dieser hohe Gehalt an organisch gebundenem Phosphor im Walchenseesediment der letzten zwanzig Jahre ist - neben den hohen Chlorophyll-a und Phaeopigmenten (HÄMMERLE 1980) - ein wichtiger Hinweis auf die durch Entrophierung hervorgerufene hohe Bioproduktion im Walchensee.

5.2 Vertikale Verteilung der Alkali- und Erdalkali-Metalle

Die vier Hauptkationen - Natrium, Kalium, Magnesium, Calcium - sind am Aufbau der Erdkrust maßgeblich beteiligt und wesentliche Bestandteile der Gesteine im Einzugsgebiet (insbesondere Ca und Mg). Natrium und Kalium zeigen von unten bis in ca. 300 cm Tiefe einen sehr gleichmäßigen Konzentrationsverlauf (Abb. 3). Ihre Konzentration in diesem vorwiegend mineralischem Sediment entspricht in etwa dem geochemischen Standard des kalkdolomitischen Einzugsgebietes. Mit der Zunahme des organischen Anteils im Sediment von ca. 5% auf rund 40% steigt auch der Gehalt an Natrium und Kalium um das 4fache (Na) bzw. um das 15fache (K). Ab ca. 100 cm Tiefe ist eine bemerkenswerte Abnahme an Na und K zu verzeichnen, gleichlaufend mit einem Rückgang der organischen Substanz nach dem postglazialen Klimaoptimum. Der Einschnitt durch die Überleitung der Isar 1924 in 32 cm Tiefe wird bei Na und K durch einen Rückgang der Konzentrationen auf den natürlichen Background der minerogenen Sedimentation deutlich.

Bei Calcium und Magnesium (Abb.3) liegt der Gehalt des natürlichen Backgrounds der spät- und postglazialen minerogenen Sedimentation (ca. 510 bis 300 cm) bei durchschnittlich 77 mg/g Trockensubstanz (7,7%) bei Magnesium und bei 100 mg/g Trockensubstanz (10%) bei Calcium. Da sie - zusammen mit dem Anion CO_3 - die Hauptbestandteile des mineralischen Sediments bilden, nehmen deren Gehalte im Verlauf des postglazialen Klimaoptimums ab. Die anschließende Abnahme der organischen Sedimentation spiegelt sich in einer Zunahme der Ca- und Mg-Gehalte wider. Die Isarüberleitung 1924 führt durch ihre verstärkte minerogene Sedimentaion zu einem Einpendeln der Ca- und Mg-Gehalte auf dem Niveau des natürlichen Backgrounds, wie er schon im Spätglazial sedimentiert worden ist (untere Kernhälfte). Die diesen Background etwas überschreitenden Mg-Gehalte und die unterschreitenden Ca-Gehalte im Bereich von 1924 bis heute weisen auf das gegenüber der Zeit von 1924 veränderte Einzugsgebiet hin: Lag das unmittelbare Einzugsgebiet des Walchensees (Spätglazial bis

1924) in einem Gebiet mit vorwiegend anstehendem Plattenkalk und Kössener Schichten, liefert das nunmehr um das 10fache vergrößerte Einzugsgebiet Schwebstoffe aus einem Gebiet mit vorherrschendem Hauptdolomit an, dessen Mg-Gehalt höher ist als der im Plattenkalk.

5.3 Aluminium, Eisen und Mangan

Aluminium - mit 7,3 Gewichtsprozent das am weitesten verbreitet Metall der Erdkruste - ist vorwiegend in Feldspäten, Gneis und Glimmer enthalten. Die Al-Konzentration in Kern 1 des Walchensees (Abb.4) ist ebenso wie viele andere Elemente im Bereich zwischen 506 cm und 280 cm recht konstant. Der aus diesem Teil ermittelte Background liegt bei 4,7 mg/g Trockensubstanz. Wie bei den meisten anderen Elementen steigt auch die Konzentration des Al im Laufe des postglazialen Klimaoptimums - sicherlich bedingt durch die stärkere Verwitterung - an und erreicht zwischen 130 und 170 cm Tiefe mit rund 50 mg/g die höchsten Werte. Nach der Einleitung der Isar folgte ein rascher Rückgang auf die Konzentration des Backgrounds.

Mangan, dessen Anteil an der Erdkruste mit 0,064 Gew.% ähnlich hoch liegt wie der von Phosphor und Schwefel, weist einen ähnlichen Kurvenverlauf auf (Abb.4). Bemerkenswert ist jedoch, daß der Anstieg zum Maximum nur allmählich erfolgt und der stufenförmige Rückgang nach dem postglazialen Klimaoptimum nicht eintritt. Das Einschwenken auf den Background nach der Isarüberleitung 1924 ab 32 cm Tiefe erfolgte außerordentlich rasch. Wie viele andere Metalle weist auch Mn vor diesem Rückgang einen Konzentrationspeak auf (Probe 24 in 32 cm Tiefe), der möglicherweise mit dem Bau des Überleitungstunnels und den dabei verwendeten Materialien in Zusammenhang gebracht werden kann.

Eisen ist mit 3,38 Gew.% am Aufbau der Erdrinde beteiligt und damit nach Aluminium das zweithäufigste Metall. Aus der relativ konstanten Verteilung des Fe-Gehalts im älteren Bereich des Sediments (506-280 cm) läßt sich ein Background von 4,4 mg/g Trockensubstanz ermitteln. Auch beim Eisen läßt sich in 280 cm Tiefe eine sprunghafte Zunahme feststellen, die mit dem Anstieg der organischen Substanz im Sediment korreliert. Probe 24 (32 cm Tiefe) weist - ähnlich wie bei Mn - einen Peak auf (19,2 mg/g TS) und ist wohl auf die Bauarbeiten zurückzuführen.

5.4 Die Schwermetalle Cadmium, Blei, Zink, Chrom, Kupfer, Nickel

Cadmium ist in der Natur in Form von Cadmiumblende (CdS) oder Cadmiumcarbonat ($CdCO_3$) fast immer ein Begleiter des Zinks und fällt deshalb als Nebenprodukt der Zinkgewinnung an. Der aus 400-500 cm Tiefe ermittelte Background von 0,34 µg/g Trockensubstanz (Abb. 6) entspricht in etwa dem Tongesteinsstandard von TUREKIAN & WEDEPOHL 1961 (0,3 µg/g TS). Der Konzentrationsverlauf entspricht nicht voll dem Verlauf der übrigen Metalle. Eine erste Anreicherung tritt bereits im unteren mineralischen Sedimentanteil bis 3,20 m Tiefe ein. Neben der Anreicherung von Cadmium im organischen Sediment müssen auch Veränderungen im Cadmiumgehalt des minerogenen Sediments den weitern Konzentrationsverlauf prägen. Der Bau der Isarüberleitung ist in 32 cm Tiefe durch ein Cd-Peak markiert.

Der im älteren Sedimentbereich (506-280 cm) relativ konstante Bleigehalt von 5,5 µg/g kann als Background angenommen werden (Abb. 6). In 175 cm Tiefe steigt der Pb-Gehalt auf 7,4 µg/g, dem 1,3fachen des Backgrounds. Anschließend erfolgt eine Abnahme der Pb-Konzentration. Erst ab 78 cm Tiefe (33,6 µg/g) beginnt der Pb-Gehalt wieder zu steigen, obwohl in diesem Bereich der Anteil der organischen Sedimentation zurückgeht. Eine biogene Anreicherung durch Mikroorganismen scheint daher ausgeschlossen zu sein. Dieser Bleianstieg ist daher als ein wichtiger Indikator für eine Schwermetallverschmutzung zu sehen. Ein besonders starker Anstieg der Pb-Konzentration von 52 µg/g auf 99 µg/g ist ab 17,5 cm zu erkennen. Nach den Ergebnissen der 137-Cs-Datierung (Abb.2, HÄMMERLE 1980) ist diese sprunghafte Pb-Zunahme Mitte der 50er Jahre erfolgt. Seither ist ein weiterer Anstieg bis aus 115 µg/g in 5,3-6,5 cm Tiefe zu verzeichnen (entspricht etwa dem Jahre 1963), das ist das 20fache des Backgrounds. Eine frühe Kontamination unserer Umwelt mit Blei ist vor allem auf die Verbrennung von festen fossilen Brennstoffen (Flugasche) und auf die Verwendung von bleihaltigen Wasserleitungen zurückzuführen. Die jüngere, beschleunigte Anreicherung der Böden und Sedimente mit Blei ist nach FÖRSTNER & MÜLLER (1974) zu 95% auf die Verwendung von Bleialkylzusätzen (Bleitetraäthyl) als Antiklopfmittel in Treibstoffen hochverdichteter Ottomotoren zurückzuführen. Sogar im Eis von Nordgrönland konnte die zunehmende Bleibelastung unserer Umwelt von MUROZUMI (1969) nachgewiesen werden: die Bleikonzentration stieg innerhalb der vergangenen 2800 Jahre um das 200fache, dabei seit 1945 allein um das 4fache. Im Walchensee stieg der Pb-Gehalt seit 1954 um das 3fache, d.h. um einen vergleichbaren Faktor.

Auch Zink zeigt den bereits diskutierten Konzentrationsverlauf (Abb. 6). Der Background von 18 µg/g stimmt recht gut mit dem Karbonatgesteinsstandard von TUREKIAN & WEDEPOHL (1961) überein. Mit dem Anstieg der organischen Sedimentation im postglazialen Klimaoptimum geht ein Anstieg des Zn-Gehaltes bis 97 µg/g einher. Ebenso ist der Peak in 32 cm Tiefe (Isarüberleitung) zu beobachten. Bedeutsam ist die Tatsache, daß nach 1924 trotz vorherrschender minerogener Sedimentation der Zn-Gehalt nicht auf den Background zurückgeht, was beweist, daß ein Teil dieser Zn-Sedimentation als Verschmutzung gewertet werden muß.

Einen ähnlichen Konzentrationsverlauf zeigen auch die Schwermetalle Kupfer, Nickel und Chrom (Abb. 6), wobei allerdings nur Kupfer im oberflächennahen Sediment seit 1924 in seiner Konzentration über dem Background liegt und eine Anreicherung - vergleichbar mit der des Zinks - aufweist, was ebenfalls auf einen anthropogenen Eintrag hinweist.

6. Kern 2 aus der Niedernacher Bucht und Kern 3 aus der Walchenseer Bucht

Im Gegensatz zu Kern 1 aus der Obernacher Bucht des Walchensees zeigen die Kerne 2 und 3 (Abb. 5-12) keine unmittelbaren Hinweise auf die Überleitung der Isar wie Kern 1, d.h. die durch die Isarüberleitung erhöhte mineralische Schwebstoffzufuhr reicht nicht bis in diese weitabgelegenen Buchten (Luftlinie Obernacher Winkel-Niedernacher Bucht 5 km, Obernacher Winkel und Walchenseer Bucht sind durch den Katzenkopf getrennt). Andererseits zeigt Kern 2 in der Walchenseer Bucht eine Anreicherung von Cd und Pb von 20 cm bis zur Oberfläche um das 6fache. Neben dem zu erwartenden Schwermetalleintrag von der hier vorbeiführenden Hauptverkehrsstraße des Walchensees könnte hierfür auch die Schwermetallzufuhr von Seiten der Isarüberleitung verantwortlich sein. Im Gegensatz zu der dort erfolgenden Verdünnung der Schwermetallsedimentation durch mineralische Schwebstoffe mit Schwermetallgehalten auf dem background-level werden hier nur die feinsten, aber durch absorptive Bindung besonders schwermetallreichen Partikel sedimentiert. Außerdem zeigt Kern 2 eine gegenüber Pb und Zn frühere, wenn auch nicht so deutliche Anreicherung von Zink, wie sie auch der üblichen Reihenfolge und der Intensität des Schwermetallgebrauchs durch den Menschen entspricht.

Kern 3 zeigt nicht die in Kern 1 und 2 feststellbare Schwermetallanreicherung durch verstärkte organische Sedimentation in der postglazialen Wärmezeit. Diese Beobachtung stimmt mit einer groben pollenanalytischen Untersuchung (RÖSCH 1982) (der qualitativ und quantitativ unzureichende Pollenerhalt ließ keine exakte Pollenanalyse zu) von Kern 3 überein: diese zeigen, daß Kern 2 in 2 m Tiefe nicht älter als 500 Jahre sein kann (Chronozone Xa/Xb), der darunter liegende Teil weist einige Hiaten und Störungen auf, ist jedoch sicher nicht älter als 5000 Jahre. Diese gestörten Lagerungsverhältnisse und die relativ hohe Sedimentationsrate von Kern 3 läßt sich auf die nahe Einmündung des Deiningbaches zurückführen, der einen 1 km langen Schwemmkegel in den Walchensee vorgetrieben hat.

Kern 2 aus der Niedernacher Bucht dagegen ist mit Kern 1 vergleichbar: er zeigt deutlich die in der postglazialen Wärmezeit aufgetretene verstärkte organische Sedimentation (Abb. 5) bei gleichzeitiger erhöhter Schwermetallakumulation im Bereich zwischen 270 cm und 120 cm. Setzt man in einer groben Überschlagsrechnung die Kernlänge mit 10000 Jahre an (Spät-/Postglazial), so entspricht unter der Annahme gleichbleibender Sedimentationsrate diese 140 cm lange Phase mit verstärkter organischer Sedimentation rund 3000 Jahre, also in etwa der postglazialen Wärmezeit von 8000 bis 5000 Jahre vor heute. Der recht konstante Gehalt an Magnesium (Abb. 6) beweist, daß die allochthone Sedimentzufuhr über die gesamte Kernlänge ziemlich gleichgeblieben ist. Die Abnahme des Calcium-Gehalts zwischen 270 und 130 cm bei gleichzeitiger Zunahme des organischen Gehalts belegt eine weitaus produktivere Phase des Sees in jener Zeit, die selbst durch die heute ablaufende Eutrophierung noch nicht übertroffen wird. Durch die verstärkte organische Sedimentation werden Cu, Cr, Ni und vor allem Ti und Zn angereichert (Abb. 8) nicht jedoch Pb und Cd, welche erst durch anthropogenen Eintrag in der obersten Lage akkumuliert werden (hier jedoch nicht Cu, Cr, Ni und Ti). Bemerkenswert ist schließlich die enge Korrelation zwischen Eisen und Phosphor (Abb. 7), die beide in der postglazialen Wärmephase angereichert vorliegen, wobei das Phosphat durch Eisen ausgefällt wird, ein schon lange bekannter Prozeß.

Eine ähnlich der Isarüberleitung auch für Kern 2 (Niedernacher Bucht) erwartete Veränderung in der Sedimentation (z.B. eine erhöhte mineralische Schwebstoffzufuhr) durch die Überleitung des Rißbaches in den Walchensee 1950 ist nicht zu beobachten. Da bei jeder Sedimentkernentnahme eine mehr oder weniger mächtige Oberflächenschicht verspült wird, ist diese von der Rißbachüberleitung beeinflußte Sedimentschicht möglicherweise in Kern 2 noch nicht erfaßt.

7. Sedimentkerne aus dem Kochelsee

In den Abb. 13-20 werden zwei Sedimentkerne aus dem Kochelsee vorgestellt. Da bislang eine absolute Datierung dieser Kerne nicht gelungen ist (der C-org-Gehalt ist für eine C-14-Datierung zu gering, Pollen sind bei der vorliegenden hohen Sedimentationsrate zu sehr "verdünnt"), sollen diese hier nur kurz erläutert werden. Wesentlich für eine Interpretation der Schwermetallgehalte ist die Tatsache, daß der Gehalt an organischer Substanz und

Abb. 5
Organische Substanz und Karbonatgehalt in % in Kern 2 (Niedernacher Bucht)

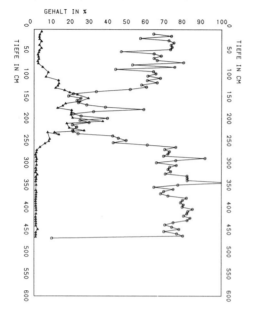

— KARBONAT. WALCHENSEE. NIED.-BUCHT
— ORGAN SUBSTANZ. WALCHENSEE. NIED.-BUCHT

Abb. 6
Calcium- und Magnesiumgehalt in Kern 2 (Niedernacher Bucht)

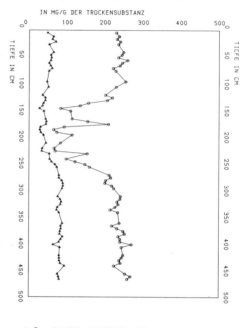

— CALCIUM. WALCHENSEE. NIED.-B.
— MAGNESIUM. WALCHENSEE-SED., NIED.-B.

Abb. 7
Mangan-, Phosphor-, Eisen- und Aluminiumgehalt in Kern 2 (Niedernacher Bucht)

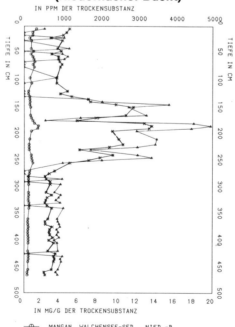

— MANGAN. WALCHENSEE-SED. NIED.-B.
— PHOSPHOR. WALCHENSEE-SED. NIED.-B.
— EISEN. WALCHENSEE-SED. NIED.-B.
— ALUMINIUM. WALCHENSEE/SED. NIED.-B., MG/L

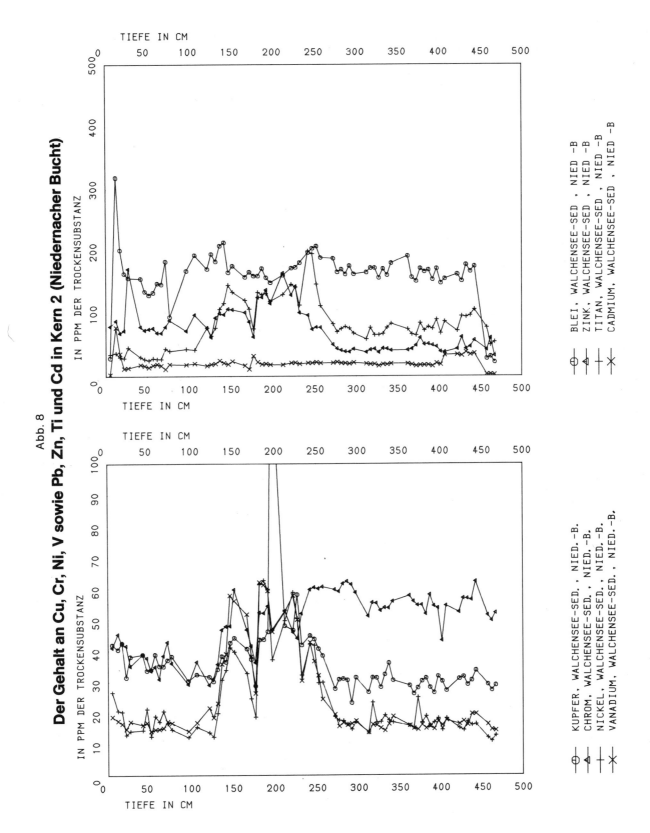

Abb. 8
Der Gehalt an Cu, Cr, Ni, V sowie Pb, Zn, Ti und Cd in Kern 2 (Niedernacher Bucht)

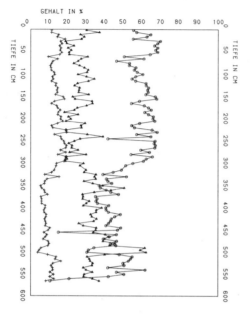

Abb. 9
Feuchte, organische Substanz und Karbonatgehalt in % in Kern 3 (Walchenseer Bucht)

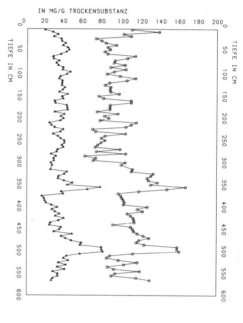

Abb. 10
Calcium- und Magnesiumgehalt in Kern 3 (Walchenseer Bucht)

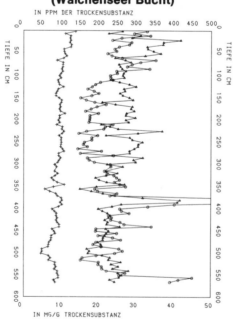

Abb. 11
Mangan-, Eisen- und Aluminiumgehalt in Kern 3 (Walchenseer Bucht)

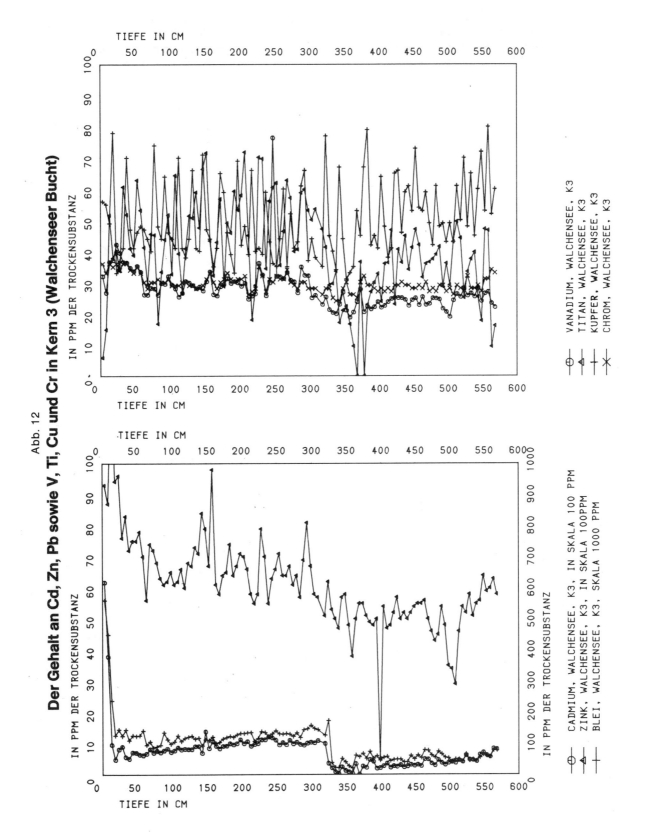

Abb. 12 **Der Gehalt an Cd, Zn, Pb sowie V, Ti, Cu und Cr in Kern 3 (Walchenseer Bucht)**

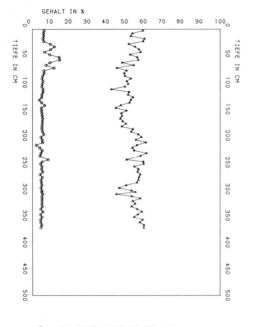

Abb. 13
Organische Substanz und Karbonatgehalt in Kern 1 des Kochelsees (tiefste Stelle)

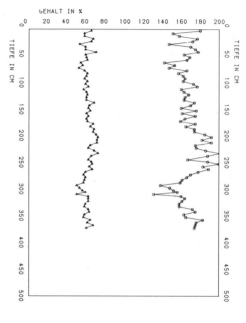

Abb. 14
Gehalt an Calcium und Magnesium in Kern 1 des Kochelsees (tiefste Stelle)

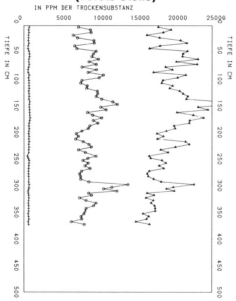

Abb. 15
Gehalt an Aluminium, Eisen und Mangan in Kern 1 des Kochelsees (tiefste Stelle)

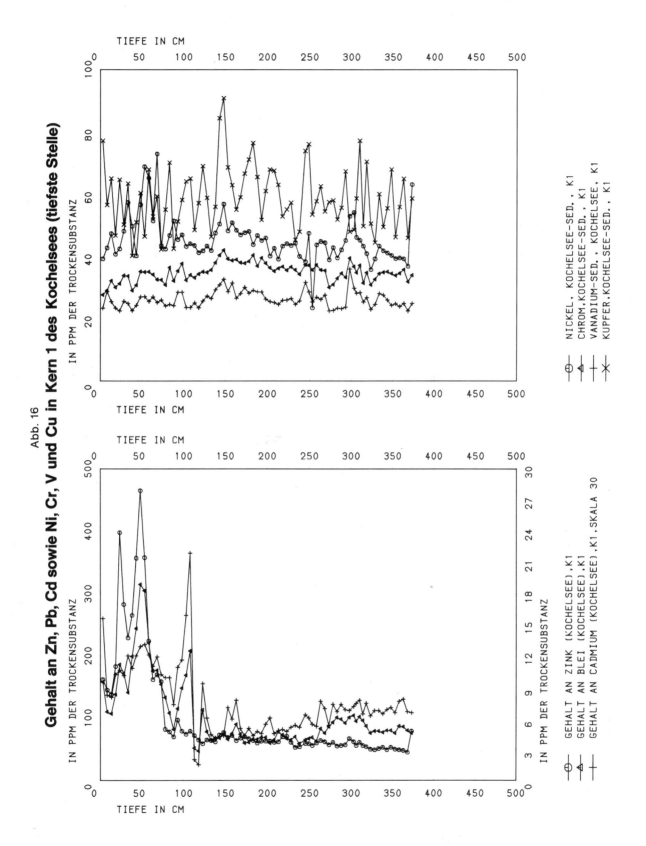

Abb. 16
Gehalt an Zn, Pb, Cd sowie Ni, Cr, V und Cu in Kern 1 des Kochelsees (tiefste Stelle)

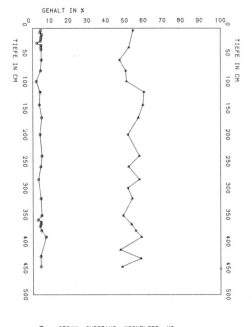

Abb. 17
Organische Substanz und Karbonatgehalt in Kern 2 des Kochelsees (nahe Loisach-Mündung)

—⊖— ORGAN. SUBSTANZ, KOCHELSEE, K2
—▲— KARBONAT, KOCHELSEE, K2

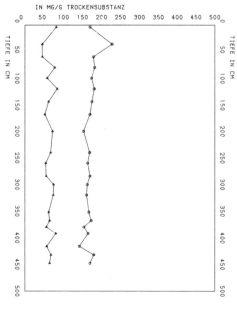

Abb. 18
Gehalt an Calcium und Magnesium in Kern 2 des Kochelsees (nahe Loisach-Mündung)

—⊖— CALCIUM, KOCHELSEE, K2
—▲— MAGNESIUM, KOCHELSEE, K2

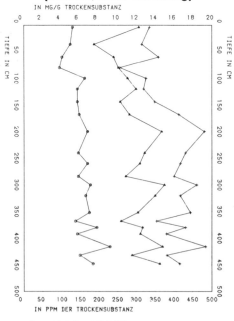

Abb. 19
Gehalt an Aluminium, Eisen und Mangan in Kern 2 des Kochelsees (nahe Loisach-Mündung)

—⊖— ALUMINIUM, KOCHELSEE, K2
—▲— EISEN, KOCHELSEE, K2
—+— MANGAN, KOCHELSEE, K2, IN PPM

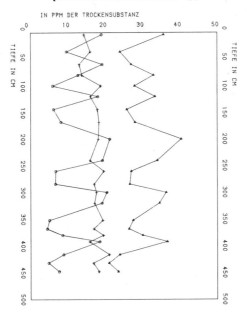

Abb. 20a
**Gehalt an Cr, Ni und V
in Kern 2 des Kochelsees
(nahe Loisach-Mündung)**

- CHROM, KOCHELSEE, K2
- NICKEL, KOCHELSEE, K2
- VANADIUM, KOCHELSEE, K2

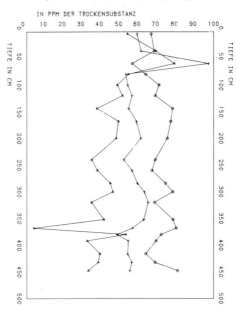

Abb. 20b
**Gehalt an B, Cu und Ti
in Kern 2 des Kochelsees
(nahe Loisach-Mündung)**

- BOR, KOCHELSEE, K2
- KUPFER, KOCHELSEE, K2
- TITAN, KOCHELSEE, K2

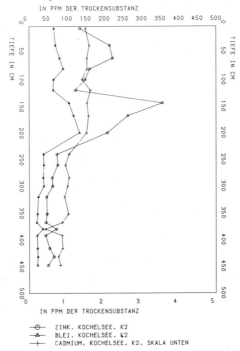

Abb. 20c
**Gehalt an Zn, Pb und Cd
in Kern 2 des Kochelsees
(nahe Loisach-Mündung)**

- ZINK, KOCHELSEE, K2
- BLEI, KOCHELSEE, K2
- CADMIUM, KOCHELSEE, K2, SKALA UNTEN

an Karbonat (Abb. 13 und 17) in beiden Kernen von Anteilen wie auch vom Verlauf her
relativ konstant ist. Der geringe Anteil organischer Sedimentation belegt die hohe Schwebstoffzufuhr durch die Loisach. Der ebenfalls nahezu konstante Gehalt an Magnesium (Abb. 14
und 18) als Indikator für allochthone Schwebstoffzufuhr aus dem dolomitischen Einzugsgebiet weist ebenfalls kaum Änderungen auf. Demnach müssen die in Kern 1 ab 100 cm Tiefe
auftretenden Anreicherungen an Cd, Zn und (Abb. 16) als ein zusätzlicher Schwermetalleintrag gewertet werden. Vorerst nicht erklärbar ist die Tatsache, daß Cd sich bereits
in 100 cm Tiefe anreichert, während Zn und Pb erst in ca. 60 cm Tiefe zunehmen. Anreicherungen von Zink und Blei bis auf 370 ppm bzw. 140 ppm sind auch in Kern 2 (nahe Loisach-
Mündung) festzustellen, allerdings in 250-120 cm Tiefe (Abb. 20). Nach oben hin geht die
Konzentration von Pb und Zn fast wieder auf den Background zurück (Zn 50ppm, Pb 30 ppm).
Es spricht viel für die Annahme, daß die im Jahre 1905 begonnene Loisach-Regulierung eine
Vermehrung der Zufuhr von (gröberen) Schwebstoffpartikeln führte und so die Schwermetall-
sedimentation "verdünnte".

8. Vergleich mit der Schwermetallbelastung in Seesedimenten ausgewählter südbayerischer
Seen

Trotz der in Punkt 2 dargestellten Argumentation ist nicht auszuschließen, daß unbekannte
oder nicht einkalkulierte natürliche Prozesse eine anthropogene Schwermetallanreicherung
im Sediment "vortäuschen". Durch Vergleich mit den Schwermetallgehalten in anderen Seen
läßt sich das Ausmaß der Schwermetallakumulation in Seesedimenten für eine ganze Region
feststellen (auch wenn einzelne Seen wegen singulärer Sedimentationsprozesse nicht in das
allgemeine Schema passen) und durch Vergleich mit dem geochemischen Standard des Einzugsgebietes und der präzivilisatorischen natürlichen Schwermetallsedimentation die anthropogene Belastung der Region mit Schwermetallen abschätzen.
Normiert man die Anreicherungswerte in den einzelnen Seen und Flußstauen durch Berechnung
von Geoakkumulationsindizes und Igeo-Klassen (Tab. 2), lassen sich vier Typen von Seen
ausgliedern:

a. Seen ohne Schwermetallbelastung aus dem Einzugsgebiet und nichtsignifikanten Eintrag
   über die Atmosphäre.

   Beispiel: Alpenseen wie z.B. Eglsee bei Kufstein. Schwarzer See bei Nauders.

b. Seen ohne nennenswerte unmittelbare anthropogene Schwermetallbelastung aus dem Einzugsgebiet, aber mit diffuser Immission aus gedüngten Flächen oder durch atmosphärischen
   Eintrag.

   Beispiele: Gr. Arbersee (Bayer. Wald), Alpsee bei Füssen, Alatsee, Gr. Ostersee,
   Steinsee bei Grafing

c. Seen mit unmittelbarer Schwermetallbelastung durch bekannte Schwermetallemittenten im
   Einzugsgebiet sowie durch diffuse Schwermetallimmission aus gedüngten Flächen und durch
   atmosphärischen Eintrag.

Beispiele: Pilsensee, Wesslinger See, Kochelsee, Walchensee, Ammersee.

d. Seen mit übermäßiger Schwermetallbelastung aus dem Einzugsgebiet durch unmittelbare Schwermetalleinleitung in das Abwasser wie auch durch diffuse Einspülung, etwa durch Regenwasser, bei quantitativ untergeordnetem Eintrag über die Atmosphäre.

Beispiele: Speichersee (im Norden Münchens), Isarstauseen, z.T. Höllensteinsee (Bayerischer Wald)

Zusammenfassung

Die Anreicherung von Schwermetallen in See- und Flußsedimenten durch natürlichen oder anthropogenen Eintrag wird an fünf Sedimentbohrkernen aus dem Walchensee und dem Kochelsee (Bayerische Alpen) aufgezeigt und vor dem Hintergrund der Schwermetallgehalte in Sedimenten anderer südbayerischer Seen diskutiert.

Literatur

ALBRECHT, D.: Die Klostergeschichte Benediktbeuern und Ettal - Hist. Atlas von Bayern, Teil Altbayern, Heft 6, München 1956

BOCK, R.: Aufschlußmethoden der anorganischen und organischen Chemie, Weinheim 1972

BORTLISZ, H.: Probenvorbereitung für die anorganische Spurenanalyse bei Abwasseruntersuchungen, Vom Wasser, Band 40, 1973

DIETZ, F.: Die Anreicherung von Schwermetallen in submersen Pflanzen, GWF-Wasser/Abwasser 113, Heft 6, 1972

FELS, E.: Vermessung und Morphologie des Walchenseebeckens, Arch. Hydrobiol. Suppl. 6, 1928

FRANKE, H.W.: Methoden der Geochronologie, Berlin 1969

GROTH, P.: Untersuchungen über einige Spurenelemente in Seen, Arch. Hydrobiol. 68/3, 1971

HELLMANN, H.: Charakterisierung von Sedimenten aufgrund ihres Gehaltes an Spurenmetallen, Dt. Gewäss. Mitt. Jg. 4, H. 6, 1970

HELLMANN, H.: Definition und Bedeutung des backgrounds für umweltschutzbezogene gewässerkundliche Untersuchungen, Dt. Gewässerkundl. Mitt., Jg. 14, H. 6, 1972

KIRGIS, L.: Wasserwirtschaftliche Betrachtung der Isar und ihres Einzugsgebietes, Bayerland 64, 1962, S. 347-352

KÜHL, F.: Untersuchungen über Temperaturverhältnisse und Sichtigkeit im Walchensee und Kochelsee in den Jahren 1921-23, Arch. Hydrobiol. Suppl. Bd. 6, 1928

MANGELSDORF, J. u. ZELINKA, K.: Zur Mengenbilanz anorganisch gelöster Stoffe in 3 Voralpenseen, Wasserwirtschaft 62, 1972

MENGE, A.: Das Bayernwerk und seine Kraftquellen, Berlin 1925

MICHLER, G. u. SCHMIDT, H.: Vergleichende Temperatur- und Sauerstoffmessungen in 32 südbayerischen Seen während der Sommerstagnation im August 1978, Wasserwirtschaft 69, H. 6, 1979

MICHLER, G., SIMON K., WILHELM F. und STEINBERG C.: Vertikale Verteilung von Metallen im Sediment eines Alpenvorlandsees als Zivilisationsindikatoren, Arch. Hydrobiol. 88, 1980

MÜLLER, G.: Die Belastung des Bodensees mit Schadstoffen und Bio-Elementen: Ergebnisse geochemischer Untersuchungen an Sedimenten, Polizei, Technik, Verkehr 3, 1978

MÜLLER, G. u. FÖRSTNER, U.: Schwermetalle in Flüssen und Seen, Berlin 1974

MUROZUMI, M., CHOW, T.J., PATTERSON, C.: Chemical concentrations of pollutant lead aerosols, terrestrial dusts and sea salts in Greenland and Antarctic snow strata, Geochim. Cosmochim. Acta. 33, 1969, 1247-1294.

PENNINGTON, W.: Observations on lake sediments using fallout 137-Cs as a tracer, Nature Vol. 242, 1973

RITCHIE, J. u. Mc HENRY, J.R.: A rapid method for determining recent deposition rates of freshwater sediments, Interactions between sediments and freshwater, Amsterdam 1976

SCHMIDT, G. u. WEIGELT, H.: Grundsatzfragen zur Eutrophierung der Seen in Oberbayern. II. Mitt. Walchensee und Kochelsee, Z. f. Kulturtechnik und Flurbereinigung 13

SCHRAMEL, P., LI-QUIANG, XU, WOLF, A. u. HASSE, S.: ICP-Emissionsspektrometrie: Ein analytisches Vefahren zur Klärschlamm- und Bodenüberwachung in der Routine, Fresenius Z Anal Chem 313, 1982, S. 213-216.

STEINBERG, C.: Limnologische Bestandsaufnahme von Ammersee und Walchensee, Informationsbericht des Bay. Landesamtes für Wasserwirtschaft, H. 7, 1978

STEINBERG C.: Bakterien und ihre Aktivität in der Oberfläche von Profundalsedimenten des Walchensees (Oberbayern), Arch. Hydrobiol. 84, 1978

STEINBERG, C. u. HAMM, A.: Gewässerinterne Festlegung und Wiederfreisetzung von Nährstoffen auf Fließstrecken besprochen am Beispiel Loisach, obere Isar, Ammer und Lech, Münchner Beiträge z. Wasser- u. Abwasserforschung, 32, 1980

TESSENOW, U.: Die Wechselwirkung zwischen Sediment und Wasser in ihrer Bedeutung für den Nährstoffhaushalt von Seen, Z. f. Wasser- und Abwasserforschung 2, 1979

TÖLG, G.: Zur Frage systematischer Fehler in der Spurenanalyse der Elemente, Vom Wasser 40, 1973

TROLL C.: Die jungeiszeitlichen Ablagerungen des Loisach-Vorlandes in Oberbayern, Geologische Rundschau, 1937, S. 599-611

WILHELM, F.: Verbreitung und Entstehung von Seen in den Bayerischen Alpen und im Alpenvorland, Gas- und Wasserfach 113, 1972

WÖHLECKE, C.: Verteilung von Pflanzennährstoffen und ausgewählten Haupt- und Nebengruppenmetallen in der Sedimentoberfläche des Walchensees (Oberbayern). Ingenieurarbeit an der FHS München

ZORELL, F.: Neuauslotungen oberbayerischer Seen, Mitt. d. Geogr. Ges. München 1951, S. 197-220

ZORELL, F: Der Einfluß des Walchensee-Kraftwerks auf den Temperaturhaushalt des Kochelsees, Die Erde, Bd. VII, 1955, S. 44-52

ZÜLLIG, H.: Sedimente als Ausdruck des Zustandes eines Gewässers, Schweizerische Zeitschrift f. Hydrologie, Basel 1956

Schnelle Felsgleitungen, Schuttströme und Blockschwarmbewegungen in den Alpen im Lichte
neuerer Untersuchungen

G. ABELE

Durch große Naturkatastrophen in den vergangenen zwei Jahrzehnten (u.a. Vaiont, Huascaran und Mt. St. Helens) erhielt die Erforschung der schnellen Massenbewegungen erhöhte Aktualität. Außerdem wurde die Diskussion durch die Arbeiten von ERISMANN, HEUBERGER und PREUSS (1977) zur Mechanik großer Bergstürze belebt. Durch diese Untersuchungen gewinnt die im Rahmen einer Monographie über Bergstürze in den Alpen vom Verfasser (1974) noch unter Vorbehalt geäußerte Annahme einer vorwiegenden en bloc-Gleitung der meisten großen Bergstürze an Wahrscheinlichkeit. Andererseits lassen Vergleichsstudien des Verfassers in den Anden und am Mt. St. Helens sowie weitere Untersuchungen in den Alpen einige der damaligen Beobachtungen in neuem Lichte erscheinen. Im folgenden sollen Ergebnisse herausgestellt werden, die über die erwähnte Monographie hinausführen [1]. Stand damals die Analyse vieler Einzelbeispiele im Vordergrund, so soll nunmehr der Versuch einer Synthese gewagt werden.

1. Zur Terminologie der schnellen trockenen Massenbewegungen

Bergstürze sind der Schwerkraft folgende Fels- und Schuttbewegungen großen Ausmaßes, die ohne stärkere Beimengung von Wasser mit hoher Geschwindigkeit aus Bergflanken niedergehen. Der in den bahnbrechenden Arbeiten von HEIM benutzte Begriff "Bergsturz" wird hier trotz seiner Mißverständlichkeit beibehalten. Von den Felsstürzen unterscheiden sich die Bergstürze allein durch ihr größeres Volumen. Die Festlegung eines Schwellenwertes, der die beiden Gruppen voneinander trennt (1974, S. 5), erwies sich als nicht zweckmäßig. Im Gegensatz zu den feuchten Massenbewegungen, den Schlammströmen, kommt es bei diesen trockenen Massenbewegungen nicht zu einer breiartigen Fluidisierung der Gesamtmasse durch das Wasser. Trotzdem kann das Wasser bei der Mobilisierung der Abgleithorizonte eine wichtige Rolle spielen. Für eine weitere Untergliederung der Fels- und Schuttbewegungen ist es zweckmäßig, in einem zusammengesetzten Begriff zunächst das Material und dann die Art des Niedergangs anzugeben (vgl. rockfall, rockslide). Da Gleitungen und Strömungen auch langsam ablaufen können, müssen sie zusätzlich als schnelle Bewegungen gekennzeichnet werden:

1. Felsfall: in mehr oder weniger freiem Fall niedergehende Felspakete oder Lockergesteinsmassen (Fallsturz nach HEIM 1932).

2. Schnelle Felsgleitung: mit hoher Geschwindigkeit en bloc gleitendes Felspaket (Schlipfsturz nach HEIM 1932).

3. Schneller Schuttstrom: mit hoher Geschwindigkeit strömende Lockergesteinsmassen (Sturzstrom nach HEIM 1932).

4. Blockschwarmbewegung: gleichzeitiges Springen und Rollen vieler isolierter Blöcke und Steine.

---

[1] Die im Text mit der Jahreszahl 1974 versehenen Literaturhinweise beziehen sich auf diese Monographie. Da dort über die Literatur zum Bergsturzproblem ausführlich referiert wird, sollen im folgenden - mit wenigen Ausnahmen - nur seit 1974 erschienene Arbeiten erwähnt werden.

Nach diesem Prinzip können auch die ganz oder teilweise aus anderem Material bestehenden Massenbewegungen gekennzeichnet werden (z.B. schneller Schutt-Eis-Strom). Erfolgt die Bewegung in verschiedenartigen mechanischen Phasen, so kann zur Kennzeichnung sowohl die Abfolge der Bewegungsarten (z.B. Felsfall-Blockschwarmbewegung) als auch die überwiegende Bewegungsart herangezogen werden. Während bei den Bergstürzen alle vier Arten des Niedergangs möglich sind, sind es bei den Felsstürzen nur der Felsfall, der schnelle Schuttstrom und die Blockschwarmbewegung. Für eine schnelle Felsgleitung ist das Volumen zu klein (s.u.). Der ebenfalls zu den trockenen Massenbewegungen zu zählende Steinschlag besteht aus einem oder wenigen Blöcken oder Steinen, die sich nur fallend, springend und rollend, wegen ihrer geringen Zahl jedoch nicht strömend bewegen können.

2. Abhängigkeit der Bergsturzverbreitung und -größe von den petrographischen und tektonischen Bedingungen

Wichtigste Vorbedingungen der Bergstürze sind starkes Relief und ein Wechsel in der Standfestigkeit. Bei durchweg großer Standfestigkeit sind Bergstürze sehr selten (Granitmassive der Alpen, s. Karte S.167)[2] Dasselbe gilt auch bei durchweg geringer Standfestigkeit, denn dort geht das Material bei Hangübersteilung in vielen kleinen Schüben neben- und nacheinander nieder (z.B. Bündner Schiefer). Erst wenn abbruchsbereites Material durch standfeste Partien gestützt wird, können Spannungen "aufgebaut" werden, ohne daß sofort Massenbewegungen niedergehen. Wenn dann die Spannungen ein bestimmtes Maß überschreiten und die standfeste Partie schließlich doch nachgibt, ist die zur Ablösung kommende Scholle umso größer. Dies ist vor allem bei geringer Neigung der Abgleitflächen der Fall. Sind die Ablösungswände und/oder Abgleitflächen dagegen steil, so können sich schon aus geometrischen Gründen nur kleine Kipp- oder Gleitschollen ergeben. Außerdem gehen die Felsmassen entsprechend dem Fortschreiten der Auflockerung in vielen kleinen aufeinanderfolgenden Schüben nieder. Nur bei relativ geringem und mehr oder weniger gleichbleibendem Einfallen von Abgleitflächen können sich größere Spannungen als notwendige Vorbedingung der großen Bergstürze "aufbauen". (Die großen Bergstürze sind statistisch gesehen nicht nur an die wenig geneigten Abgleitflächen, sondern auch an die flacheren Gehänge gebunden; 1974, Abb. 3 u. Abb. 12). Derartige Voraussetzungen sind im sedimentären Bereich weit häufiger gegeben als im kristallinen, denn es stehen dort über weite Strecken verfolgbare, talwärts einfallende Inhomogenitätsflächen, die Schichtflächen, als Abgleitflächen zu Verfügung. Bergsturzfördernd ist im sedimentären Bereich auch der häufige Wechsel von standfestem und weniger standfestem Material. Aus diesen Gründen gingen in den Nördlichen und Südlichen Kalkalpen mehr und größere Bergstürze nieder als in den Zentralalpen (s. Karte S. 167).

Aus einem Stapel von Sediment- oder vulkanischem Gestein abgeglitten sind übrigens auch mehrere Zehner von Kilometer lange und breite differentielle Felsgleitungen auf dem Mars (BLASIUS et al. 1977, S. 4082 ff u. Fig. 15).

Sedimentgestein mit stark wechselnder Standfestigkeit, das in weit gespannte geologische Sättel und Mulden gelegt ist und damit Möglichkeiten zur Anlage ausgedehnter Abgleitflächen bietet, neigt in besonderem Maße zur Bereitstellung großer Bergstürze. Da vor allem die Helvetischen Decken diese Voraussetzungen bieten, überrascht es nicht, daß in

---

[2] In der Karte S. 167 wurden nur die Bergstürze berücksichtigt, die im Ablagerungsgebiet über 1 km² bedecken.

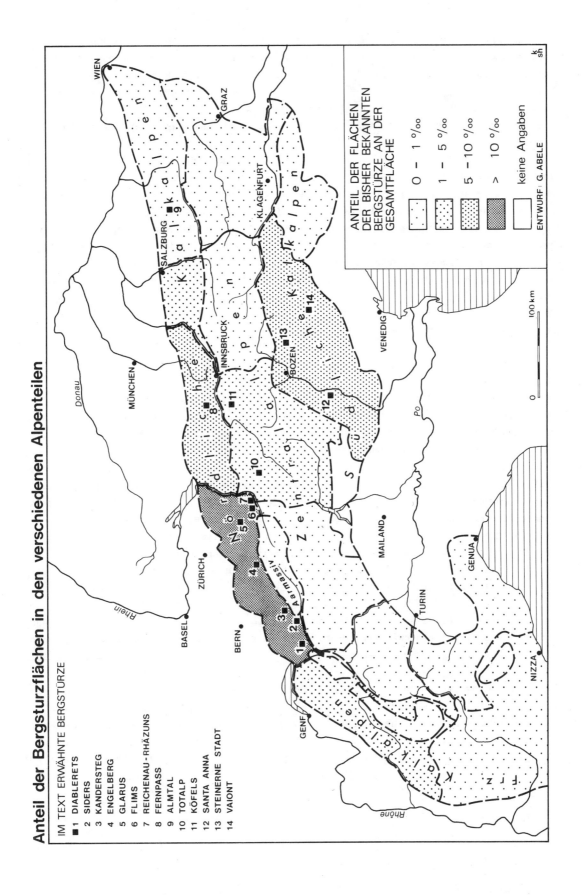

Anteil der Bergsturzflächen in den verschiedenen Alpenteilen

den Schweizer Kalkalpen die größten Bergstürze der Alpen liegen. Hinzu kommt hier wohl noch ein weiterer Grund: Ein Halbkreis großer Bergstürze legt sich um das bergsturzarme Aarmassiv (Siders, Schwarenbach, Kandersteg, Oeschinensee, Engelberg, Glarus, Flims, Reichenau-Rhäzüns; s. Karte). Da sich auch Zonen relativ starker Seismizität an der Nordflanke sowie am West- und Ostende des Aarmassivs befinden (PAVONI 1977), liegt die Annahme einer seismischen und/oder tektonischen Begünstigung dieser Massenbewegungen nahe.

Die kristallinen Bergstürze der Zentralalpen bleiben an Größe und Häufigkeit weit hinter den kalkalpinen zurück (s. Karte). Eine große Ausnahme bildet der aus Augengneis bestehende Köfelser Bergsturz, dessen Volumen (über 2 km^3) größer ist als das aller anderen bisher bekannten kristallinen Bergstürze der Alpen zusammen. Auffallend groß ist auch das Volumen des Totalpbergsturzes. Hier ergibt sich eine ähnliche Situation, wie sie modellhaft klar bei Cerro Meson Alto (Chilenische Anden) ausgebildet ist: dort stützte eine standfeste Granitschwelle abbruchsbereite dahinter und darüber liegende Andesite so lange, bis die Spannung zu groß wurde und die Granit-Andesit-Scholle zutalging. Beim Totalpbergsturz bildete analog dazu das von STRECKEISEN (1948) am Südflügel der Abbruchsnische festgestellte Davoser Dorfberg-Kristallin den standfesten Riegel für den dahinter liegenden, weniger standfesten Serpentin.

3. Ursache und Auslösung der Bergstürze

Die externe Ursache der Bergstürze, die fluviale und glaziale Unterschneidung der Hänge, ist in den Alpen an sehr vielen Talhängen gegeben. Damit sich dort eine größere Felsmasse ablöst, müssen interne Ursachen hinzukommen: dazu gehören durchgehende Inhomogenitätsflächen, die als Ablösungs- und/oder Abgleitflächen dienen können (Großklüfte, Störungen und Schichtflächen). Wichtig sind hierbei auch die Entspannungsklüfte, die durch Druckentlastung infolge der fluvialen und glazialen Ausräumung der Täler sowie nach gravitativen Massenbewegungen hangparallel angelegt wurden und daher gute Abgleitflächen darstellen können. Zu ihrer Reaktivierung trug sicher der Rückzug der eiszeitlichen Gletscher und der damit verbundene Verlust des Auflagerungsdrucks bei. Damals verloren außerdem die zuvor vom Eis übersteilten Hänge ihre Widerlager. Bergsturzfördernd wirkten zur gleichen Zeit das Abschmelzen des Permafrosts in den über das Eis aufragenden Bergflanken und der starke Wasseranfall infolge der unausgeglichenen Abflußverhältnisse im Bereich der abschmelzenden Eismassen. Dies erklärt die Tatsache, daß die meisten großen Bergstürze der Alpen bei oder nach dem Rückzug des Eises niedergingen. Viele alpine Bergsturzlandschaften sind daher in Form von Bergsturzmoränenwällen, Bergsturzmoränendecken, Bergsturztoteislandschaften oder eisüberformten Bergstürzen entwickelt.

Sind die Felsmassen durch externe und interne Ursachen bewegungsbereit, so bedarf es nur noch eines auslösenden Ereignisses, das es ihnen erlaubt, den "stauenden standfesten Riegel" endgültig zu brechen und niederzugehen. Zur Auslösung führen Starkniederschläge, die die Hänge durchfeuchten, Erdbeben, die den initialen Bewegungsimpuls zum Bruch des "Riegels" geben, oder andere Massenbewegungen, die die Gleichgewichtsverhältnisse der Hänge abrupt ändern.

4. Die Ablösung, Beschleunigung und Bremsung der Bergstürze

Je nach dem Grad der Zerschlagung oder Bewahrung des Verbands beim Übertritt von der Beschleunigungs- in die Bremsphase können zwei große Gruppen von Bergstürzen unterschieden werden:
1. Die schnellen Schuttbewegungen, deren Material am abrupten Ende der steilen Beschleunigungsstrecke weitgehend zerschlagen ist und deren dort ebenso abrupt einsetzende Bremsung sich als schneller Schuttstrom oder Blockschwarmbewegung vollzieht.
2. Die schnellen Felsgleitungen, bei denen die (differentielle) en bloc-Bewegung der Beschleunigungsphase kontinuierlich in die gleichartige Bewegung der Bremsphase übergeht und dies bei weitgehender Bewahrung des Verbands.

4.1 Die schnellen Schuttströme und Blockschwarmbewegungen

Die Ablösung der zunächst mehr oder weniger zusammenhängenden Schollen erfolgt durch Kippung oder Abgleitung (s. Tabelle), wobei im Abbruchsgebiet steile Ablösungswände und zum Teil auch Abgleitflächen zurückbleiben.

Die Beschleunigung wird entweder durch Felsfall, d.h. einen freien Fall, der allerdings durch Aufprallen und Abspringen gehemmt wird, oder durch Gleitung auf sehr steilem Untergrund erreicht. Schon hier können sich erste Ansätze zum Verlust des inneren Zusammenhangs des Felspakets und damit zur Fließ- und Rollbewegung ergeben. Zur weitgehenden Zerschlagung der Schollen kommt es jedoch meist erst bei der abrupt am Fuß der Felswand oder des Steilhangs einsetzenden Bremsung. Die dabei entstehenden Einzelblöcke bewegen sich auf Grund ihrer kinetischen Energie in der primären Abbruchsrichtung, aber mit fächerförmiger Tendenz weiter. Auf Hängen kommt dazu eine gravitative, hangab wirkende Bewegungstendenz.

Bei relativ geringen Böschungen der Bremsstrecke entsteht ein schneller Schuttstrom, dessen obere und gegen die Strommitte zu gelegenen Partien sich rascher bewegen als die stärker abgebremsten unteren und randlichen (rechnerische Darstellung der Modelle "Trümmerstrom" und "Reibungsblock" durch KÖRNER 1976). Trotz des Verlusts des Verbands bewegt sich der Lockerschutt als geschlossene Gesamtmasse weiter (HEIM 1932 u. HSÜ 1975). Gelänge es einem Einzelblock, die vordringende Stirn des Stromes zu überholen, so wäre seine Bewegungsenergie bald aufgezehrt, und er würde unmittelbar darauf von der strömenden Gesamtmasse wieder eingeholt. Trifft ein Felsfall oder eine steile Gleitung auf eine horizontale Ebene, so erstarrt der Strom nach Abbremsung der "Restbewegung" nach dem Aufprall. Auf einem Hang hingegen wird die strömend zurückgelegte Bremsstrecke hangab in die Länge gezogen und dies umso mehr, je steiler das Gefälle ist. Dabei besteht die Tendenz, den Tiefenzonen des Geländes nachzutasten. Bei besonders großer Geschwindigkeit kommt es jedoch auch bei den Schuttströmen zum Aufbranden an Hindernissen. Das Ablagerungsprodukt ist eine je nach Vertikaldistanz, Neigungsverhältnissen und Volumen mehr oder weniger lange, scharf umgrenzte Schuttzunge (Schuttstrom von Fidaz), oft mit konvexer Stirn und konvexem Querprofil. Nur zum Teil ergibt sich eine Sortierung nach Korngröße. Im Vertikalprofil "schwimmen" nicht selten die gröberen Blöcke oben.

Nähert sich der Böschungswinkel des Hanges, auf den der Felsfall oder die steile Gleitung auftrifft, der Neigung der Schutthalden, so kommt es zwar auch hier zu einem abrupten

Tab.: Bewegungsablauf und Formen der schnellen trockenen Massenbewegungen in den Alpen

Berg- oder Felssturztyp	Ablösung	Beschleunigung	Übergang Beschleunigung-Bremsung	Bremsung	Material	Formen und Anpassung an Vorform
Blockschwarmbewegung	Kippung oder Abgleitung	Felsfall oder Gleitung mit sehr steiler Gleitfläche	abrupter Wechsel	Blockschwarmbewegung	proximal: kleinstückiger Schutt distal: große Blöcke	Berg- oder Felssturzhalden ohne scharfe Grenze
Schneller Schuttstrom				Schneller Schuttstrom	Schutt teils ohne deutliche Sortierung, teils obenauf "schwimmende" Grobblöcke	Schuttzunge mit konvexer Stirn, konvexem Querprofil und scharfer Grenze; Tendenz den Tiefenzonen nachzutasten
Schnelle Felsgleitung	Abgleitung auf primärem Gleithorizont	(differentielle) Gleitung mit Selbstschmierung	kontinuierlicher Übergang	(differentielle) Gleitung, erst bei Aussetzen der Selbstschmierung kurze Strömung	vertikale Sonderung: oben: lockeres, unzerrüttetes Grobblockwerk; unten: sehr stark zerrüttete, im Verband gebliebene, mächtige Gesteinspakete; an Stirn und Flanken: Lockerschutt	Querprofil: konkav mit Randwällen bei Beginn der Abbremsung am Rande; konvex bei Abbremsung in der Mitte Längsprofil: gestuft bei proximaler vor distaler Abbremsung, gewellt bei distaler vor proximaler Abbremsung scharfe Grenze Aufbranden an Hindernissen

Übergang der Beschleunigungs- in die Bremsphase. Wegen des weiterhin relativ starken Gefälles wird die Bremsstrecke jedoch stärker in die Länge gezogen als beim Schuttstrom. Die Blöcke bewegen sich wie bei Steinschlag springend und rollend hangab. Überholen hier Einzelblöcke die Masse der übrigen Blöcke, so werden sie von diesen oft nicht mehr eingeholt. Statt eines Stromes entwickelt sich eine Blockschwarmbewegung, bei der sich die Blöcke gleichzeitig, aber isoliert hangab bewegen, die größeren im allgemeinen weiter als die kleineren. Ablagerungsprodukt ist eine Berg- oder Felssturzhalde mit einer Sonderung von kleineren Blöcken im proximalen und größeren im distalen Bereich. Das Ablagerungsgebiet weist im Gegensatz zu den anderen Bergsturzkörpern keine scharfe Umgrenzung auf; große Blöcke können sich weit über die Masse der übrigen Trümmer hinausbewegen und isoliert zur Ruhe kommen. Unter seltenen Sonderbedingungen (Schanzenwirkung) geschieht dies allerdings auch bei den schnellen Schuttströmen.

4.2 Die schnellen Felsgleitungen

Im Gegensatz zu den bisher besprochenen Bergsturztypen vollziehen sich die Felsgleitungen bis kurz vor ihrem völligen Stillstand ohne abrupte Änderung des Bewegungsvorgangs: Die Ablösung der en bloc-Bewegung erfolgt als Abgleitung, und an diese schließen sich die Gleitungen der Beschleunigungs- und beginnenden Bremsphase an. Die Relativbewegung braucht dabei keinesfalls wie im Falle Vaiont auf die Basis der Gleitscholle beschränkt zu sein, denn durch bergsturzinterne Gleitflächen kann es zur differentiellen Gleitung kommen (Totalp, s. Abb. S. 172; Fernpaß). Darüber hinaus gibt es im Zeitablauf, im räumlichen Nebeneinander sowie im Vertikalprofil der Bewegung mannigfache Kombinationsmöglichkeiten von Gleiten und Strömen. Viele überwiegend als Felsgleitung niedergegangene Bergstürze besitzen mehr oder weniger große Partien, die sich strömend bewegt haben. Daß die meisten mächtigen alpinen Bergstürze tatsächlich ihre Talfahrt, zumindest auf großen Strecken, en bloc als Gleitung oder differentielle Gleitung zurückgelegt haben, beweisen folgende Befunde:

1. Das weitgehende Fehlen einer vom Bergsturz hinterlassenen Lockerschuttauflage auf der Abgleitfläche (Kandersteg, Obersee NW Glarus, Flims, Vaiont).

2. Die oft sehr großen Bergsturzschollen (Siders, Flims, Reichenau/Rhäzüns, Fernpaß) sowie die teilweise Bewahrung der Boden- und Vegetationsdecke (Vaiont), Moränendecke (Köfels; Fernpaß: Grundmoränen des Inngletschers auf Hügeln N u. S Mittersee), ja selbst der Oberflächenformen (Vaiont; Flims: höchste Trümmeraufragung S Flims aus höchstem Teil der Nische, Tiefenzone in Trümmern S Mulin als abgeglittene südliche Fortsetzung des Tals von Bargis).

3. Die Wahrung der Gesteinsabfolge im Längs- und Vertikalprofil: so zum Beispiel blieb beim Totalpbergsturz die Längsabfolge Davoser Dorfberg-Kristallin - Serpentin erhalten. Daß das Davoser Dorfberg-Kristallin nicht nur am Nischen-Südflügel, sondern auch im Ablagerungsgebiet (Drusatschawald) vorkommt, wurde von STRECKEISEN (1948, S. 200) festgestellt. Auch die bei den mächtigen Bergsturzstollen entwickelte vertikale Sonderung von nicht zerrüttetem Blockwerk oben und feinerem Schutt oder stark zerrütteten Felspaketen unten (Kandersteg, Siders, Flims) ist nur bei einer Gleitung zu erklären. Im Falle einer Strömung wäre durch deren panzerraupenartiges Vordringen die Längs- und Vertikalabfolge verlorengegangen.

4. Die Aufschürfung von Moränen am Untergrund. Eine strömende, also panzerraupenartig bewegte Bergsturzzunge würde keine Aufschürfung bewirken. Aufgeschürft sind evtl. die von Trümmern des Fernpaßbergsturzes unter- und überlagerten Moränen in den Toma nördlich des Weißensees. Dies gilt jedoch nur für die Moränenzwischenlagen, nicht für die Moränenauflagen. Diese wurden teilweise vom Abbruchgebiet her mittransportiert (Oberfläche der Hügel um den Mittersee), teilweise nachträglich durch Lokalgletscher von der Mieminger Kette auf den Trümmern abgelagert (wettersteinkalkreiche Lokalmoräne zwischen Weißensee und Biberwier).

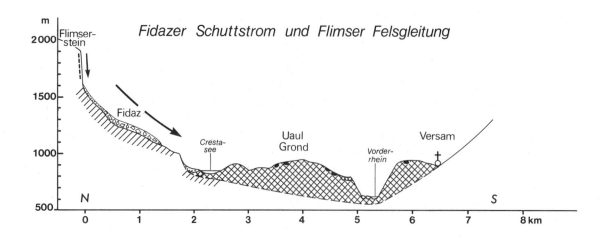

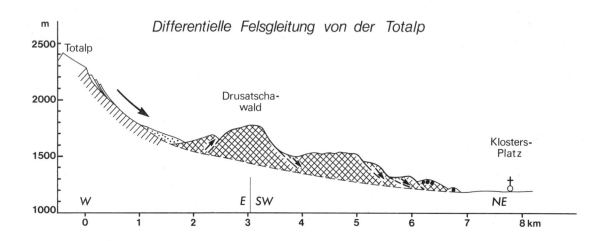

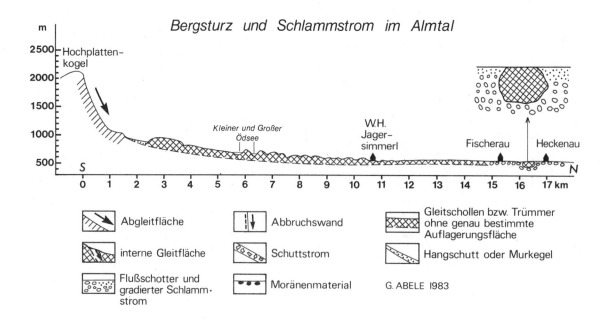

Ein großes Problem ist die Mechanik der Gleitungen. Zwar läßt sich die Initialbewegung durch Reibungsminderung in talabwärts geneigten, primären Abgleithorizonten bei Wasserzufuhr oder Erschütterung erklären, nicht jedoch die starke Beschleunigung, die es der Scholle erlaubt, hohe Geschwindigkeiten zu erreichen und diese auch bei wenig geneigten, horizontalen, ja sogar gegenläufigen Gleitflächen beizubehalten und somit lange Strecken zurückzulegen.

Im Bereich der Tahlsohlen besteht die Möglichkeit, daß die großen Bergstürze die wasserdurchtränkten Aufschüttungskörper, auf die sie niedergingen, zu Schlammströmen mobilisierten und von ihnen en bloc weitergetragen wurden; so zum Beispiel im Almtal (s. Abb. S. 172), wo im Bereich der unteren Schuttzunge Trümmer in gradiertem Schlammstrommaterial "schwimmen". Hier wie nördlich und südlich des Fernpasses und nördlich Kandersteg ließe sich auch die abnorm große Wegstrecke der Trümmer durch einen derartigen Bergsturz-Schlammstrom erklären. Das fehlende Aufbranden am Außenhang der Talbiegungen im Almtal und südlich des Fernpasses paßt gut zu dieser Deutung. Ein isoliertes Nest von lockerem Bergsturzschutt "schwimmt" auch in den gradierten Schlammstromablagerungen vor der Stirn der Köfelser Felsgleitung. Hier allerdings bereitet die Annahme einer bergsturzbedingten Mobilisierung der Schotter Schwierigkeiten, da unmittelbar oberhalb der Hängetalstufe, gegen die der Bergsturz anbrandete, nur geringe Schottermengen zur Verfügung gestanden haben können. Die Annahme einer Auspressung der "Bonaduzer Schotter" durch den Bergsturz von Reichenau/Rhäzüns, wo PAVONI (1968) zum ersten Mal auf eine solche Möglichkeit hinwies, läßt sich nicht mit den Geländebefunden vereinbaren (1974, S. 136-141). Eine Mobilisierung dieser ebenfalls gradierten Schlammstromablagerungen durch den unmittelbar benachbarten Flimser Bergsturz ist eher möglich, zumal im Versamer Tobel nahe der Bergsturzbasis "Bonaduzer Schotter" in die Trümmer "eingeklemmt" sind. Träfe dies zu, so könnte allerdings der Vorderrheingletscher nicht mehr die gesamte Flimser Bergsturzschwelle überquert haben, denn die an deren Ostfuß gelegenen "Bonaduzer Schotter" sind nicht moränenbedeckt. Dies hätte entscheidende Konsequenzen für die Chronologie der Massenbewegungen am Zusammenfluß von Vorder- und Hinterrhein (1974, S. 140). Auch die fehlende Moränenbedeckung im Bereich des Muttahügels S Flims spricht für eine nur teilweise Überfahrung des Flimser Bergsturzes durch den Vorderrheingletscher.

Durch Mobilisierung von Schlammströmen lassen sich höchstens weite Bewegungen von Bergstürzen auf den Aufschüttungssohlen der Täler erklären, nicht jedoch ihre Gleitung im Bereich des anstehenden Gesteins der Hänge. Die von SCHELLER (1970, S. 68) angenommene Selbstschmierung infolge reibungsbedingter und an dünne Lagen gebundener Materialzerkleinerung führt hier weiter. Noch weitergehend sind die Vorstellungen von PREUSS (1974, S. 9), der die bekannten bimsartigen Gesteine bei Köfels als Reibungsschmelze des dortigen Bergsturzes deutet. Wegen des im alpinen Raum einzigartigen Vorkommens eines bimsartigen Gesteins bei Köfels hielt der Verfasser (1974, S. 62) einen Zusammenhang zwischen dessen Entstehung und der extremen Größe des kristallinen Trümmerkörpers für möglich. Eine experimentelle Bestätigung der PREUSS'schen These erbrachte ERISMANN (ERISMANN et. al. 1977, S. 104-114). Bei hoher Geschwindigkeit und starkem Druck konnte aus dem Augengneis der Trümmer tatsächlich bimsartiges Material erzeugt werden, das dem Köfelser "Bims" gleicht. Auf dieser Grundlage erklärten ERISMANN, HEUBERGER und PREUSS (1977) die schnelle Talfahrt der Köfelser Scholle durch Aufschmelzungserscheinungen auf den Gleitflächen. ERISMANN (1979) erweiterte diese Aussage auf andere große Bergstürze; bei den aus Karbonatgestein bestehenden hält er eine Selbstschmierung infolge reibungsbedingter Dissoziation für möglich. Druck- und reibungsbedingt sind auch die Aufschmelzungen beim Niedergang der Bergstürze auf Eisoberflächen. Dieser "Schlittschuheffekt" trug entscheidend zur weiten Gleitung und großen Ausbreitung der Trümmer auf Gletschern bei. Selbst auf Schnee niedergehende Felsstürze können durch Gleitung große Strecken zurücklegen (ZANKL 1958/64). Zu einer Selbstschmierung kann es auch durch reibungsbedingte Zunahme des Porendrucks (VOIGHT u. FAUST 1982) oder Dampfentwicklung (HABIB 1975, GOGUEL 1978) im Bereich wassergesättigter Bergsturzpartien kommen. Viele Geländebefunde sprechen bei den mächtigen alpinen Bergstürzen für die Annahme einer en bloc-Bewegung (1974, S. 80-83). Unklar war jedoch seither, wie die geforderte Gleitung bei relativ geringen Böschungswinkeln funktionieren sollte. Die Annahme einer Selbstschmierung würde nicht nur eine bestechende Erklärung der Gleitung selbst, sondern auch vieler damit zusammenhängender Erscheinungen geben. Dies soll im folgenden für die Abgleit-, Beschleunigungs- und Bremsstrecke herausgestellt werden:

Bei einem bestimmten Verhältnis zwischen Mächtigkeit der Gleitscholle und Böschungswinkel eines primären (ohne Selbstschmierung vorhandenen) Abgleithorizonts setzt sich das Felspaket in Bewegung. Viele Felsgleitungen beginnen ihre Talfahrt bei Böschungswinkeln, bei denen die Schuttströme schon abgebremst werden. Eindrucksvolles Beispiel hierfür ist der Fidazer Schuttstrom, der auf der Abgleitfläche des Flimser Bergsturzes zur Ruhe kam (s. Abb. S.172). Das Material der geringmächtigen primären Abgleithorizonte wird an der Basis der Gleitschollen "abgerieben". Viele Schollen kommen daher nach kurzer, meist langsamer Bewegung als Sackung zur Ruhe. Einige besitzen jedoch eine solch große Mächtigkeit und/oder erreichen infolge des großen Höhenunterschieds der Abgleitfläche eine solch hohe Geschwindigkeit, daß während dieser Initialbewegung auf der Gleitfläche die für das Einsetzen der Selbstschmierung nötige Energie erzeugt wird. Nach dieser "Initialzündung" kann es bei entsprechendem Gefälle der Gleitfläche zu weiterer Beschleunigung kommen. Die dabei erreichte Geschwindigkeit ist hoch genug, um die Scholle weit über den Hangfuß hinausgleiten sowie an Hindernissen, insbesondere am Gegenhang aufbranden zu lassen. Diese schnelle en bloc-Gleitung steht damit in eindrucksvollem Gegensatz zu den Schlammströmen, Bergsturz-Schlammströmen und schnellen Schuttströmen mit ihrer stärkeren Tendenz, den Tiefenzonen nachzutasten.

Die großen Bergsturzschollen bei Siders, Flims, Reichenau/Rhäzüns und am Fernpaß, die viele Kilometer zurückgelegt haben, ohne ihren Verband zu verlieren, stützen die Annahme einer bei großen Mächtigkeiten einsetzenden Selbstschmierung oder Bergsturz-Schlammstrombewegung. Bei Niedergang der Trümmer auf Eis erfolgt die Selbstschmierung allerdings auch bei geringeren Mächtigkeiten.

Bei verringertem oder gegenläufigem Gefälle beginnt die Bremsung. Meist werden zunächst die Partien der Bergsturzstirn und der Bergsturzflanken langsamer. Daher setzt dort die Selbstschmierung und aus diesem Grund auch der Gleitvorgang zuerst aus. Die noch gleitenden und daher rasch nachdrängenden hinteren Gleitschollen schieben das schon abgebremste Material so lange weiter, bis auch bei ihnen die Selbstschmierung und Gleitung aussetzt und sie ihrerseits von den weiterhin nachdrängenden Gesteinsmassen weitergeschoben werden. Dabei bewegen sich die jeweils höheren über die unteren Partien hinweg. Die Relativbewegung ist nunmehr auf das gesamte Vertikalprofil verteilt und damit als Strömung zu bezeichnen. Obwohl die strömend zurückgelegte Strecke im Vergleich zur Gleitstrecke meist kurz ist, trägt doch gerade dieser letzte Bewegungsakt entscheidend zu den Lagerungsverhältnissen und zur Morphologie des Ablagerungsgebietes bei. Folgende Erscheinungen bei den Felsgleitungen lassen sich durch diese abschließende Strömung erklären:

1. Die starke Zerklüftung der Gleitschollen ohne Verlust ihres Verbands (Puzzle Effect nach SHREVE 1968, S. 40) hat sich zum großen Teil am Ende der Talfahrt ergeben. Hätte diese intensive Auflockerung früher eingesetzt, so wäre wohl der innere Zusammenhang bei der weiteren Talfahrt verloren gegangen. Die abrupte Abbremsung nach Aussetzen der Selbstschmierung war sicher eine wichtige Ursache der Zerrüttung. Vor allem durch den abschließenden "Strömungsruck" wurden Gänge, Klüfte, Schichtflächen sowie aufliegendes oder aufgeschürftes Fremdmaterial (z.B. Moränen) in einer großen Zahl von "Kleinstverwerfungen" bajonettartig versetzt, wodurch der oft schlierenförmige Aspekt der großen Schollen zustandekam (Siders, Flims, Reichau/Rhäzüns, Fernpaß). Auch die bei der Rieskatastrophe sehr weit bewegten zusammenhängenden Massenkalkschollen zeigen eine starke Zerklüftung und Mörteltextur (HÜTTNER 1969, S. 154-161), so daß dort wohl ebenfalls eine Gleitung (CHAO et al. 1978) mit Selbstschmierung und abschließendem "Strömungsruck" angenommen werden kann.

2. Die vertikale Sonderung von im Verband gebliebenen, stark zerrütteten Schollen unten und unzerrüttetem Grobblockwerk oben ist sicher in starkem Maße durch die unterschiedliche Beanspruchung beim letzten Ruck entstanden.

3. Der konvexe Schuttwulst an Stirn und Flanken der Felsgleitungen wurde bei der abschließenden Strömung aufgewölbt, da die höheren Partien weiter nach vorne und gegen die Flanken hin bewegt wurden und dabei zu Lockerschutt zerfielen. Dies ist auch der Grund, weshalb viele en bloc abgeglittene Schollen nach ihrer Ablagerung das Bild eines Schuttstroms bieten.

Während die Bremsung beim Felsfall im Bereich der Gesamtmasse gleichzeitig und abrupt einsetzt, geht bei den (differentiellen) Felsgleitungen die Beschleunigungsphase ohne Unterbrechung in die Bremsphase über. Dies geschieht in den einzelnen Partien des Längs- und Querprofils zu verschiedenen Zeitpunkten. Nimmt die Geschwindigkeit ab, so setzt die Selbstschmierung meist zuerst an der Stirn aus. Dabei kommt das Material in Form eines konvexen Brandungswalls zur Ruhe. Oft gleitet jedoch die Hauptmasse in der Mitte weiter als die randlichen Partien. Sie hinterläßt ein konkaves Querprofil mit beiderseits aufragenden Randwällen, deren steile Innenabdachungen den bergsturzinternen Gleitflächen entsprechen. Je weiter die zentralen Schollen gegenüber den randlichen vordringen, desto länger werden die zurückbleibenden Randwälle (Flims: über 5 km; Mt. St. Helens: über 12 km). Das zum Aufbau der Randwälle notwendige Material kann nur bei zum Rande hin gerichteter Bewegungskomponente geliefert werden. Die Randwälle sind daher der Sonderfall eines Brandungswalls. Auf die mit der Randwallbildung verbundene Divergenz reagieren die weitergleitenden Schollen durch Zerrungstektonik, was zur unruhigen Gestaltung der Bergsturzoberfläche beiträgt. Setzt die Selbstschmierung schließlich auch in der Mitte aus, so kommt auch die Hauptmasse zum Stillstand, nunmehr mit konvexem Querprofil.

Oft werden beim Abbremsvorgang eines Bergsturzes die hinteren Schollen an internen Gleitflächen auf die vorderen geschoben, so daß sich eine Folge von Brandungswällen, also ein gewelltes Längsprofil ergibt. Analog dazu können die hinteren Schollen an den Innenflanken der Randwälle weitere Wälle gleicher Genese parallel dazu absetzen, so daß mehrere ineinandergeschachtelte Randwallsysteme entstehen (Flims, Mt. St. Helens). Beim gewellten Längsprofil werden die distalen Partien der differentiellen Felsgleitung zuerst abgebremst, was zur Verkürzung und Verdickung der Trümmerzunge führt. Zu einer Verlängerung und Ausdünnung der Bergsturzmasse kommt es hingegen, wenn die proximalen Partien zuerst zur Ruhe kommen und die jeweils vordere Scholle an der hinteren abgleitet. Sind mehrere intere Abgleitflächen hintereinandergestaffelt, so entsteht ein gestuftes Längsprofil

(Siders: am Fuß der Abbruchsnische; Totalp; Reichau/Rhäzüns: 3 Treppen bei Tamins; Santa Anna; Fernpass N-Ast: steile N-Abfälle der talquergerichteten Wälle SW Blindsee sowie S Mittersee und S Loisachquellen).

Im Normalfall liegt das gestufte Längsprofil eher im proximalen, das gewellte eher im distalen Teil. Unter morphologischen Sonderbedingungen stellt sich jedoch auch eine andere Abfolge ein: Geht eine Felsgleitung quer zur Talrichtung nieder und brandet sie am Gegenhang auf (z.T. unter Bildung von Querwällen: Totalpbergsturz), so scheren oft randliche Partien en bloc ab. Infolge der bei der Abscherung erzeugten Selbstschmierung gleiten diese Schollen dem Gefälle folgend und daher stark von der ursprünglichen Gleitrichtung abweichend talab weiter (Kandersteg; Totalp: Abb. S.172; Köfels; Fernpaß, v.a. S-Ast). Die sekundären Felsgleitungen können nur durch den von der primären Gleitung vermittelten Abscherungs- und Selbstschmierungseffekt zustandekommen. Selbst wenn sie von der primären Bewegung kaum einen Bewegungsimpuls erhalten, sind sie doch ursächlich und zeitlich eng mit ihr verküpft. Dies gilt auch für die sekundäre Gleitung aus der von MAISCH (1981, S. 60) im Drusatschawald (Totalpbergsturz) erkannten Nische.

Sind das Volumen und/oder der Höhenunterschied der Gleitbahn relativ gering, so kommt es im allgemeinen nicht zu randlichen Abscherungen (Vaiont). Dagegen können bei besonders großer Mächtigkeit der an den Gegenhang stoßenden Schollen sekundäre Felsgleitungen nach beiden Talrichtungen abscheren (Flims: bergsturzinterne Nischen bei Tuora-Carrera und SE Digg; Fernpaß: bergsturzinterne Abgleitflächen am S- und N-Abfall des Paßwalls). Die laterale Bewegungstendenz äußert sich nicht nur in randlicher Abscherung, sondern z.T. auch in Zerrungen quer zur Gleitrichtung der am Gegenhang aufbrandenden Scholle. Davon zeugen die in Gleitrichtung verlaufenden Längsfurchen (auf Paßwall am Fernpaß; Tiefenzone zwischen Crest-Aulta und Ils Aults bei Reichenau/Rhäzüns; Val Verena und Val Gronda S Flims, deren südliche Fortsetzung bei der sekundären Felsgleitung verloren ging).

4.3 Die zusammengesetzten Bergsturztypen

Nicht alle Bergstürze lassen sich eindeutig den angegebenen Kategorien zuordnen, zu mannigfaltig sind die Kombinationsmöglichkeiten. Ein Wechsel in den Gefällsverhältnissen kann zu Änderungen in der Mechanik führen. So geht ein geringmächtiger Schuttstrom bei starker Hangversteilung in eine Blockschwarmbewegung und bei senkrechter Steilwand in einen Felsfall über. Umgekehrt sammeln sich Trümmer der Blockschwarmbewegung bei Hangverflachung zu einem Schuttstrom. Auch bei den Felsgleitungen wird die normale Abfolge Gleitung - kurze Strömung variiert. Liegt die Stirn oder die Flanke einer abgebremsten Scholle im Bereich eines in Bewegungsrichtung geneigten Hanges, so liefert der abschließende "Strömungsruck" sowohl das Lockermaterial als auch den Initialimpuls für einen Schuttstrom, der sich der Schwerkraft folgend hangab bewegt. Versteilt sich das Gelände noch mehr, so entwickelt sich daraus eine Blockschwarmbewegung.

Werden bei der Talfahrt auf dem Bergsturzrücken Gletscher oder Gletscherteile mitgeführt (Mt. St. Helens, USA, 1980; Huascaran, Peru, 1970) oder werden Eismassen aufgeschürft, so kommt es durch reibungsbedingten Wasseranfall zu Schlammströmen und stark schuttbelasteten Fluten. Dies war wohl auch bei den aus vergletscherten Bergflanken oder auf Gletscher niedergehenden großen spätglazialen Bergstürzen der Alpen der Fall. Ob sich die schon erwähnten Verzahnungen von Bergsturztrümmern und Schlammstrommaterial (Flims; Almtal) sowie die langen Bergsturzzungen (Kandertal; Fernpaß-Südast) auf diese Weise erklären lassen oder durch bergsturzbedingte Fluidisierung grundwasserdurchtränkter Talfüllungen (s.o.) ist vorerst nicht zu entscheiden.

Zusammenfassung

In den Alpen können vor allem vier Bergsturztypen unterschieden werden:

1. Die schnellen Schuttströme, deren Felsmassen sich meist im Verband vom Abbruchsgebiet lösen und am abrupten Ende der Beschleunigungsstrecke weitgehend zu Lockermaterial zerschlagen sind. Beim dort ebenso abrupt einsetzenden Bremsvorgang ist die Relativbewegung auf das ganze Vertikalprofil der in sich geschlossenen Schuttmasse verteilt. Die Schuttstrombewegung ist daher in erster Linie an die Bremsphase gebunden.

2. Die Blockschwarmbewegungen, bei denen die Felsmassen am abrupten Ende der Beschleunigungsstrecke ebenfalls zu Lockermaterial zerschlagen sind. Hier setzt auch in diesem Falle die Bremsung ein. Dabei bewegen sich die Blöcke und Steine infolge der steileren Geländeneigung nicht als Gesamtmasse weiter, sondern isoliert rollend und springend.

3. Die schnellen Felsgleitungen zeigen im Gegensatz zu den oben erwähnten Bergsturztypen keinen Bruch zwischen der Beschleunigungs- und der Bremsphase. Die en bloc-Bewegung dominiert vom Beginn bis fast zum Ende der Talfahrt und dies bei weitgehender Wahrung des Verbands. Bewegungsfördernd wirkt eine reibungsbedingte Selbstschmierung der Gleitflächen. Setzt diese Selbstschmierung vor dem völligen Stillstand aus, so wird die noch vorhandene Bewegungsenergie durch eine meist sehr kurze Strömung, d.h. bei einer auf das ganze Vertikalprofil verteilten Relativbewegung, aufgezehrt. Da es sich hierbei nur um einen letzten Ruck handelt, geht der Verband dabei nur teilweise verloren. Neben dieser zeitlichen Abfolge von Gleitung und Strömung gibt es auch in räumlicher Hinsicht, d.h. im Längs-, Quer- und Vertikalprofil der Bergstürze mannigfache Übergangserscheinungen zwischen diesen beiden Bewegungstypen.

4. Die Bergsturz-Schlammströme, bei denen durch die Wucht eines Bergsturzes oder durch in die Bergsturzbewegung einbezogenes Eis ein Schlammstrom in Bewegung gesetzt wird, der seinerseits Bergsturzschollen unter weitgehender Wahrung ihres Verbandes weiterbewegt.

Summary

Four main types of debris avalanches and landslides can be distinguished in the Alps:

1. The rapid debris streams: Rocks, which are coherent at the beginning, are completely disintegrated at the abrupt end of their acceleration on a steep scarp. From this point

onward they slow down moving as a stream.

2. The movement of single blocks: If the disintegrated rocks at the abrupt end of the acceleration hit a comparatively steep slope, they slow down rolling and rebounding as isolated blocks.

3. The rapid rockslides: In contrast to the two types of mass movements mentioned above, in this case there is no abrupt change between the phase of acceleration and that of slowing down. The en bloc movement persists from the beginning almost until the end. Thereby it can proceed on internal sliding planes as well. The gliding is decisively assisted by self-lubrication on the sliding planes. When the self-lubrication ends just before the final stop, the rest of the kinetic energy is consumed by streaming, i.e. by a movement which is distributed along the whole vertical profile. During this usually very short final jerk coherence is only partly lost. There is not only a transition between gliding and streaming in the time sequence, but there are also many different transitions between these two types of movement in the longitudinal, transversal and vertical profile of the landslides.

4. The combined movement of landslide and mudstream: Through the impact of a big landslide a mudflow can be set into motion which in turn is able to transport landslide debris.

Résumé

Il est possible de distinguer dans les Alpes quatres types fondamenteaux d'écroulements:

1. Les courants rapides de débris: La masse rocheuse encore ensemble au commencement du mouvement est fracassée à la fin brusque de la phase d'accélération. C'est leur freinage qui donne naissance à un courant de débris.

2. Le mouvement de blocs isolés: Si les débris à la fin de la phase d'accélération, se trouvent sur un versant raide, leur freinage s'éffectue par un mouvement de blocs isolés roulant et sautant.

3. Les écroulements par glissement: La masse rocheuse reste en bloc et son mouvement différencié passe progressivement de l'accélération au freinage. Son déplacement est soutenu par une auto-lubrification de la surface de glissement, causée par la friction. Après la fin de l'auto-lubrification le reste de l'énergie cinétique s'épuise pendant un courant, c'est à dire par un mouvement relatif qui se repartit sur tout le profil vertical.

4. Les écroulements et courants de boue combinés: Un courant de boue, qui est provoqué par la force de l'écroulement, est capable d'entraîner les débris du même écroulement.

Literatur

ABELE, G. (1974): Bergstürze in den Alpen, ihre Verbreitung, Morphologie und Folgeerscheinungen. In: Wissenschaftliche Alpenvereinshefte, H. 25, München, 230 S.

ABELE, G. (1981): Trockene Massenbewegungen, Schlammströme und rasche Abflüsse, dominante morphologische Vorgänge in den chilenischen Anden. In: Mainzer Geographische Studien, H. 23, Mainz, 102 S.

BLASIUS, K.R.; CUTTS, J.A.; GUEST, J.E. und MASURSKY, H. (1977): Geology of the Valles Marineris: First Analysis of Imaging from the Viking 1 Orbiter Primary Mission. In: Journal of Geophysical Research, vol. 82, No. 28, S. 4067-4091.

CHAO, C.T.; HÜTTNER, R. u. SCHMIDT-KALER, H. (1978): Aufschlüsse im Ries-Meteoriten-Krater. München, 84 S.

ERISMANN, T.H. (1979): Mechanism of Large Landslides, In: Rock Mechanics, Bd. 12, S.15-46.

ERISMANN, T.H.; HEUBERGER, H. u. PREUSS, E. (1977): Der Bimsstein von Köfels (Tirol), ein Bergsturz-"Friktionit". In: Tschermaks Min. Petr. Mitt., Bd. 24, S. 67-119

GOGUEL, J. (1978): Scale-dependent Rockslide Mechanisms, with Emphasis on the Role of Pore Fluid Vaporization. In: Rockslides and Avalanches, 1. Hrsg. v.B. VOIGHT, Amsterdam, Oxford, New York, S. 693-705.

HABIB, P. (1975): Production of Gaseous Pore Pressure during Rock Slides. In: Rock Mechanics, Bd. 7, S. 193-197.

HEIM, A. (1932): Bergsturz und Menschenleben. Zürich, 218 S.

HSÜ, K.J. (1975): Catastrophic Debris Streams (Sturzstroms) generated by Rockfalls. In: Geol. Soc. of America Bulletin, vol. 86, S. 129-140.

HÜTTNER, R. (1969): Bunte Trümmermassen und Suevit. In: Geologica Bavarica, Bd. 61, S. 142-200.

KÖRNER, H.J. (1976): Reichweite und Geschwindigkeit von Bergstürzen und Fließschneelawinen. In: Rock Mechanics, Bd. 8, S. 225-256.

MAISCH, M. (1981): Glazialmorphologische und gletschergeschichtliche Untersuchungen im Gebiet zwischen Landwasser- und Albulatal (Kt. Graubünden, Schweiz). In: Physische Geographie, Bd. 3, Zürich, 215 S.

PAVONI, N. (1968): Über die Entstehung der Kiesmassen im Bergsturzgebiet von Bonaduz-Reichenau (Graubünden). In: Ecl. Geol. Helv. Bd. 61/2, S. 494-500.

PAVONI, N. (1977): Erdbeben im Gebiet der Schweiz. In: Ecl. Geol. Helv., Bd. 70/2, S. 351-370.

PREUSS, E. (1974): Der Bimsstein von Köfels im Ötztal/Tirol. In Jahrbuch des Vereins zum Schutze der Alpenpflanzen und -tiere, Jahrbuch 1974, 39, S. 1-11.

SCHELLER, E. (1970): Geophysikalische Untersuchungen zum Problem des Taminser Bergsturzes. Diss. Zürich (ETH), 91 S.

SHREVE, R.L. (1968): The Blackhawk Landslide. In: Geol. Soc. of America, Boulder, Col., 47 S.

STRECKEISEN, A. (1948): Der Gabbrozug Klosters - Davos - Arosa. In: Schweizer Mineralog. Petrograph. Mitt., Bd. 28, S. 195-214.

VOIGHT, B.; GLICKEN, H.; JANDA, R.J. u. DOUGLASS, P.M. (1981): Catastrophic Rockslide Avalanche of May 18. In: The 1980 Eruption auf Mount St. Helens, Washington. Hrsg. v. P.W. LIPMAN u. D.R. MULLINEAUX, Geol Survey Prof.Paper 1250, Washington D.C., S.347-377

VOIGHT, B. u. FAUST, C. (1982): Frictional heat and strength loss in some rapid landslides. In: Geotechnique 32, No. 1, S. 43-54.

ZANKL, H. (1958/64): Der Bergsturz am 6./7. Februar 1959 im Wimbachtal (Berchtesgadener Land), ein Beispiel für Bewegungsablauf und Erscheinungsform glazialer Bergstürze. In: Zeitschr. f. Gletscherkunde und Glazialgeol., Bd. 4, S. 207-214.

Zur Reliefentwicklung in den quellnahen Flußgebieten von Durance und Dora Riparia
(französisch - italienische Alpen)

M. Rolshoven

Einführung

Zwischen Sisteron im Westen und Turin im Osten des schmalsten Abschnitts im Westalpenbogen ist ein polyzyklisches Formenbild sehr unterschiedlich verbreitet. (Zur Lage Karte 1). Infolge differenzierter Bewegungen, der Anlagerung und Faltung, sind Spuren eines älteren Reliefzustandes in den Saumbereichen des Gebirges, in sensitiven Gebieten i. S. BRUNSDENs (1980), nicht überliefert. Der tektonisch induzierten, jungen, episodischen Landschaftsentwicklung am Rand steht das Gebirgsinnere um die Hauptwasserscheide zwischen Durance und Dora Riparia gegenüber. Zwar werden die Talhänge und die Hochregion von einem westalpinen Formen- und Formungsstil mit Betonung der Vertikalkomponente, steilen, kaum gegliederten Hängen, Wänden und Wandstufen geprägt, doch pausen sich Zeugen ältester Reliefgeschichte in Teilen der Talnetzanlage und in einem Sanftrelief vom Typ "mittelgebirgiges Eigenrelief" (UHLIG 1954), kurz Mittelrelief, durch, das sich deutlich von Altlandschaften, etwa der Ostalpen, mit Hochflächencharakter und Eintiefungsfolgen absetzt.

Methodisch ist die Erschließung der Reliefgeschichte mit Hilfe der Abstandstypik hier mit noch geringerer Berechtigung anwendbar als in anderen Regionen, da das Formenbild nicht auf konstante Abtragszyklen hinweist, und - oder - tektonische Stabilität in diesem Gebiet für keine Phase der Entwicklung vorausgesetzt werden kann. Altlandschaft als Abtragsrelikt eines ehemaligen Reliefentwicklungsstadiums und Tälerrelief weisen in einigen Zügen einen engen genetischen Konnex auf, so daß man sie unter dem Gesichtspunkt der Geomorphogenese Palimpsesten gleichsetzen kann (BRUNSDEN 1980), deren Entschlüsselungsqualität von der Informationslage der reliefimmanenten und der indirekten Indizien abhängt.

Bei grobem, auf langzeitliche Entwicklung eingestelltem Beobachtungs- und Interpretationsraster (Zeitskala > 10^6) stellen Altlandschaft und Tälerrelief, jeweils isoliert betrachtet, das Produkt einsinnig ausgerichteter geomorphologischer Entwicklungsstadien dar, bei denen Änderungsimpulse und Relaxationszeiten ausgewogen sind. Mit wachsender Informationsqualität, d.h. mit engerem zeitlichen Raster, wird die Betrachtungsskala in räumlicher und prozessualer Sicht verfeinert, die chronologischen Längsschnitte der Reliefentwicklung werden im Extrem zu - synchronen - Querschnitten, v.a. bei der Betrachtung geomorphodynamischer Prozesse in ihrer räumlichen Varianz in Abhängigkeit von Milieubedingungen.

Unter dem Gesichtspunkt einer langzeitlichen Reliefentwicklung, deren Produkt eine Reliefgeneration ist, in der Identität zwischen Formung und Formen besteht, wird im folgenden eine, relativ betrachtet, junge Entwicklungsperiode seit der Herausbildung der Grundzüge der heutigen Talnetzkonfigurationen und eine ältere Entwicklungsperiode bis zur Herausbildung des aktuellen Wasserscheidenverlaufs unterschieden.

Karte 1

ZUR GEOLOGIE IM WASSERSCHEIDENBEREICH ZWISCHEN DURANCE UND DORA RIPARIA

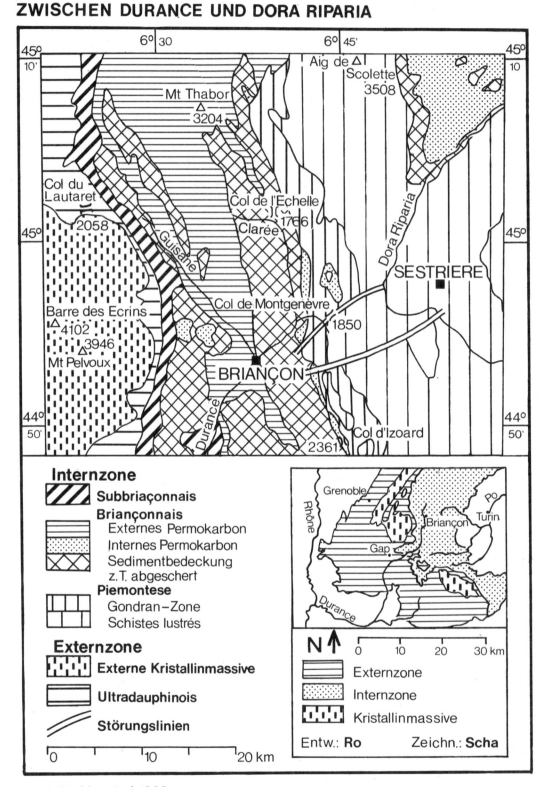

nach Barbier et al. 1963

2. Reliefentwicklung und Verlagerung der Altwasserscheide

Reliefimmanente Indikatoren für eine differenzierte Geomorphogenese sind gesteins- und strukturunabhängige Altformen in ihrer unterschiedlichen Ausprägung als talungebundenes Mittelrelief, als Randhöhen, die partiell Quertalabschnitte begleiten und als Taltorsi, die heute die niedrigsten Paßübergänge dieses Alpenteils darstellen (Col de l'Echelle 1766 m, Col de Montgenèvre 1850 m). Trotz der engen Scharung von Intern- und Externzone verläuft die Wasserscheide nicht im Bereich der maximalen Erhebungen um 4000 m (Mt. Pelvoux 3946 m, Sommets de l'Ailefroide 3953 m), sondern folgt, geringe Lagekonstanz andeutend, dem östlich vorgelagerten niedrigeren Höhenzug zwischen Pic du Grand Glaiza und Mt. Thabor. Obgleich Gesteine geringer geomorphologischer Wertigkeit weit verbreitet sind, bleiben die relativen Vertikaldifferenzen über entsprechende Horizontaldistanzen hinter denen der nördlichen und westlichen Täler der Gebirgsgruppe (Romanche-, Veneontal, Vallouise) zurück. Die mittlere Höhenlage der Flußgebiete erreicht stromauf der Talstufen von Susa, Fenestrelle und Argentière-la-Bessée mit 2049 m für die Dora Riparia, 2170 m für den Chisone und 2159 m für die Durance maximale Werte innerhalb der Westalpen. (Zahlenangaben nach BLANCHARD 1952, PEGUY 1947). Das mittelgebirgige Eigenrelief spiegelt trotz unterschiedlich intensiver endogener und exogener Beeinflussung einen morphodynamischen Zusammenhang. Es zieht im Höhenintervall zwischen 2000 m und 2800 m über die aktuelle Wasserscheide hinweg (Karte 2). Die mittlere Höhenlage und die Untergrenzen sinken von Westen nach Osten. (Tab. 1). Eine Rekonstruktion alter Landoberflächen und der Entwässerungsrichtung für die Zeit dieses Reliefs ist nicht durch Formenevidenz im Gebirge, sondern nur über die Korrelation mit neogenen Ablagerungen im Becken von Digne-Valensole und in der padanischen Vortiefe möglich. Wegen des tektonisch gestörten Kontakts Gebirge - neogene Sedimente erfolgt die Korrelation über petrographische Merkmale. (Karte 1).

Der zentrale Gebirgsbereich gehört mehreren petrographisch signifikanten Provinzen an, und regional eindeutig fixierte Gesteinstypen lassen sich lokalisieren. Als Folge der Lagebeziehung zu den neogenen Vorlandsenken im Westen und Osten des Hauptkammes zeichnen sich Änderungen der Flußeinzugsgebiete im qualitativen und quantitativen Wandel des Sedimentcharakters ab. Mit Hilfe mikroskopischer und makroskopischer sedimentpetrographischer Arbeitsweisen, mit der Bestimmung von Leitgeröllen, Schwermineralen und ihrer Vergesellschaftung und der QU-F (Quarzkornfarben) konnte die Entwicklung der distributiven Provinzen für das Jungtertiär über die stratigraphischen Bezugsmarken als zeitliche Bezugshorizonte schon früher erkundet werden (ROLSHOVEN 1976).

Eine besondere Rolle spielt der Pelvouxgranit, das Leitgeröll der rezenten Duranceschotter. Aufgrund der Batholitstruktur des externen Massivs hat Pelvouxgranit auf der padanischen Abdachung nicht anstehen können. Die neogenen Pelvouxgerölle der Colli Torinesi müssen durch ein Flußsystem transportiert worden sein, das jenseits der aktuellen Wasserscheide im zentralalpinen Raum wurzelte. Die Veränderungen der distributiven Provinzen, die sich im Miopliozän in den Ablagerungen der Colli Torinesi und im Tertiär von Digne-Valensole abzeichnen, beweisen eine ältere Situation der Wasserscheide im Westen den heutigen und eine Verlagerung der Altwasserscheide nach Osten. Mittelrelief und Paßtalungen bilden somit das geomorphologische Bezugsniveau für Ablagerungen des Torton und Messiniano in den Colli Torinesi (ROLSHOVEN 1977a) und lassen sich diesen nach Alter, Formen- und Formungscharakter zuordnen.

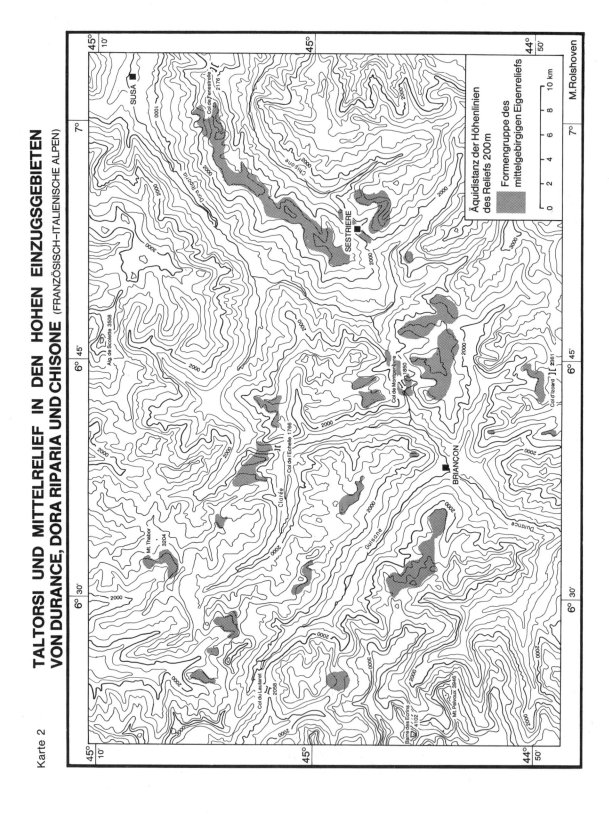

Karte 2: TALTORSI UND MITTELRELIEF IN DEN HOHEN EINZUGSGEBIETEN VON DURANCE, DORA RIPARIA UND CHISONE (FRANZÖSISCH-ITALIENISCHE ALPEN)

Die konzentrierten Schüttungsgebiete beweisen überwiegend linienhaft fluvialen Transport mit phasenhaft verstärkter Materialabfuhr. Klimazeugen, Faunen- und Florenreste, deuten auf ein subtropisches Klima mit ausgeprägter Periodizität des Niederschlags und wachsender Neigung zu Aridität im Lauf des Messiniano hin. In den korrelaten Sedimenten bildet sich die endtortone Formengemeinschaft als Bergland mit gemäßigtem Relief, bereits ansehnlichen Höhendifferenzen und weiten Tälern ab. Die Permanenz von Pelvouxmaterial über das ganze Neogen, wenn auch in wechselnden Akkumulationsräumen, bedeutet kräftigen Abtrag seit frühesten Reliefphasen, wie es bei Existenz eines kontinuierlich schuttliefernden Hochgebiets natürlich ist. (CLARK/JÄGER 1969).

Nach der Statigraphie des Beckens von Digne-Valensole verlagert sich die Wasserscheide während des Pont nach Osten. Strukturierung und Faziesmerkmale der Sedimente schließen einen klimabedingten Anlaß, etwa bei wachsender Höhe des Gebirges, aus. Die Ursache der Verlagerung bildet eine West-Ost-Asymmetrie, die aus der unterschiedlichen Distanz des Hauptkamms zu den Erosionsbasen resultiert. Bis ins Pliozän ist auf der rhodanischen Abdachung die Entfernung zur Erosionsbasis, zum Golf von Digne, kürzer als auf der padanischen. Die Durance bricht in den Oberlauf einer Ur-Dora Riparia ein und lenkt den Fluß um. Intensive rückschreitende Erosion prägt das Gebiet des erobernden Flusses. Mit dem finipliozänen Ausklingen der Subsidenz im Raum südlich Sisteron wandelt sich die West-Ost-Asymmetrie, begünstigt durch die interne Lage der Wasserscheide, zur aktuellen Ost-West-Asymetrie.

Gegen mobilistische Hypothesen horizontaler Bewegungen mit reliefvernichtendem Charakter, z.B. Deckenschub mit Überschiebung und Rücküberschiebung (etwa ARGAND 1912) oder Schrumpfung der Kruste seit dem Miozän, die die Externmassive u.U. als allochthon ausweisen könnten (GUILLAUME/GUILLAUME 1982), spricht die Formenevidenz im intramontanen Bereich und die Konstanz der Vorlandschüttungen bei gleichbleibendem morphometrischem und qualitativ-quantitativem Charakter. Die Retardierung des Abtrags gegenüber der Umgebung, bezeugt durch den hohen Reliefsockel, die mittlere durchschnittliche Höhenlage und der unveränderliche Typus der Altlandschaft sowie die Ausrichtung hochgelegener Talstümpfe innerhalb der Altformenareale nach Osten weisen auf tektonische Impulse hin, die unterschiedslos im gesamten zentralen Bereich wirksam wurden und werden. Das Mittelrelief greift über prä-endtortone Störungslinien ohne Änderung des Formencharakters hinweg, so daß die jüngeren und jüngsten Bewegungen als en-bloc-Hebungen ausgewiesen sind. Zur Zeit der Altformen ist geodynamische Mobilität im Gebirgszentrum in horizontaler Richtung vom Formenbild her nur dann erklärlich, wenn adäquate Anpassungszeiten zur Verfügung standen, so daß sich der Relief- und Abtragstypus beharrend durchprägen konnte. Falls dramatische Umbrüche, d.h. kurzfristige Schwankungen der tektonischen Randbedingungen, aufgetreten sind, wurden sie im Miopliozän in eine auf lange Fristen angelegten konservativen Reliefgenese, einsinnig auf die Bewahrung des Mittelreliefs ausgerichtet, eingebaut und sind einer großmaßstäbigen Betrachtungsweise für diese Zeit entzogen.

3. Reliefentwicklungen seit Beginn der aktuellen Talnetzkonfiguration

Unter dem Gesichtspunkt der langzeitlichen Reliefentwicklung ist das Kennzeichen der nach der pontischen Umkehr der Abflußverhältnisse einsetzenden jüngeren Reliefentwicklungsphase die Tendenz zur westalpinen Physiognomie mit kaum gegliederten Talhängen und Zerstörung

Tab. 1: Das mittelgebirgige Eigenrelief in Briançonnais und Dauphiné d'Outre-Monts

a) Mittelrelief im Einzugsgebiet der Durance

TK 1:20.000 bzw. 1:25.000	Gebiet	minimale Höhenlage (m)	mittlere Höhenlage (m)	aktueller Oberflächenabfluss	Bemerkungen
La Grave 8	südl. u. östl. des Roche du Grand Galibier, Pré Gelé	2400	2900	ja	
La Grave 8	Massif des Cerces	2600	2800	vorherrschend nein	gesteinsbedingte Plateauähnlichkeit
La Grave 8	Col des Rochilles, Lacs Ronds und de la Clarée	2300	2600	ja	
La Grave 8	Montagne de la Ponsonnière	2600	2700	ja	
Névache 5-6					
Névache 1-2	Bereich unterhalb Crête des Muandes, Crête des Cardioles	2500	2800	ja	Flachkare
Névache 5-6	westl. u. östl. Col du Chardonnet	2500	2600	ja	
Névache 1-2	westl. Lac des Béraudes	2600	2700	ja	
Briançon 1,5	Sommet de l'Eychauda, Cols de l'Eychauda, de Méa, de Cucumelle	2300	2600	ja	
Briançon 1	Serre Chevalier, oberhalb Fréjus	2200	2500	ja	Ebenheiten um Col de la Picelle
Briançon 1,2	Cols de Granon, de Cristol, Lenlon	2300	2500	ja	Eisschurf, Schliffe
Briançon 6	Sommet du Prorel	2300	2500	ja	
Briançon 6	um Notre Dame des Neiges über Puy St. Pierre	2200	2400	ja	Randhöhen
Briançon 6	unterh. Pic de Rochemotte-Pic de Mélézin, südl. Villar-St-Pancrace	2300	2400	partiell	
Briançon 7,8	Cime le Clot, westl. des Col d'Izoard	2400	2800	z.T. ja	
Briançon 7,8 Guillestre 3,4	Einzugsgebiet des Bléronnet ab 2300 m	2300	2400	z.T. ja	

b) Taltorsi und Mittelrelief im Wasserscheidenbereich zwischen Durance und Dora Riparia

TK	Gebiet	minimale Höhenlage (m)	mittlere Höhenlage (m)	aktueller Oberflächenabfluss	Bemerkungen
Névache 5-6	Chalet de Thures, Col de Thures, im N bis Plan Lanfol	2100	2400	vorherrschend nein	aktive Zerstörung
Névache 5-6	Col de l'Echelle	--	--	nein	Passhöhe: 1766 m
Briançon 3-4	nordwestl. Montgenèvre, unterhalb Tête des Fournéous	2200	2300	ja	riedelartige Verebnungen
Briançon 3-4	Col de Montgenèvre	--	--	ja	Passhöhe: 1850 m
Briançon 7	Cime du Gondran, le Janus, le Chenaillet	2200	2600	ja	
Briançon 7,8	Col de Gimont, Colle Bercia	2100	2400	ja	
Briançon 8 Cesana Torinese 66 I NO	Lago Nero, Pta Rascia, Clot de la Sonaille, Mti della Luna, über Sagna Longa	2100	2400	ja	Moränenverkleidung
Briançon 7,8 Col de Bousson 66 I SO	Col de Bousson	2100	2300	ja	Transfluenzbereich VAUMAS 1940
Bardonecchia 54 III SE Beaulard 54 II SO Cesana Torinese 66 I NO	Bereich des Passo della Mulattiera und Randhöhen östl. Pointe de Cloutzeau	2200	2400	ja	Randhöhen
Rochemolles 54 II NO Col Bousson 66 I SO, Colle de Thuras 66 I SE	südl. Mt. Jafferau unterhalb Cima de Bosco	2500 2200	2600 2300	ja ja	
Cesana Torinese 66 I NO Sestrière 66 I NE	M. Sises, Passo San Giacomo Passo della Blanchetta, M. Blanchetta	2100	2600	ja	Spornlage
Sestrière 66 I NE	Col de Sestrière	--	--	ja	Passhöhe: 2035m
Sestrière Oulx 54 II SE	M. Fraiteve, Colle Basset	2400	2700	ja	
Sestrière Oulx 54 II SE Fenestrelle 55 III SO	Punta di Moucrons, M. Gran Costa Testa u. Colle de Assietta, Colle Blégier	2200 2000	2600 2500	ja ja	"Mittelgebirge" v. Sestrière, Kamm verengt sich; Mittelrelief endet im Bereich Cma Ciantiplagna

des Altreliefs. In der Talanlage lassen sich Abschnitte, deren große Weite sich disproportional zur Größe der aktuellen Gerinne verhält, als ererbt ausgliedern. Sie werden teilweise von Randhöhen mit Mittelreliefcharakter begleitet und zeigen keine Beziehung zu Gesteinsverhältnissen und Gebirgsbau. Die ältesten Tiefenlinien im Untersuchungsgebiet sind die Transversaltalabschnitte. Die jüngeren Teile passen sich fortschreitend an die Struktur an. Die Anlage des Talnetzes stammt in seinen dynamischen Grenzen aus dem Pont, der Zeit der West-Ost-Verlagerung der Wasserscheide, die zugleich eine Akzentuierung des Reliefs bedeutet. Das Ende der Subsidenz im Golf von Digne verlagert die erobernde Rolle von der Durance auf die padanischen Flüsse. Folge dieses finipliozänen oder frühquartären Prozesses ist die Versteilung der Paßtalungen von Montgenèvre und Echelle nach Osten und die Herausbildung kleiner und kleinster Kerbtäler und Kerbtalabschnitte (z.B. Vallée Etroite oberhalb Pian del Colle). Sicher fällt in diese vermutlich villafranchianische Phase die Genese des Ripa-Tals südlich Cesana Torinese, die den Col de Sestrière aus dem Zusammenhang mit dem heutigen Wasserscheidengebiet gelöst hat.

Die Entwicklung zeigt bis heute Tendenz, durch rückschreitende Erosion von der im Vergleich zum Chisone stark eingetieften Dora Riparia aus den Paß von Sestrière niederzulegen, den Chisone anzuzapfen und in die Valle di Susa umzulenken.

Unter dem Gesichtspunkt einer langzeitlichen Reliefentwicklung ist die Formung seit der Fixierung der Flußeinzugsgebiete von Durance und Dora Riparia innerhalb ihrer derzeitigen Grenzen auf Einbau, Zerstörung und Umbau des älteren und auf Akzentuierung des zeitgleich existenten Reliefs ausgerichtet. Wie aktuell im Formenbild der Altlandschaft sichtbar, erfordert die Anpassung, begründet durch die bekannte tektonische Mobilität (ROTHE 1938, BARFETY et al. 1968, GUILLAUME 1980), die hohen Abtragsraten präjudiziert, geologisch lange Zeiträume.

Dies gilt nicht für die Zeiten glazigener Abtrags- und Ausraumperioden im Untersuchungsgebiet. Auf einem Betrachtungsraster von mittlerer Grobheit in bezug auf Raum und Zeit sind die Auswirkungen der kaltzeitlichen Geomorphodynamik auf das Relief zu betrachten (Zeitskala $10^3 < 10^6 a$).

Die glazigenen Abtragsformen der Haupttäler und der großen Nebentäler aus den Phasen der hoch- bis spätglazialen Gletscherstände sind eng an den präglazialen Reliefcharakter, vornehmlich Talcharakter, angelehnt. Erniedrigung innerhalb des Mittelreliefs, die die Formen der Altlandschaft nicht tendenziell umformte (vgl. Tab. 1), Tieferlegung des Mittelreliefs im Randhöhenbereich und Eintiefung im Gebiet der Transfluenzpässe sind sichtbare Folgen des glazigenen Abtrags. Kare treten in Bindung an präpleistozäne Verflachungen auf, Flachkare sind nicht weit verbreitet, und so geht die rezent geringe Ausdehnung von Gletscherflächen auf orographische Bedingungen in der Hochregion zurück, die sich seit dem Endtertiär/Frühquartär vererbt haben. Trogschulterreste stellen oft erniedrigte und isolierte Altformenrelikte dar. Trogtäler betonen die strukturgeförderte Steilheit der Talhänge (Claréetal).

Die Tradierung vorgegebener Reliefzüge zeigt sich auch im Talnetz. Von beträchtlichem Ausraum im Gebirgsinneren während der Hoch- und Interglaziale zeugen die moränischen Ablagerungen am Alpenrand bei Pinerolo und Sisteron und die riss-würmzeitlich intergla-

zialen Konglomerate von Montdauphin und Embrun. Insgesamt läßt sich das zentrale Gebiet
dem Typ der engen, mäßig tiefen Glazialerosionslandschaft i. S. LOUIS (1962) zuordnen.

Bedeutende Veränderungen des Talnetzes können unmittelbar präglazial, interglazial oder
jünger mit Sicherheit ausgeschlossen werden. Glazigener Abtrag und interglazialer Ausraum
geben das Reliefgeschehen wieder, das sich dem präglazial vorgegebenen Relief anpaßt.

Innerhalb der langfristig angelegten und einsinnig auf Akzentuierung und Höhenzuwachs
ausgerichteten Reliefentwicklung treten bei zeitlich verkürzter Betrachtungsweise Phasen
der Reliefentwicklung auf, die dem Wandel von Umweltbedingungen korrespondieren und zeitweise
der generellen Richtung der Reliefentwicklung diametral entgegenlaufen. Eine solche
Tendenz wird besonders bei zunehmender Kurzfristigkeit der Beobachtung und wachsender
Isolation der betrachteten Reliefform aus dem Zusammenhang des Reliefs, im Extrem bei
Prozeßuntersuchungen, deutlich.

So wirken die glazigenen und glazifluvialen Akkumulationen im Gebirgsinneren, die v.a.
aus dem Spät- und Postglazial stammen, stimulierend auf eine spätquartäre und holozäne
Geomorphodynamik, die unter dem Gesichtspunkt der mittel- bis kurzzeitlichen Formenentwicklung
eine zunehmende Eintiefung und Versteilung des Reliefs verhindert oder behindert.
Die Moränenverkleidung der Haupttalhänge aus spät- und postglazialer Zeit reicht bis in
große Höhen, während holozäne Alluvionen hauptsächlich in den Sohlenbereichen der großen
Täler vorkommen. Vorstöße und Rückschmelzen der Gletscher innerhalb des zentralen Gebirgsteils
fördern die Labilität der Hänge. Die Formungsaktivität im Spät- und Postglazial
bezieht sich besonders auf den Mesoformenbereich. Bergstürze, z.B. bei Ailefroide, Murkegel,
die wie in der Vallée de Névache vorwiegend mehrphasiger Genese sind, Epigenesen,
z.B. bei Queyrières und Talverschüttungen, wie die von Villard-Meyer, zeigen die Antwort
des Reliefs auf Übersteilung der Hänge und Änderungen im Längsprofil der Tiefenlinien.
Diese Erscheinungen, die regelhaft nach dem Rückschmelzen größerer Eismassen im Gebirge
auftreten (Vgl. HANNSS 1982), sind die Reaktion auf umweltinduzierte Änderungsimpulse, die
Instabilität in Teilen des Reliefs hervorrufen und über den Mesoformenbereich - bei genügend
großen Zeitintervallen für eine Anpassung - restabilisiert werden.

Restabilisierung der Hänge durch Abtragsereignisse großer Augenblicksleistung ist im
Mesoformenbereich für das Spät- und besonders das Postglazial wichtig. Trotz der damit
verbundenen mittelfristig hohen Materialbelastung und der Verbauung der Tiefenlinien zielt
die Grundtendenz der langfristigen Reliefbildung in Abhängigkeit von der Reliefenergie auf
Ausräumung des akkumulierten Materials und auf Abtrag in hoher raum-zeitlicher Intensität.
Wo weniger Lockermaterial angeliefert oder aufbereitet wird, setzen Eintiefung und Versteilung
direkt an.

Ein kurzzeitiges Betrachtungssraster ($< 10^2 a$) verlagert das Hauptinteresse von der Form
auf den Prozeß, der im raum-zeitlichen Ablauf beobachtbar und meßbar ist. Die rezenten
Abtragsprozesse im Untersuchungsgebiet differieren lokal in Abhängigkeit von den Steuerfaktoren
der Geomorphodynamik, den edaphischen Gegebenheiten, der Art und Dichte der
Vegetation, dem Relief und den Klimaeinflüssen. Eigenständig formenbildend wirken diese
Prozesse im Mikroreliefbereich (ROLSHOVEN 1977 b).
Tendenz der mittelfristigen und kurzfristigen Formung ist die Ausräumung, d.h. Abtrag des

in der vorangegangenen Phase akkumulierten Materials. Dort wo solche Sedimentkörper aus der Zeit des Eisrückgangs nicht mehr vorhanden sind oder nie existierten, wirkt Abtrag direkt auf eine strukturgeförderte Feinziselierung des Reliefs.

Eine Abschätzung des Beitrags rezenter Prozesse, wie sie im Einzugsgebiet von Durance und Dora Riparia im Lauf des Jahres periodisch oder episodisch auftreten, etwa als Erscheinungen der Frostverwitterung (FRANCOU 1982) oder unperiodisch als Einzelereignisse mit hohen Augenblicksleistungen, durch torrentiell hohes Wasserabkommen mit Überschwemmungen (TRICART 1961), ist im Hinblick auf Formenbildung ebenso schwierig wie eine Gewichtung kurzperiodischer Prozesse nach ihrer Bedeutung für die Geomorphogenese. Tendenzielle Aussagen über den Zustand eines Raumes, ob Akkumulations- oder Abtragsgebiet, macht für gegebene Zeitpunkte und fest umrissene Gebiete die Erstellung von geomorphodynamischen Massenbilanzen möglich (VORNDRAN 1979). Dies gilt immer dann, wenn Prozesse quantifizierbar sind, also nicht für die mittel- und langzeitlichen Phasen, die sich nur aus dem Formenbild des Reliefs erschließen lassen.

4. Ausblick

Die mittel- bis kurzfristigen Formungsphasen und Formungsprozesse repräsentieren instabile Zeiten der Reliefentwicklung, die durch Veränderungen des exogenen Milieus initiiert werden. Bei konstanten tektonischen und geometrischen Rahmenbedingungen ist die Grundtendenz der langzeitlichen Geomorphogenese Stabilität (AHNERT 1970), und Formen episodischen Charakters werden eliminiert.

Für die Vergangenheit läßt sich die Frage der Reliefgeschichte mit Hilfe des langzeitlichen Beobachtungsrasters klären. Prognosen zur künftigen langzeitlichen Reliefentwicklung müssen - noch - Denkmodelle bleiben (etwa JÄCKLI 1980), da probabilistische Elemente einer Extrapolation von Ergebnissen zur Prozeßgeomorphologie Grenzen setzen.

Zusammenfassung:

In den hohen Einzugsgebieten von Durance und Dora Riparia lassen sich zwei präglaziale Phasen der langfristigen Reliefentwicklung (Skala $> 10^6$a) unterscheiden. Nach Ausweis korrelater Vorlandsedimente dauerte die ältere, durch Altformenrelikte bezeugte Phase der Reliefentwicklung an, bis Veränderungen der Basisdistanzen eine Verlagerung der Wasserscheide in die heutige Position verursachten. Seit dem Miopliozän zielt die langfristige Reliefentwicklung auf westalpine Physiognomie. Diese konservative Richtung in der Reliefbildung setzt sich gegenüber instabilen, über mittlere und kurze geologische Zeiträume ($< 10^2 < 10^6$a) ablaufenden Trends durch. Diese, geologisch betrachtet, episodischen Ereignisse wirken besonders im Mikro- und Mesoformenbereich und hängen in erster Linie von exogenen Steuerfaktoren der Geomorphodynamik ab. Prognosen zur künftigen, langzeitlichen Reliefentwicklung müssen beim gegenwärtigen Stand der Tektonophysik hypothetisch bleiben.

Summary:

In the upper drainage areas of Durance and Dora Riparia river systems (Italian-French-Alps) two models of preglacial longterm landform evolution (scale 10^6a) have been conserved. Sediments of neogene perialpine basins (Digne - Valensole and Padania) prove to be correlative to old landform relics and mark an older sequence of landform development until the movement of the main watershed to the recent position was caused by basic erosion level changes. Since the end of miopliocene longterm landforming evolution works on an alpine physiognomy with the main features of steep slopes and rough relief. A stable conservational longterm landform evolution domains those trends in relief development which on a minor time scale, e.g. middle and short time events (scale $< 10^2 < 10^6$a), depend on environmental influences and mostly affect meso- and microreliefs. Actually, according to the state of teconophysical research forecasts in longterm landform evolution are estimated to remain mostly hypothetical.

Résumé:

Dans les régions de la Haute Doire Ripaire et de la haute Durance deux modelés de l'évolution du relief de longue durée (escale $> 10^6$a) existent dès les temps préglaciaires. Les sédiments néogènes des Collines de Turin et du golfe tertiaire de Digne - Valensole prouvent une stabilité du relief ancien jusqu'au déplacement de la ligne de partage vers le tracé récent, causé par un changement des distances des bases d'érosion. Dès la fin miopliocène l'évolution du relief montre une tendance continuée vers une physiognomie marquée de relief de haute montagne à grande verticalité. Sous l'aspect de l'évolution en temps géeologiques cette tendance gagne sur des phases plus courtes ($<10^2<10^6$a), voire instables, qui, dépendant des conditions de l'environnement exogène, affectent avant tous les méso-et les microformes du relief. Dû à l'état de recherche sur la tectonophysique les prognostics concernant l'évolution à l'escale de longue durée doivent rester hypothétiques.

Ausgewählte Literatur

AHNERT, F. (1970): Functional relationships between Denudation, Relief, and Uplift in large mid-latitude Drainage Basins. - American Journal of Science, vol.268, S.243-263

ARGAND, E. (1912): Le faîte structurale et le faîte topographique des Alpes occidentales. - Procès-verbaux Soc. Vaudoise Sc. Nat., 36-60

BARFETY, J.-C. ET AL. (1968): Sur l'importance des failles longitudinales dans le secteur durancien des Alpes internes françaises. - C.R. Acad. Sc., t. 267 no. 4, 394-397

BLANCHARD, R. (1952): Les Alpes occidentales, t. 6,1. Le versant Piémontais. - Tours

BRUNSDEN, D. (1980): Applicable models of long term landform evolution. - Z.Geomorph. N.F. Suppl.- Bd. 36, 16-26.

CLARK, S.P. jr., JÄGER, E. (1969): Denudation rate in the Alps from geochronologic and heat flow data. - American Journal of Science, vol. 267, 1143- 1160.

FRANCOU, B. (1982): Chutes de pierres et éboulisation dans les parois de l'étage périglaciaire. - Revue de géographie alpine, t. LXX, 3, 279-300.

GUILLAUME, A. (1980): Tectonophysics of the Westerns Alps. - Eclogae geol. Helv., vol. 73, 2, 425-436.

GUILLAUME, A., GUILLAUME, S. (1982): L'érosion dans les Alpes au Plio-Quaternaire et au Miocène. - Eclogae geol. Helv., vol. 75, 2, 247-268.

HANNSS, C. (1982): Spätpleistozäne bis postglaziale Talverschüttungs- und Vergletscherungsphasen im Bereich des Sillon Alpin der französischen Nordalpen. - Mitt. der Kommission für Quartärforschung der Österr. Akad. der Wiss., Bd. 4, Wien.

JÄCKLI, H. (1980): Das Tal des Hinterrheins. Zürich.

LOUIS, H. (1962): Die vom Grundrelief bedingten Typen glazialer Erosionslandschaften. - Biuletyn Peryglacjalny 11, 259 - 279.

PEGUY, Ch.P. (1947): Haute Durance et Ubaye - Esquisse physique de la zone intra-alpine des Alpes françaises du Sud. Grenoble, Paris.

ROLSHOVEN, M. (1976): Jungtertiäre Talentwicklung in den hohen Einzugsgebieten von Durance, Dora Riparia und Chisone (französisch-italienische Alpen) unter besonderer Berücksichtigung der Vorlandsedimentation. - Augsburg.

ROLSHOVEN, M. (1977a): Pelvouxgranit im Turiner Hügelland. A propos de l'origine des granites rougeâtres des collines de Turin. - Archives des Sciences Genève, vol. 30, 1, 45-51.

ROLSHOVEN, M.: (1977b): Aktualgeomorphologische Höhenstufen - ein Vergleich aus Ost- und Westalpen. - Mitt. Geograph. Ges. München, Bd. 62, 103-111.

ROTHE, J.-P. (1938): La seismicité des Alpes occidentales. - Annales de l'institut de Physique du globe Strasbourg, t.3 et compléments.

TRICART, J. (1961): Phénomènes démesurés et régime permanent dans des bassins montagnards (Queyras et Ubaye, Alpes françaises). - Revue de géomorphologie dynamique, t. XXIII, 99 - 114.

UHLIG, H. (1954): Die Altformen des Wettersteingebirges mit Vergleichen in den Allgäuer und Lechtaler Alpen. - Forschungen zur Deutschen Landeskunde, Bd. 79, Remagen.

VORNDRAN, G. (1979): Geomorphodynamische Massenbilanzen. - Augsburger Geographische Hefte Nr. 1, Augsburg.

Anschriften der Autoren

Prof. Dr. Gerhard Abele: Geographisches Institut der Johannes
Gutenberg-Universität Mainz
Saarstr. 21
D-6500 Mainz
Tel.: (06131) 39 24 66

Dr. Hans Gebhardt (wiss.Ass.): Geographisches Institut der Universität Köln
Albertus-Magnus-Platz
D-5000 Köln 41
Tel.: (0221) 470 22 61

Dr. Peter Gräf (AR): Institut für Wirtschaftsgeographie
der Universität München
D-8000 München 22
Tel.: (089) 2180-2688

Dipl.Geogr. Peter Lintner (wiss.Ass.): Institut für Wirtschaftsgeographie
der Universität München
Ludwigstr.28
D-8000 München 22
Tel.: (089) 2180-3201

Stud.-Ref. Roland Metz (wiss.Ass.): Institut für Wirtschaftsgeographie der
Universität München
Ludwigstr.28
D-8000 München 22
Tel.: (089) 2180-2899

Dr. Günther Michler (AOR): Institut für Geographie der Universität München
Luisenstr. 37
D-8000 München 2
Tel.: (089) 520 32 59

Dr. Reinhard Paesler (AOR): Institut für Wirtschaftsgeographie
der Universität München
Ludwigstr. 28
D-8000 München 22
Tel.: (089) 2180-3389

Dr. Thomas Polensky (AOR): Institut für Wirtschaftsgeographie
der Universität München
D-8000 München 22
Tel.: (089) 2180-2268

Dr. Marianne Rolshoven: Lehrstuhl Physische Geographie
Katholische Universität Eichstätt
Ostenstr. 26-28
D-8078 Eichstätt
Tel.: (08421) 20-1

Prof. Dr. Karl Ruppert: Vorstand des Instituts für Wirtschaftsgeographie
der Universität München
D-8000 München 22
Tel.: (089) 2180-2231

Dr. Peter Schramel: Institut für angewandte Physik der Gesellschaft
für Strahlen- und Umweltforschung (GSF)
Ingolstädter Landstraße 1
D-8042 Neuherberg
Tel.: (089) 31872514

Prof. Dr. Dieter Uthoff: Geographisches Institut der Johannes
Gutenberg-Universität Mainz
Saarstr. 21
D-6500 Mainz
Tel.: (06131) 39 28 46